化学工业出版社"十四五"普通高等教育规划教材

居住空间设计

龙燕 编

化学工业出版社

·北京·

内容简介

《居住空间设计》深入浅出地阐释了居住空间设计的理念与多样化设计风格，同时逐一剖析了居住空间各功能区域的规划设计要点。全书对各独立空间的职能定位、使用规范、色彩配置、设计风格进行了细致分析。书中选录了优秀居住空间设计实例，并通过设计图纸与效果图的实例展示，向读者介绍设计的方法论以及实践中的细节处理技巧。

本书适用于不同层次的学习者和专业人士，包括普通高等院校与高等职业院校的环境设计、建筑装饰设计等相关专业的师生，同时对室内设计师及施工技术人员也极具参考价值。本书附赠了完整的 PPT 教学课件和丰富的居住空间设计资料，读者可通过手机扫码或登录化工教育网（www.cipedu.com.cn）获取。

图书在版编目（CIP）数据

居住空间设计 / 龙燕编 . -- 北京 ：化学工业出版
社，2025. 3. --（化学工业出版社"十四五"普通高等
教育规划教材）. -- ISBN 978-7-122-47616-6

Ⅰ．TU241

中国国家版本馆CIP数据核字第2025DV7087号

责任编辑：尤彩霞　　　　　　　　　　　文字编辑：李一凡　王　硕
责任校对：宋　夏　　　　　　　　　　　装帧设计：关　飞

出版发行：化学工业出版社（北京市东城区青年湖南街 13 号　邮政编码 100011）
印　　装：北京瑞禾彩色印刷有限公司
787mm×1092mm　1/16　印张 15　字数 380 千字　　2025 年 7 月北京第 1 版第 1 次印刷

购书咨询：010-64518888　　　　　　　　售后服务：010-64518899
网　　址：http://www.cip.com.cn
凡购买本书，如有缺损质量问题，本社销售中心负责调换。

定　　价：68.00 元

前　言

面对我国社会主义现代化建设的新征程，作为环境艺术设计领域的学习者，我们需在强化专业技能的同时，培养创新性思维，并主动参与社会实践活动。学生通过将课堂所学与实际设计、施工过程相结合，将自己塑造为毕业后即可承担现代化建设任务的人才。

在居住空间设计的实践中，设计师通常需以建筑师所构建的建筑实体为基础，考虑用户的特定需求和周边环境因素，同时遵循相应的国家规范标准和人体工程学原理。设计师需细致地将现代材料和科技施工方法融入设计之中，以创作出既符合功能需求又价格合理的居住空间，满足人们对于舒适生活的双重需求。

居住空间设计是一门融合了空间利用、色彩搭配、形态塑造、照明配置、材质选择与风格搭配的综合性学科，呈现出科技与艺术的结合。设计师在此领域面临的挑战是如何将居住空间的功能与审美相融合，打造出既实用又具备文化内涵的空间，满足居住者在精神层面的需求。这一课题既是当前设计师必须解决的难题，也是居住空间设计领域追求的长远目标。

在高等教育体系中，居住空间设计被视为环境艺术设计专业学生的基础课程，旨在解决如何在有限空间内实现居住的便捷与舒适的难题。尽管空间面积有限，但设计过程中仍需考虑的诸多问题，如照明、通风、人体工程学等，均与居住者的日常生活紧密相连。本书系统性介绍了居住空间设计的各类知识，内容涵盖了从门厅到卧室，从厨房到餐厅，再到卫生间等不同空间的设计要点，并对居住空间的规划、照明、隔音、动线设计以及材料选择等关键环节进行了细致的阐述。通过深入剖析居住空间设计的理论与实务，结合具体获奖设计案例的解读，实现理论教学与实践技能培养的深度融合。读者通过本书学习居住空间设计的核心要义，进而提升自身的审美和设计能力。

本书采用类似教案的编排方式，精心设计课堂教学结构，并辅以课后练习，旨在为读者提供更为系统的学习路径。在撰写过程中，编者意识到诸如空间布局改造、水电声光施工等实操技术，仅凭图像和文字难以做到精确传达。鉴于此，本书创新性地引入大量视频资料配合讲解，强调居住空间的主题设计、细节设计，附带"一变三"方案设计技巧等内容。读者可利用手机扫描二维码，或登录化学工业出版社教学资源网（www.cipedu.com.cn）进行深入学习。

本书由武汉科技大学艺术与设计学院龙燕老师编，由于时间仓促，内容或有不足和疏漏，敬请广大读者批评指正。

编者
2025 年 3 月

目 录

第一章

居住空间设计基础

识读难度： ★☆☆☆☆
重点概念： 空间设计、设计内涵、居住品质、空间分区
章节导读： 本章主要介绍居住空间设计的内涵、种类及其理念，辅以具体案例的详尽剖析，对居住空间中的分区、连接、尺度、比例、对比效果、光照设计、家具配置及装饰布局等要素进行了详尽的阐释。居住空间作为现代生活品质与健康舒适度的直观体现，直接关系到居住者的生活质量，设计者应注重现代居住空间中的国学设计元素，提升传统审美意识（图 1-1）。

图 1-1　一体式客餐厅设计
现代居住空间设计分区更明确，空间层次更丰富，功能更完善，装饰设计手法更富有时代感。

第一节　居住空间设计概述

居住空间设计是现代社会关注的焦点之一，它不仅关乎人们的日常生活质量，还体现了社会文明程度和审美观念。

一、居住空间设计定义

随着居住空间设计领域的不断演变，其核心理念和内在含义经历了显著的扩展与深化。现代居住空间设计已跨越了传统的六面体框架，设计师通过巧妙运用连续性的分隔手法，创造出了一种界限不明确、流动性高、相互渗透的空间格局。

二、居住空间设计的影响因素

居住空间设计受空间配置、造型、尺度等方面影响（图 1-2、图 1-3）。

1. 空间配置

居住空间设计过程涉及基本几何单元的重组，这些单元通过延伸或围合形成多样化的视觉特征，如形状、色调、质感等。此外，空间配置还必须综合考虑诸如位置、方向、重心等

图 1-2　空间大小制约　　　　　图 1-3　空间形状制约

图 1-2：居住空间设计受室内面积大小的制约，在设计时可以因地制宜进行功能性划分设计。

图 1-3：空间设计受房屋的形状制约，在设计时可以弥补房屋造型上的不足之处。

关键构成因素。有效的通风、充足的自然光照、良好的隔音效果以及适宜的保温性能，这些因素对空间形态的塑造和整体设计产生了决定性影响。

2. 造型

居住空间的造型可视作空间功能应用的直接映射。此映射过程并非源于刻意的美学装饰，而是功能需求自然生成的结果（图 1-4）。

3. 尺度

空间尺度不仅涉及物理尺寸的量化分析，更与空间内部元素的组合及配置紧密相连。如居住的实际面积、色彩的搭配与图案的选用、门窗形态的设计细节（图 1-5）、房间的朝向布局、家具的排布方式（图 1-6）、照明的亮度水平以及所用材质的触感和视觉质感（图 1-7），均构成了影响空间尺度感知的关键要素。

图 1-4　空间造型　　　　　　　图 1-5　门窗形态

图 1-4：楼层过低的小户型空间在装修时，尽量不使用复杂的吊顶、吊灯等装饰，这种装饰会给居住者带来压抑感。

图 1-5：门与窗在发挥通道与透气性功能的同时，还可以与室内家具相协调。

图 1-6　家具排布　　　　　　　图 1-7　家具与墙面材质纹理

图 1-6：室内家具色彩、大小不同，会给人不一样的心理感受，家具小、空间大会给人空旷冷清的感觉，而家具大、空间小会给人局促、压抑的感觉。

图 1-7：室内家具与墙面的材质纹理会影响使用者的感受，深色家具给人温暖的感觉，浅色墙面给人明朗的感觉。

4. 功能

空间设计的本质受到其功能的限制，如较宽敞的空间能满足多种起居功能，但易混淆空间本质功能，家庭成员使用频率过高会让这种公共空间变得个体化。相反，小客厅会限制其他使用功能，如亲友来访、聚会等（图1-8、图1-9）。

图 1-8　大客厅

图 1-9　小客厅

图1-8：客厅空间过大容易使人产生不安的情绪，难以设计出温馨、亲和的氛围。

图1-9：客厅空间过小会显得十分压抑，不利于居住者活动，局限性大。

（1）物质功能。居住空间设计应包括对空间尺寸与形态、家具配置、设施设备、通道安排以及消防安全的考虑。为了创造一个舒适宜居的环境，适宜的采光、照明、通风系统，以及有效的隔音和隔热措施均不可或缺（图1-10）。

（2）精神功能。在满足基本居住需求的基础上，居住空间还应兼顾居住者的文化和心理需求。它不仅是生活的物质场所，更是个人品位、愿望、意志和审美观念的体现（图1-11）。

图 1-10　基本采光设计

图 1-11　多样化设计

图1-10：良好的采光与通风是居住空间设计的基本条件。

图1-11：在保障居住者的基本居住条件的基础上，设计者应当根据居住者的精神层面需求进行室内空间多样化设计。

三、居住空间类型

居住空间类型多样，可按以下方式分类。

1. 按建筑结构分类

（1）按楼体结构分类。建筑楼体结构主要分为砖木结构、砖混结构、钢混（框架）结构、钢结构等（表1-1）。

（2）按楼体建筑形式分类。主要分为单层建筑（目前比较少见，本书不再赘述）、多层建筑、高层建筑。其中多层建筑主要是指独立式建筑、联立式建筑和联排式建筑（图1-12、图1-13）。

① 多层居住建筑　作为城市化居住模式的经典形态，主要通过共享楼梯来达到竖向交通的便捷性，并且其楼层高度一般在27m以下（图1-14）。多层居住建筑普遍使用砖混结构，

表 1-1　建筑楼体结构分类

名称	内容	图例
砖木结构	传统乡村建筑大多采用以砖砌墙体、支柱以及木质屋顶架构为核心的构造体系，因其简易的结构设计、方便获取的建材和较低的成本支出而备受青睐。此类构筑模式，在历史上长期作为民居和庙宇的建造方式	
砖混结构	现代居住建筑普遍采用以砖墙和砖柱为基础，配合钢筋混凝土楼板和屋顶支撑结构的构造方式，这种建筑形式因其普遍性以及在建筑行业中的大规模应用，已经成为现代建筑中主流的建筑形式	
钢混（框架）结构	钢筋混凝土结构体系普遍由梁、板、柱等基本元素构成，其应用范围覆盖了大型公共设施、工业建筑以及多层居住建筑项目，特别是 25 ～ 30 层的高层建筑，常常采用框架 - 剪力墙混合结构。此类设计有效增强了建筑物的整体稳定性和抗震能力	
钢结构	钢材，因其高强特性而成为高层建筑设计的优选材料。它不仅能够支撑起超高建筑，还能够加工成适合大型空间需求的大跨度、高净空结构，这使其成为大型公共建筑的理想选择	

图 1-12　独立式建筑

图 1-13　联排式建筑

图 1-12：独立式建筑外观造型别致，楼层一般在三层以下。

图 1-13：联排式建筑在外观上保持高度、布局一致。

这种结构具有较低的建设成本，但也面临着若干问题。

②　高层居住建筑　为房地产开发企业主要投资的项目。此类建筑主要可划分为两个类别：一类高层和二类高层。一类高层指的是建筑高度超过 54m 的住宅，而二类高层则特指高

度介于 27 ～ 54m 的建筑（图 1-15、图 1-16）。二类高层居住建筑高度相对较低，常见的布局模式为两户两梯或两户一梯，这种设计旨在保持较低的容积率和较高的绿化率，同时降低居住密度，以营造宜居环境。

图 1-14　多层居住建筑

造价较低，存在着诸多功能缺陷，在设计与改造上工程量较大。

③ 单元式居住建筑　亦称为梯间式居住建筑，是以一组楼梯为核心，为多个家庭单元提供便捷服务的建筑组合模式。此类布局普遍应用于多层与高层居住建筑的设计中，其中各层空间围绕楼梯进行规划。一般而言，每层楼的住户数量相对较少，一般为 2 ～ 4 户，而面积较大的楼层则能容纳 5 ～ 8 户居民。居民通过楼梯平台进入独立门户，每个居住单元均保持独立状态（图 1-17）。

④ 公寓式居住建筑　位于城市中心地带，通常采用高层建筑结构，并遵循较高的设计标准。在每一层中，分布着多个独立居住单元，即所谓的套房。每个套房均配备卧室、客厅、卫生间、厨房以及阳台等基本生活空间（图 1-18）。

图 1-15　一类高层居住建筑

图 1-16　二类高层居住建筑

图 1-15：造价高，建筑工艺技艺更加复杂，居住密度大。

图 1-16：居住舒适度较好，设计发挥的空间大，户型布局合理。

图 1-17　单元式居住建筑

图 1-18　公寓式居住建筑

图 1-1：单元式建筑的设施完善，居住体验较好，有利于邻里之间和谐相处，共享楼梯、电梯，居住密度适中。

图 1-18：公寓式建筑中的每套户型形态、面积相当，建筑外墙窗户造型统一，房间尺度一致，多以投资租赁形式经营。

2. 按空间形式分类

（1）复式居住空间。其为复合型结构，在常规楼层之上增设了一层夹层，总体层高多为 3.3m，相较于跃层式建筑 5.6m 的层高而言，显得更为紧凑。底层空间主要承担日常生活功能，如烹饪、餐饮及沐浴等；而夹层则被设计为休息与储物区域（图 1-19）。

（2）跃层式居住空间。跃层式设计，作为居住空间设计的独特类型，其特点在于占据了两个楼层空间。此类居住空间通常配置卧室、客厅、起居室、卫生间以及厨房等功能区域，居住者可根据个性化需求对空间进行分层布局。与传统设计有所区别，其上下楼层之间并非通过公共楼梯连接，而是利用私人内部小楼梯，从而保证了居住的私密性（图1-20）。

图1-19：复式结构分为上下两层设计，具备省地、省工、省料又实用的特点。

图1-20：具有宽敞、舒适的居住体验，楼层高度比复式楼层要高。

图1-19　复式居住空间

图1-20　跃层式居住空间

3. 按居住特色分类

（1）智能化居住空间。此类空间通过整合多种家用电器自动化系统、电子设备、互联网技术及建筑美学，致力于为居住者打造一个融合安全性、健康性、经济性和便利性的生活环境。此类住所不仅提供了舒适宜人的居住环境，同时亦展现了现代科技与家庭生活的和谐融合，营造出一种兼具时代气息与温馨氛围的居住意境（图1-21）。

（2）花园式居住空间。花园式居住空间，一般是指带有私家花园及车位的独立房屋，其结构可能为单层或多层。这些建筑通常具有较低的居住密度，居住面积宽敞，功能完备，且在内部设计上呈现出豪华与多样化的特点（图1-22）。

图1-21：智能化居住空间以先进、可靠的网络系统为基础，将住户和公共设施建成网络，并实现住户、社区的生活设施、服务设施的计算机化管理。

图1-22：建筑密度很低，周围环境良好，居住空间内部格局规划细致，功能完备。

图1-21　智能化居住空间

图1-22　花园式居住空间

四、居住空间设计流程

在居住空间设计中，设计者通过技术手段，依据居住者的功能需求，创造出一个适宜居住的环境。这一设计活动不仅追求实用功能的实现，还兼顾艺术审美的融合，旨在满足居住者在物质与精神层面的需求，以实现居住空间设计的根本目标（图1-23、图1-24）。

1. 居住空间设计特点

现代居住空间设计领域，将理性分析与感性创造相融合。以下是该设计领域的几个显著特征。

图 1-23　复杂电视背景墙设计

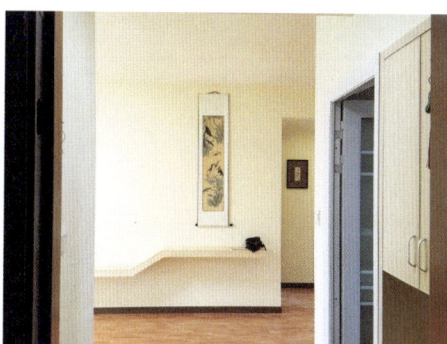

图 1-24　简洁门厅背景墙设计

图 1-23：电视背景墙与书柜融合为一体，巧妙地结合了展示、储藏与美观三大功能，从而构建出一个富有灵魂与生气的居住环境。

图 1-24：简洁门厅仅通过单幅字画来点明主题，浅米黄色乳胶漆作为背景，让较小的居住空间显得开阔。

（1）人性化。居住者与其周遭环境之间持续进行着动态的交互作用，一个适宜的居住环境对于促进居住者的成长与进步至关重要。因此，设计者应秉承以人为中心的设计理念，关注并围绕居住者的实际需求开展设计工作（图 1-25）。

（2）技术性。居住空间设计的技术同艺术的交汇点构成了讨论的核心。达到设计成效的关键，在很大程度上取决于技术应用的精准度及其执行力度（图 1-26）。

图 1-25　以人为本的设计

图 1-26　技术性设计

图 1-25：多功能书房的设计便是一个典型案例，它不仅能够满足居民的日常阅读和工作需求，同时也可作为一个展示空间，甚至还可转换为休憩区或客房。

图 1-26：浴室柜选用铝合金材质，材质的高强度特性使其可以悬挂安装在墙面之上，既实用又美观。

（3）可持续性。可持续性作为一个涵盖经济、社会、资源以及环境发展的多维概念，其内部四个要素相互联系并产生影响。设计师应秉承实用主义原则，摒弃不必要的装饰，采用简约的设计风格，实现既满足使用功能又兼顾环境保护的双重目的（图 1-27）。

(a) 客厅视角

(b) 餐厅视角

图 1-27　现代木质家具

图 1-27（a）：木质构造家具与布艺沙发的搭配，体现了传统设计风格与现代生活气息的融合，成为设计界的主流趋势。

图 1-27（b）：原木材质在经过简约的加工工艺（如简单的造型、抛光以及表面清漆处理）后，不仅展现了工匠的不凡技艺，也呈现出一种简约而不简单的装饰效果，这种设计恰好符合古朴与现代相结合的设计理念。

2. 居住空间设计步骤

居住空间设计流程通常可被细分为四个步骤：设计前的准备工作、方案的设计、方案的深化和施工图的绘制、设计方案实施。

（1）设计准备。当设计师接受客户的设计委托时，首要任务是深入沟通，以全面理解客户的独特需求。这包括客户的个性特征，如性格、年龄、职业和爱好，以及家庭成员构成等，目的是准确把握设计任务和细节要求，诸如空间的实用功能、房间配置、设计风格、个性化需求及预算限制等。设计师还需制定设计项目的时间规划表和初步预算。准备工作全部到位后，设计师将就设计费用与客户进行协商，直至双方达成一致，随后签订正式的设计合同，并接受定金作为合同执行的保障。

（2）方案设计。在深入搜集与整合相关资料信息的基础上，进一步构建整体设计方案，包括设计风格的确定、色彩的搭配以及材料的挑选等多个方面。此过程涉及将初步的设计构思转化为具体的方案草图，旨在为后续设计工作的深化及施工图的绘制奠定坚实基础（图1-28）。

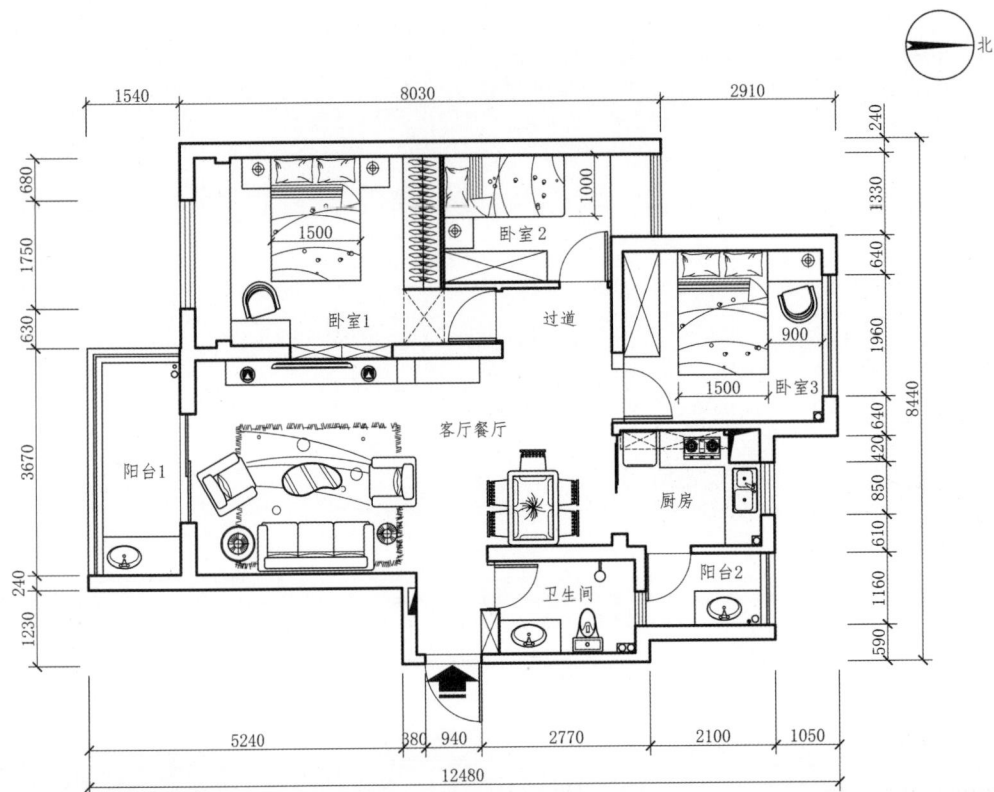

图1-28 平面布置图

图1-28：平面布置图是在与客户初步沟通后设计出的方案图，这时的方案图只是简单地将客户需求植入，将各个区域的功能进行分区。

（3）方案深化和施工图绘制。在深入交流与初步设计方案确定之后，对空间使用者的需求有了充分理解，接下来的步骤是对设计方案进行深化与优化，并着手制作施工图（图1-29、图1-30）。施工图涵盖了多种类型，其中包括平面布局图、天花板布局图、电路布线图、立面构造图以及详细的构造图等。

（4）设计方案实施。设计方案的落实是一个持续变化的动态过程，这不仅要求设计师与施工项目的负责人之间要有紧密的协作，而且还要将设计中的概念性思维转化为实际的施工成果。在这一转化过程中，设计师需与施工负责人保持频繁的沟通，及时解决施工过程中出现的技术问题，并根据现场的具体情况对设计计划进行适当的调整与改进。

图 1-29 顶平面图

图 1-29：顶面布置，即对顶面空间的设计，对顶面材质选择、规格、制作工艺的说明，也包括对灯具选择、安装位置的概括。

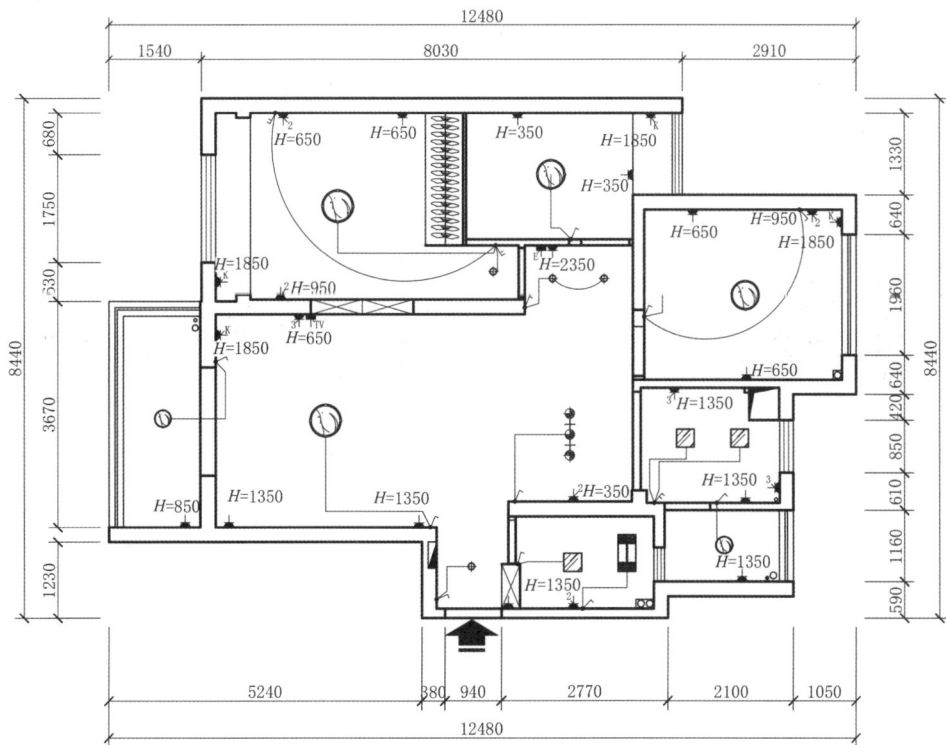

图 1-30 开关布置图

图 1-30：开关布置图是设计者根据业主的生活习惯对开关位置、高度进行布置。

3. 居住空间设计技巧

（1）整体与局部设计。在深入审视整体设计理念的前提下，对居住空间进行系统性的学术剖析和革新显得尤为关键。尤其是在小型居住空间家具设计的领域内，设计师必须深度思考如何充分而高效地利用每一种空间资源，不仅要满足居住者的实际使用需求，同时也要兼顾设计本身所蕴含的美学价值。例如，折叠式家具的广泛应用和频繁使用，凸显了其在小户型空间设计中的核心作用。巧妙地运用折叠式家具，可以在提升空间使用效率的同时，维护居住空间设计的和谐与统一，兼顾了实用性和审美价值（图1-31、图1-32）。

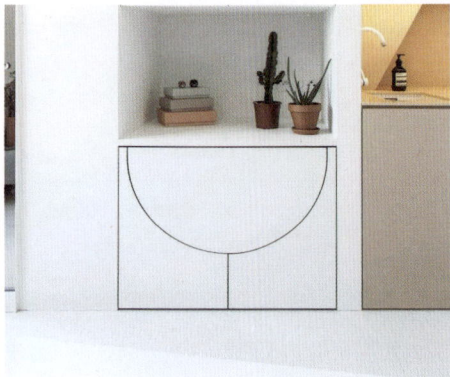 

图1-31：由于空间有限，设计者将餐桌与橱柜结合设计，餐桌在收起时与橱柜形成一个整体，整个室内空间行走流畅，动线清晰。

图1-32：餐桌打开之后可容纳多人就餐，在设计上避免了空间不足以放餐桌的尴尬。将设计一分为二，做到整体与局部各有特色。

图1-31　闭合收纳柜　　　　**图1-32　开启收纳柜**

（2）层次感体现。内外部环境的相互作用是设计过程中不可或缺的一环，要求设计师在兼顾内外因素的同时，实现设计的和谐统一。通过这种综合性的反复推敲，不仅呈现出层次分明的设计效果，居住空间的功能性也得到显著提升（图1-33）。

（a）阳台　　　　　　　　　　　　　　　（b）起居室

图1-33　层次感体现

图1-33（a）：阳台的功能往往局限于日常生活的晾晒需求，在阳台规划中融入储物柜的设计，用以整理杂乱物品，并点缀以绿色植物，则阳台的空间效果可以和谐地融入居住环境。

图1-33（b）：起居室作为居住者进行社交、休闲和家庭聚会的核心区域，其空间布局旨在明确区分活动类型，实现动静分区。紧邻墙面的一侧可辟为安静的阅读区，而邻近走廊的空间则可转化为活跃的娱乐区域。

（3）设计立意表达。在设计阶段，虽然预先构思是理想的做法，但深入的设计理念表达往往依赖于丰富的信息搜集和持续的思考过程。设计初期的构思和立意应当逐步明晰化，这对于居住空间设计尤为关键。设计师需确保其设计意图能够通过图纸、模型以及其他说明材料得到清晰、完整的表达，从而获得客户的认同与理解。

第二节　居住空间设计发展

随着社会的进步和科技的发展，居住空间设计正逐渐从满足单一的功能性需求转变为追求个性化、人性化、生态化以及智能化。下面将从居住空间设计的发展历程和发展趋势入手，探讨其在未来创新融合中的发展方向。

一、国内发展概要

中国古代的居住空间以土木结构为主，经历了从原始的洞穴居住、半地穴式居住到土木结构建筑的演变，形成的居住空间具有浓厚的地域特色，如北方的四合院、南方的骑楼等。1840 年鸦片战争后，中国逐渐步入近代。这一时期的居住空间受到西方建筑风格的影响，出现了中西结合的居住模式。民国时期，城市居住空间开始出现里弄、公寓等新型居住形式。新中国成立后，我国居住空间发展进入了一个新的阶段。从 20 世纪 50 年代开始，我国住房建设逐步走向规范化、标准化。改革开放后，住房制度改革推动了居住空间设计的快速发展，产业化、城市化进程不断加快，居住空间呈现出多样化、个性化的特点（图 1-34、图 1-35）。

图 1-34：居住环境较为简陋，使用功能单一。

图 1-35：将优质传统元素提炼后运用到现代居住空间中，形成全新的审美观念。

图 1-34　改革开放初期居住空间设计　　　图 1-35　新中式设计

二、国外发展概要

在古代，由于地理环境、文化背景的差异，各国的居住空间呈现出明显的地域特色。如古埃及的宫殿、中世纪的城堡等，均为当时居住空间的代表。

近现代以来，随着工业革命的推进，城市居住空间发生了巨大变革。从 19 世纪末的花园城市、20 世纪初的现代主义建筑，到 20 世纪 50 年代的郊区化发展，居住空间逐渐呈现出多元化、个性化的特点。

欧洲各国在居住空间发展上注重历史文化传承，强调可持续发展。如法国的巴黎、英国的伦敦等城市，在保护历史建筑的同时，不断推进现代居住空间的创新。日本注重居住空间的紧凑型设计与智能化发展（图 1-36）。美国居住空间以郊区化为特点，强调独立居住空间、私家花园，在居住空间规划上注重生态环境，提倡绿色建筑（图 1-37）。

三、当代发展趋势

现代居住空间设计的创新方向紧密贴合着时代发展的要求。居住空间设计正朝着精细化、

图 1-36　日式居住空间

图 1-37　美式居住空间

图 1-36：家具与装饰元素维持了木材的自然色泽，推拉门采用的简约方格设计，与现代感十足的装饰品相得益彰，实现了古典与现代设计风格的和谐统一。

图 1-37：美式风格的吊扇灯因其简约实用，以及对品质的重视，受到了广泛欢迎。其简练的设计形态有效地缓解了天花板装饰的复杂感。

集成化、智能化发展，这一趋势预示着未来居住空间设计的全新走向。

1. 精细化

我国土地资源日益稀缺，在市场经济的驱动下，设计师、开发者和消费者都将注意力转向了居住空间设计的精细化管理。基于"节能减排、节约土地"的原则，当前的研究重点转向了探索节约型居住区的规划策略。精细化设计理念被提出，旨在优化空间套型的结构布局，提升功能空间的灵活适应性，并对厨房和卫生间空间进行人性化设计。此外，通过缩减不必要的交通面积等措施，在节约土地的同时，确保居住空间的舒适度（图 1-38）。

2. 集成化

随着城市化步伐的加快，居住建设领域正进行着规模与速度的空前增长。当前，城市建设所面临的问题不容小觑，其中包括居住套型结构的失衡、建筑过程的粗放以及设计环节深入研究的缺乏。针对这些问题，推广采用工业化生产方式与标准化部件的精装修居住空间显得尤为重要。通过运用成熟精细的施工技术，并注重选择环保的建材，可以有效降低成本，提高产品的整体质量，同时减少人力和物力的消耗（图 1-39）。

图 1-38　精细化设计——折叠床

图 1-39　集成化设计——厨电

图 1-38：藏入墙体的折叠床可以在不使用时完全融入墙体，释放出更多的空间，使房间显得更为宽敞。折叠床可以根据实际需求进行调整，既可以作为临时床铺使用，也可以作为沙发、书桌等家具使用，具有较强的实用性。

图 1-39：集成化厨电产品将抽油烟机、灶具、蒸箱、烤箱等多种功能集成于一体，大大节省了厨房空间，尤其适合小户型家庭。

3.智能化

智能家居系统作为一种集成化的软件系统,主要负责对家庭中的各类电气设备进行高效管理。该系统能够依据人物、环境、时间等因素的变化,自动调整家庭设备的运行状态,进而充当自动化的家庭管家,极大提升了生活的便捷性、安全性、健康性和环保性。具体而言,智能家居系统,其核心是整合自动化控制、计算机网络以及网络通信技术,构建起一个网络化、智能化的家居管理平台(图1-40)。

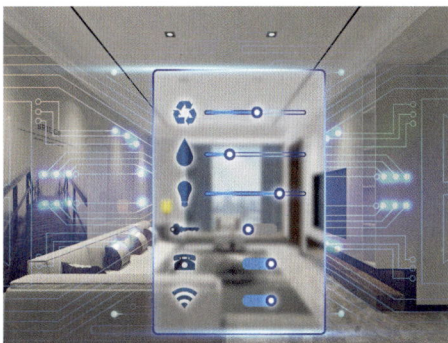

图 1-40：在智能家居系统中用户得以借助触摸屏、无线遥控、互联网或语音识别等多种方式,实现对家用设备的便捷控制。智能化管理不仅简化了家庭设备的操作,还提升了用户的生活品质。

图 1-40　智能家居系统操作界面

课后练习

1.居住空间设计的定义是什么?

2.居住空间设计中涉及哪些楼体结构类型?

3.如何在居住空间设计中展现尺度感?

4.复式居住空间与跃层式居住空间的结构差异何在?

5.深入研究两居室居住空间的相关资料,并对空间功能布局进行详尽分析。

6.探讨我国智能化居住空间设计的发展趋势与实例分析。

7.小型居住空间设计中应关注的要点有哪些?

8.我国颁布了《小康住宅建设标准》,社会上逐渐出现了智能化的建设理念,我国住宅空间设计中逐渐融入了科技性设计。请通过网络、书籍等资源查阅我国在科技性住宅空间设计的案例并进行分析。

第二章

居住空间人体工程学

识读难度：★★★★☆

重点概念：人体尺寸、心理状态、需求、情感、智能

章节导读：居住空间设计实践，需考量人体尺寸、活动区域等因素，经过严密的量化分析，能够导出科学依据，进而确保空间布局满足动态与静态活动的复合需求。此外，这种设计理念亦考虑到用户的感官体验、心理状态、情感反应以及多样化的体验需求。人体工程学在居住空间设计中的应用非常广泛，并对现代技术如智能化照明系统的应用提供了重要的引导作用。居住空间设计中常见的与人体工程学相关的问题如图 2-1 所示。

图 2-1：家具在安装前尺寸已经精确测量，但实际安装过程中却往往发现难以契合；已经固定好的电视柜，其隔板却无法与视线平行；转角装饰门仅能利用一半空间，无法充分收纳物品，造成空间利用上的浪费。这些均属常见问题。

图 2-1　客厅、餐厅家具

第一节　人体工程学基础

在现有的居住环境中，人体工程学的应用广泛而深入。无论是楼梯的每一级高度、门与窗的尺寸，还是电源插座的布局、灯具的悬挂高度、浴缸和淋浴喷头的位置、家具和橱柜的设计，甚至电脑键盘、书写工具以及垃圾箱的形制，无一不蕴含着人体工程学的智慧。

一、人体工程学定义

人体工程学又被称为人机工程学、人机工学、工效学，跨越了人体科学、环境科学与工程科学的界限，融合了自然科学和社会科学的智慧。它以人的身体结构、心理状态和生理功能为研究核心，探讨如何通过设计创新，提升人们生活和工作环境的品质（图 2-2）。

二、发展趋势与运用

人体工程学研究趋势正逐渐向信息化、网络化、智能化转变。尽管该领域的研究人员主要来自环境设计专业，但人体工程学本身具有极高的实用价值，广泛应用于工业设计的各个层面。无论是空间还是家具设计，其设计理念均离不开人体工程学（图2-3）。

图2-2　运用人体工程学提升居住空间品质　　　　图2-3　人体工程学运用——书架与床的结合

图2-2：人体工程学数据为设计师提供了在有限空间内提高家具使用效率的依据，如高低床与储物柜的一体化设计，通过对人体尺寸的深入理解，设计师能确定合适的高低床尺寸。

图2-3：巧妙地将书架与床体结构融合，创造出一种新型家具。这种设计不仅满足了人们在睡前阅读的需求，同时也未舍弃床铺的基本休息功能。

三、居住空间的划分需求

在人体工程学领域，核心在于人、机器及环境三者之间的互动。在众多研究范畴中，居住空间设计与人类日常生活的联系尤为紧密。

1. 空间的多样化划分需求

现代居住生活对空间设计的重视程度日益增加。当前居住空间质量的参差不齐，装修环境的巨大差异，使得部分年轻人对现有居住条件产生了不满。人们对居住空间设计的需求呈现出多样化，主要包括学习型、居家型、生活型、工作型及艺术型等不同空间结构。当前，购房主力为青年人群，他们面临着巨大的工作压力，期望通过营造一个舒适的居住空间来缓解身心压力。因此，居住空间设计的创新成为满足多样化需求的重要途径，而人体工程学在其中的应用，旨在实现人与环境之间的和谐共生，促进生活质量的全面提升（图2-4、图2-5）。

图2-4　居住空间形式　　　　图2-5　一体式居住空间结构

图2-4：居住空间的形式与使用者的需求相符合，在居住设计中满足使用者独特的生活方式。

图2-5：伴随着生活水平的提高，人们对于居住空间设计有了新的观念，追求舒适、安全、健康、经济、方案统一的居住空间设计。

2. 空间的科学性划分需求

空间划分亦需要科学依据。设计师需从实际应用需求出发，融合科学方法与艺术技巧，增强空间的实用性与舒适性。在空间划分方面，设计者必须依照人体工程学的量化标准，对个体的生理及心理需求进行综合考量。通过精确的数据分析，为不同功能的空间设定合理的面积比例，创造出宜居的居住空间环境（图2-6）。

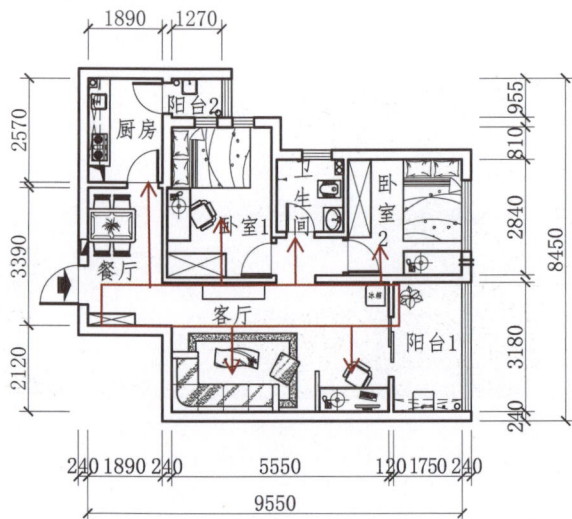

图 2-6：室内空间的大小、布局、面积及功能各具特色，设计师在规划过程中，根据房间的用途和功能进行合理划分，确保空间符合人体活动的基本需求。一种常见的布局模式是中央走道，两侧设置为不同功能区，形成类似"非"字的布局，此布局模式在我国现代室内设计中具有重要地位。

图 2-6　居住空间平面布置图（单位：mm）

（1）家具配置应以人为本。居住空间环境中家具的配置，不仅考虑其装饰性，更重要的是应满足人的活动使用需求。设计者在构思家具的形态与规模时，需充分考虑其与人体构造及功能的适配性，旨在营造一种科学合理且符合人体工程学原理的使用环境，进而让使用者能在该空间中体验到便捷与舒适（图2-7、图2-8）。

（2）人体工程学的物理参数优化。设计师应依据人体工程学所提供的最适宜物理参数来优化设计，以保障高品质的居住空间环境，并满足人们对舒适度的基本需求。

图 2-7：成人的室内空间应具备办公、休息、睡眠等功能，提高空间的舒适度。

图 2-8：在儿童室内空间的设计中，可根据儿童的喜好和身高等进行设计，预留较大的活动空间，满足儿童的日常活动需求。

图 2-7　满足成人需求　　　图 2-8　满足儿童需求

四、居住行为特征

居住空间作为人们进行饮食、睡眠及工作等活动的基本环境，其设计与居住行为紧密相关。客厅、餐厅、卫生间及厨房等空间，均需依据人体尺寸进行科学规划。

1. 体积

体积作为人类在三维空间中行为的一种具体展现，是对活动范围的形象化表达。此范畴因人体尺寸、生活习惯以及个人兴趣的差异而呈现出多样化的特征。在居住空间设计实践中，人体工程学通常采用人体尺寸的平均值作为设计依据。

2. 活动时间分配

在日常生活中，人类将大部分时间（大约60%）用于休息和教育活动（图2-9）。在这段时间内，个体往往追求心灵的平静，或是在知识之海中探索与吸收养分。日常的起居活动，例如步行或体育锻炼，约占总时间的30%，对于维护生理健康及精神活力至关重要，它们是生活中不可或缺的组成部分（图2-10）。至于家庭事务和清洁工作，尽管仅占约10%的时间，但其对居住环境的清洁度和舒适度却具有决定性的影响。只有确保环境的整洁，人们才能在舒适的空间中高效地开展其他活动。

图 2-9　学习空间

图 2-10　起居空间

图2-9：学习空间在人一天的活动空间中占比较少，仅需要满足人的办公、学习需求。

图2-10：起居空间需要满足人团聚、会客、娱乐等最长时间的活动需求。

3. 活动消耗量

居住环境中的空间布局与家务工作紧密相连。在进行家务工作时，必须保证有足够的活动空间，否则可能轻则损坏家具物品，重则造成自我伤害。此外，家务工作过程中也会伴随一定的体力消耗（表2-1）。

表 2-1　不同家务工作的能耗量

活动项目	图例	体重 /kg	能耗 /（W/min）
坐着工作		84	1.98
园艺活动		65	5.95
擦窗		61	4.30

活动项目	图例	体重 /kg	能耗 /（W/min）
跪着擦地板		48	3.95
弯腰清洁地板		84	6.86
熨衣服		84	4.88

第二节　人体尺寸测量

居住空间设计专业人员在规划空间布局时，需细致考虑家庭成员的生理特征，经过准确测量和深入分析，设计者能够依据每位家庭成员的特定需求和生活习惯，实现空间的个性化定制。

一、人体各部位尺寸表

此表涵盖了较为全面的数据范围值，可供设计师作为测量的数据来源（表 2-2）。

表 2-2　人体各部位尺寸与身高的比例

序号	名称	数据	
		男	女
1	腿高	0.300h	0.300h
2	肩高	0.844h	0.844h
3	肘高	0.600h	0.600h
4	脐高	0.600h	0.600h
5	臀高	0.467h	0.467h
6	膝高	0.267h	0.267h
7	手腕距	0.800h	0.800h
8	肩距	0.222h	0.213h
9	胸深	0.178h	0.133$h \sim 0.177h$

序号	名称	数据	
		男	女
10	前臂长（包括手）	0.267h	0.267h
11	肩—指距	0.467h	0.467h
12	双手展宽	1.000h	1.000h
13	手举起最高点	1.278h	1.278h
14	头顶至椅面（坐距）	0.533h	0.533h
15	眼至椅面（坐距）	0.467h	0.467h
16	膝高（坐距）	0.267h	0.267h
17	肘高（坐距）	0.356h	0.356h
18	眼高（坐距）	0.700h	0.700h
19	肩高（坐距）	0.567h	0.567h

注：h = 人体身高。

二、人体尺寸测量方法

下面介绍常用人体基本尺寸测量方法，结合一些身体测量的配图，帮助设计人员测量部分尺寸。

1. 站姿测量

在空间布局设计阶段，对个体身高的准确测量及其均值计算具有显著意义。数据收集是首要步骤，旨在搜集被测量者的身高信息。为了获得具有普遍代表性的数据，设计师需广泛测量不同年龄、性别和体型的人群。在进行数据采集时，被测量者须保持标准的站立姿势，头部上抬和胸部挺直是确保结果准确性的关键（图 2-11 ～图 2-13）。

图 2-11　测量身高　　图 2-12　测量臂长　　图 2-13　测量肩宽

图 2-11：在进行身高测量时，应以足跟底部至头顶最高点作为基准。在家具设计过程中，设计师需依据个体身高差异，选取适宜的家具高度，以确保使用舒适度。

图 2-12：手臂在抓取物品时受到其长度的限制。因此，在设置吊柜或高柜时，设计师应考虑到肩部高度，以避免柜内物品因过高而难以触及。

图 2-13：书桌的设计不仅需要考虑桌面的宽度与长度，还需针对不同的肩宽进行调整，以满足使用者的舒适需求。

2. 坐姿测量

坐姿的舒适性与人体重量的合理分布密切相关。对于坐姿舒适性的深入研究，涉及对多个人体尺寸的精确考量，诸如臀膝间距、下肢长度、坐深、膝部高度、颈部高度以及手臂功能的延伸长度等（图 2-14 ～图 2-22）。

坐姿的活动空间，即个体在坐姿状态下能够自由活动的范围，是设计座椅时必须考虑的关键因素。由于坐姿通常是一种随意而放松的姿态，设计师在打造家具座椅时，必须将坐姿的测量数据与活动空间的需求相结合，以实现设计的精细化。

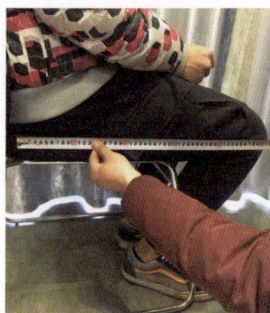

图 2-14　测量臀膝间距

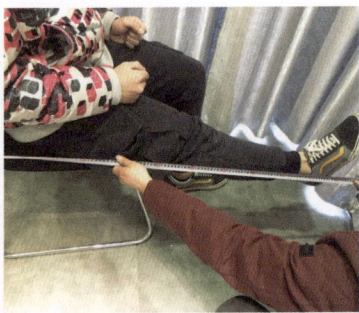

图 2-15　测量下肢长度

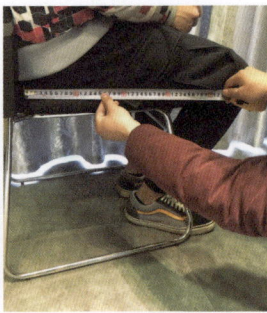

图 2-16　测量坐深

图 2-14：臀膝间距决定了座椅椅面的尺寸。

图 2-15：坐姿下肢长度直接影响座椅的高度，下肢越长则座椅高度越高。

图 2-16：坐深也是决定座椅椅面尺寸的关键要素。

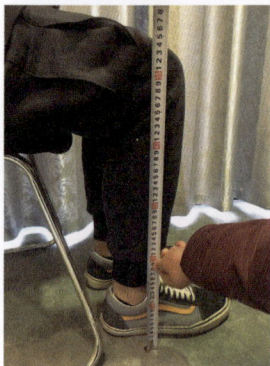

图 2-17　测量膝盖高度

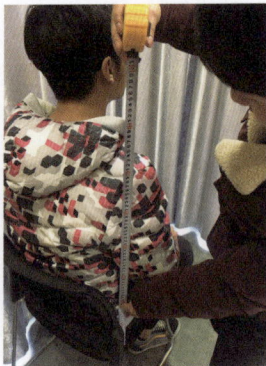

图 2-18　测量坐姿颈高

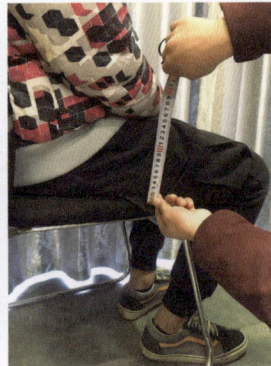

图 2-19　测量大腿厚度

图 2-17：测量膝盖高度要从足底部测量到膝盖上方最高点位置，数据会较为客观。

图 2-18：个体的坐姿颈高决定了人们在观看电视或阅读过程中视线的高度，进而影响了电器安装的适宜位置。

图 2-19：坐姿大腿厚度决定了餐桌与座椅之间的高度，测量时以最高值为准。

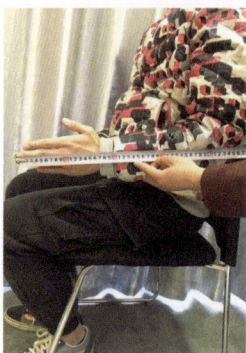

图 2-20　测量伸手长度

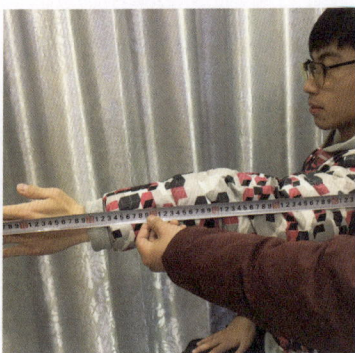

图 2-21　测量前臂到指尖长度

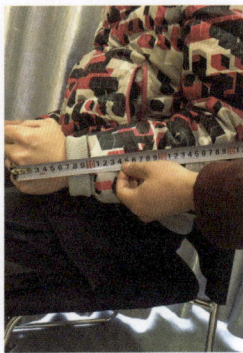

图 2-22　测量握拳长度

图 2-20：测量伸手长度有利于对抽屉等狭窄空间的深度进行规划和设计。

图 2-21：前臂＋手的伸长长度决定了人伸手可以达到的范围，对于家具的宽度设计有所影响。

图 2-22：握拳后，测量手中指关节至腕关节之间的长度，这会影响家具扶手、拉手的宽度与厚度尺寸设计。

3. 宽度测量

人体能在上肢活动中体验到一种由上至下、由左至右的"适度舒适与限制"感，此现象对于家具设计的布局提供了关键性的指导。为精确测量，可采取以下方法：测量双臂展开时的宽度，即双手平伸状态下，从中指端点开始至另一侧中指端点的距离（图 2-23）。此外，测量两肘宽度时需将双手置于胸前，使肘部弯曲成 90°，保持平衡。一肘端点至另一肘端点的距离，即为两肘宽度（图 2-24）。

通过这些详尽的测量手段，设计师得以深入理解人体结构与活动范围，进而创造出更为舒适、实用且符合人体工程学原理的家具布局方案。

4. 长度测量

长度测量是精准测量的主要部分，其核心目标是更加精确地获得人体尺寸数据。例如，

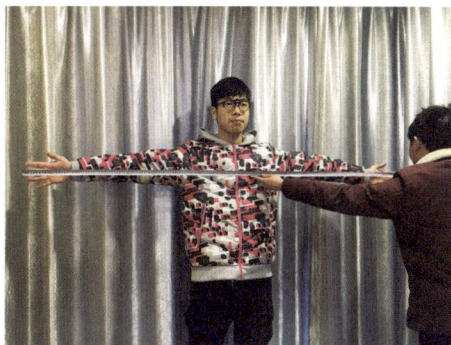

图 2-23 测量两臂宽度

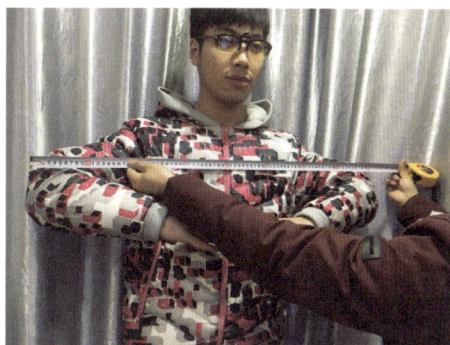

图 2-24 测量两肘宽度

图 2-23：两臂宽度是决定家具尺寸设计的关键点。

图 2-24：两肘宽度对电脑桌、书桌、餐桌设计有极大的影响，设计师最好根据业主家庭人员测量数据进行设计。

在手臂长度测量这一环节，要求被测量者保持头部抬起、胸部挺直的站立姿态，同时令手臂处于自然下垂状态，防止过度伸展或弯曲。标准姿势有利于获取尽可能精确的测量结果（图 2-25～图 2-27）。

图 2-25 测量上臂长度

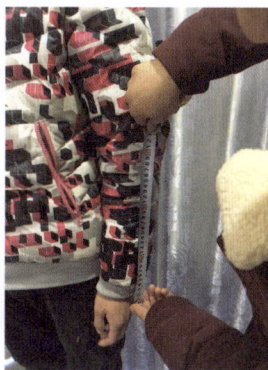

图 2-26 测量下臂长度

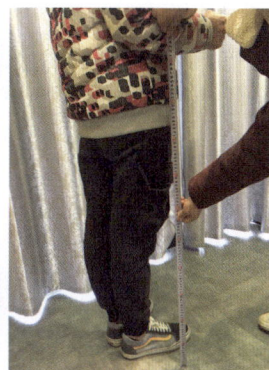

图 2-27 测量肘部高度

图 2-25：人开关房间门或家具门时，上臂长度决定门扇设计的宽度。

图 2-26：下臂长度也能影响各种门扇的宽度，但是主要用于确定桌面、台面可操作区的深度。

图 2-27：肘部高度对于书桌、台柜等等家具高度设计具有很大的参考价值。

第三节　居住行为对居住空间的影响

设计师需根据居住空间功能性差异与人体尺寸数据，来规划门的高度和宽度、楼梯踏步的尺寸与净高度，以及家具的尺寸和间隔（图 2-28、图 2-29）。

图 2-28 橱柜台面设计

图 2-29 浴室柜台面设计

图 2-28：根据空间与使用性质，以及相应标准，设计出合理、舒适、优美的橱柜台面。

图 2-29：根据人体行为设计的浴室柜台面高度，根据人体尺寸设计的浴缸，以及它们之间的间距，最大限度地保证了活动面积和功能区分。

一、心理与行为

行为模式深受心理活动的驱动，而个体的行为则可视作其心理状态的显性表达。基于心理活动是否能够被主体所察觉，个体行为可被划分为有意识与无意识两个层面。

1. 有意识行为

有意识作为一种可被个体感知的心理状态，涵盖了人们在清醒状态下的感知体验。它包括对周遭环境的直观感知，诸如对色彩、声响、各类交通工具、街景及人群的认知。同时，有意识还涉及个体对自身行为动机、自我控制能力的感知，以及个体对情绪体验和身体及行为特征的认知（图2-30、图2-31）。

图2-30：许多人进门第一件事就是在玄关前更换衣物、放下手中的物品，这是一个有意识且连续性的动作。

图2-31：在L形厨房中，人们习惯一边做清洗工作，一边烹饪，相比于一字形的厨房，更加省时省力，不需要来回地走动。

图2-30 有意识活动空间（一）   图2-31 有意识活动空间（二）

2. 无意识行为

在与居住空间环境的互动中，人们可能会发生无意的碰撞，这类行为属于无意识的范畴。无意识行为作为一种独特的活动形式，是人类对周遭世界的一种自然反应。个体在无意识的状态下接收并响应外界信号，但通常并未意识到这一过程。在日常生活、学习及工作场景中，有意识与无意识的行为相互联系，紧密交织在一起（图2-32、图2-33）。

图2-32 易产生无意识行为的空间（一）   图2-33 易产生无意识行为的空间（二）

图2-32：当平开式窗户完全开启时，人在紧邻的沙发座位上起身时易发生头部碰撞，此类行为为无意识行为。
图2-33：原本宽敞的厨房因设置固定导台而显得空间局促，厨房内的油烟机设计未能充分考虑操作空间，使得在狭小范围内进行烹饪时，居住者易发生头部碰撞，体现了无意识行为。

二、居住行为对家具尺寸的影响

1. 餐桌设计

餐桌是居住空间必备的生活家具之一（图2-34～图2-37）。

图 2-34　适合独居者就餐

图 2-35　适合 2 人就餐

图 2-34：独居时，家中空间如果不大，那么餐桌的长度最好不要超过 1.2m。

图 2-35：2 人使用则适合长度 1.4～1.6m 的餐桌。

图 2-36　适合一家人就餐

图 2-37　适合 8 人就餐

图 2-36：与老人合住的家庭则适用长度 1.6m 或者更大的餐桌，圆桌面直径不小于 1.5m 为宜。

图 2-37：空间比较充裕时，可以使用矩形餐桌进行布置，宽 0.9m× 长 1.6m 可坐 8～9 人，空间看起来依然较宽敞。

2. 沙发设计

沙发作为核心家具之一，其布局与设计对于空间的整体美感至关重要。设计师需巧妙地将各式沙发造型融入居住空间环境，以确保其与空间的整体尺寸及风格相协调（图 2-38～图 2-41）。

图 2-38　I 形沙发

图 2-39　L 形沙发

图 2-38：I 形沙发，即线型沙发，因其摆放具有灵活性，特别适用于小户型空间。此类沙发沿墙面放置，不仅能够有效节约空间，还能扩展活动区域。

图 2-39：L 形沙发，亦称为转角沙发，其通常位于墙角处，有助于提升空间的美观度。

3. 衣柜设计

在设计衣柜的过程中，尺寸规划是一个关键性因素。普遍认为，530～620mm 的深度区间能够满足大多数使用需求。在空间条件允许的情况下，采用 600mm 作为标准深度，这一尺寸不仅实用，而且在视觉上也更加协调。

在衣柜的结构设计中，下部的空间通常被规划为 2100mm 的高度，而其余空间则被

图 2-40　U 形沙发

图 2-41　组合型沙发

图 2-40：U 形沙发的设计通过其独特的组合方式，为室内空间带来更为丰满的视觉效果，增加了空间的立体感和装饰性。

图 2-41：组合型沙发，其设计理念是以组合形式呈现，根据具体空间的大小定制尺寸，这种设计策略被视为灵活性较高的选择。

划分为上柜区域。这种设计考虑了实用性和美观性两方面的因素。若下柜过高，则会给门板带来较大压力，可能导致变形；反之，若下柜过低，则可能会影响整体的美观（图 2-42、图 2-43）。

图 2-42　层板设计

图 2-43　抽屉设计

图 2-42：层板和层板间距应在 400 ～ 500mm 之间，太大和太小都不利于放置衣物。

图 2-43：抽屉距离地面的高度应小于 1250mm，在老年人居住的房间中，应考虑限制在 1000mm 左右。抽屉的高度应在 150 ～ 200mm，宽度则在 400 ～ 600mm。如果采用两扇滑门设计，抽屉的宽度不应超过单扇滑门的 80%，以免过宽过重导致推拉困难。

4. 橱柜设计

在现代居住环境的设计中，家具尤其是厨房家具的配置及其尺寸设计，占据了核心地位。橱柜设计在行业内部存在一些普遍采纳的尺寸规范，如吊柜（亦称高柜）的标准高度通常为 700mm，地柜（亦称低柜）的高度则普遍为 800mm，其深度约为 550mm。同时，吊柜与地柜之间通常会保持至少 700mm 的间隔。设计考量不仅应包括橱柜的高度和深度，还应综合考虑橱柜的形态、布局以及存储解决方案的创新设计，以确保最终设计方案既实用，又与用户的使用习惯相契合（图 2-44 ～图 2-47）。

5. 浴室柜设计

在居住空间设计中，卫浴空间的布局设计直接影响到居住者的日常生活体验。为此，设计者需依据人体工程学原则，精心规划这一通常并不宽敞的区域，并确保所选卫浴家具的尺寸规格一致。卫浴设计的复杂性并不亚于其他空间设计，其细节之处需特别关注（图 2-48、图 2-49）。

图 2-44 一字形橱柜设计

图 2-45 异形橱柜

图 2-44：在选择适用于小面积厨房的一字形橱柜时，其深度在 550～600mm 范围内，宽度宜保持在 800～900mm。在此种布局中，可以选用平开柜门。抽屉的设计，应避免过宽，以免因重量过大导致不易清洁及滑轨压力增大，从而缩短使用寿命。

图 2-45：在现代的商住两用房型中，厨房空间容易被忽略。在这种情况下，设计师们巧妙地利用楼梯下方的空间，设计出形态各异的橱柜，以满足日常生活的基本需求。

图 2-46 U 形橱柜

图 2-47 L 形橱柜

图 2-46：U 形橱柜因其独特的空间围合感和实用性，受到众多年轻人的青睐。这种设计不仅适用于面积较大的厨房，同样也能适应较小空间，为使用者提供了便利和舒适的烹饪环境。

图 2-47：在厨房空间不规则的情况下，选择 L 形橱柜能有效地利用有限的厨房面积，使得操作者活动便利。

图 2-48 浴室柜设计

图 2-49 不规则的户型浴室设计

图 2-48：浴室柜，作为卫浴空间的核心储物设施，不仅需要拥有卓越的防水特性，还需兼顾时尚外观，与居住空间整体设计风格协调统一。

图 2-49：在处理不规则户型时，设计师需依据各角落具体尺寸的差异，划分出不同功能的区域，以此实现空间死角的充分利用。在空间有限的情况下，通过调整洗手台或淋浴间的布局形态，可以有效拓展活动空间。

针对家庭浴室，市场上供应的浴室柜（包括面盆在内）的高度通常在 800 ～ 850mm，其长度（通常包含镜柜）在 800 ～ 1000mm，宽度（与墙面的距离）则在 450 ～ 500mm（图 2-50、图 2-51）。

图 2-50　挂墙式浴室柜

图 2-51　定制浴室柜示例

图 2-50：挂墙式浴室柜以其美观和不占用地面空间的特性受到青睐。其安装高度可以根据用户需求进行调整。

图 2-51：消费者可以根据自身的实际需求，向厂家说明定制浴室柜的尺寸，包括长度、宽度和高度。

6. 常用家具设计尺寸

家具设计中存在特定的尺寸规范，而部分家具生产厂家可提供定制服务，以更好地与建筑空间相融合。消费者可以根据实际需求选择合适的家具尺寸，从而实现空间的有效利用（表 2-3）。

表 2-3　居住空间常用家具的设计尺寸　　　　　　　　　　　　　　单位：mm

一、常用厨房家具尺寸			
序号	名称	深度	高度
1	地柜	500 ～ 800	850
2	吊柜	300 ～ 350	1450 ～ 1500（离地高度）
二、常用餐厅家具尺寸			
序号	名称	宽度	高度
1	餐桌	600 ～ 800	750 ～ 790
2	餐椅	400 ～ 610	50
3	吧台	500	900 ～ 1050
三、常用客厅家具尺寸			
序号	名称	宽度	高度
1	沙发	480 ～ 600	360 ～ 420
2	电视柜	300 ～ 350	450 ～ 600
3	茶几	400 ～ 600	380 ～ 500
四、常用卧室家具尺寸			
序号	名称	宽度	高度
1	衣柜	600	不限
2	推拉门	400 ～ 650	不限
3	挂衣杆	合理均分即可	上层板距离为 40 ～ 60
4	床	1500、1800、2000	400 ～ 550

四、常用卧室家具尺寸

序号	名称	宽度	高度
5	床头柜	550	800
6	梳妆台	400～500	500～760
7	书柜	250～400	格层高＞220

五、常用卫浴空间家具尺寸

序号	名称	宽度	高度
1	浴缸	700	420～500
2	淋浴房	不低于900	顶部花洒高度为2100

小贴士

不同人群适用的居住形式与餐饮空间

1. 单身公寓。追求独立生活的单身族，倾向于选择简约且便于迁移的单身公寓。此类居住空间仅需一间卧室，对厨房和客厅的配置要求相对较低，租赁形式更为常见。餐饮空间不局限于传统餐厅，通常为开放式厨房吧台、客厅的茶几等。

2. 家庭工作室。家庭工作室模式，将居住与职业活动紧密结合，满足了对工作、社交和集会的特定需求。在这一模式下，餐厅常常与客厅融为一体，餐桌兼具接待客人及举行会议的多重功能，以适应家庭成员的工作交流与就餐需求。

3. 自主创业型。商用与居住的有机结合，"楼上居住、楼下商用"。餐饮区通常设于入口附近，整合了橱柜、吧台与餐桌功能。

4. 丁克家庭。由两人组成，居住空间通常为两室一厅的布局。餐饮区域的特点是餐桌较大，多为方形设计，适宜摆放西式餐具。

5. 三口之家。呈现"2+1"的构成，对居住环境有较高的要求。理想的居住空间布局包括两室一厅或三室两厅，并需配备儿童房和书房等专用空间。餐饮空间设计较为规范，通常位于客厅的邻近区域，餐桌可容纳3～4人同时用餐。

6. 多代同堂型。这种居住形式涉及老年人、成年人和儿童共同生活，体现了传统居住文化的特点。此类家庭对居住环境的要求同样较高，特别需要设有独立餐厅，且厨房内往往配有诖体小餐桌，以满足少数成员的临时餐饮需求。

三、居住行为对空间功能的影响

居住空间可以根据居住者的活动行为需求被归纳为三大类别：公共空间、私人空间以及储物空间。

1. 公共空间

公共空间是多种生活情境的容纳体，包括客厅和餐厅等。这些区域的设计旨在营造一个既宽敞又舒适的空间，使社交和日常活动能够顺畅地展开。这些空间通常位于房屋入口附近，以促进居住者与外界的交流，同时确保居住空间的安宁与安全性（图2-52、图2-53）。

2. 私人空间

居住空间的个人私密领域，如卧室、书房、厨房等（图2-54、图2-55）。这些区域可供

图 2-52　客厅

图 2-53　餐厅

图 2-52：客厅具有文化与社交内涵，反映了一个家庭的生活形态，它面向外界，是外向开放的空间。

图 2-53：餐厅是开放性空间，也是对房屋主人生活品位的展示。

图 2-54　卧室

图 2-55　书房

图 2-54：卧室一般都布置在房屋的深处，以保证家庭成员个人活动的私密性不受外界影响。

图 2-55：书房都是在屋子的最深处、家里来客人了也不会去打扰的空间，私密性较强。

居住者自由活动，包括休息、学习、从事个人爱好以及烹饪等活动。此类私密活动不仅具有显著的隐秘性，而且有助于个性的培养与发展。

3. 储物空间

储物空间主要承担着生活用品及杂物的存储功能，涵盖了卫浴空间、库房、衣帽间等。在此空间内，居住者进行如淋浴、便溺、洗漱、化妆、洗衣以及衣物存放等活动（图2-56、图2-57）。

图 2-56　卫浴空间

图 2-57　衣帽间

图 2-56：卫浴空间可储存卫生用品，是维护卫生、保持家庭整洁的必要空间。

图 2-57：衣帽间一般在居住空间布置中应设在前两类之间。

四、居住行为影响下的专项设计

1. 客厅空间设计

客厅设计的核心要素包括空间利用的最大化、长宽比例的协调性，以及对光照条件的细致考虑。为实现优良的采光效果，理想的开间与进深比例宜控制在 1∶1.5 的范围内。在着力打造客厅的美观性与实用性之外，亦需深化研究符合人体工程学原理的空间尺寸，以确保空间使用过程中人体舒适度的最大化（图 2-58）。

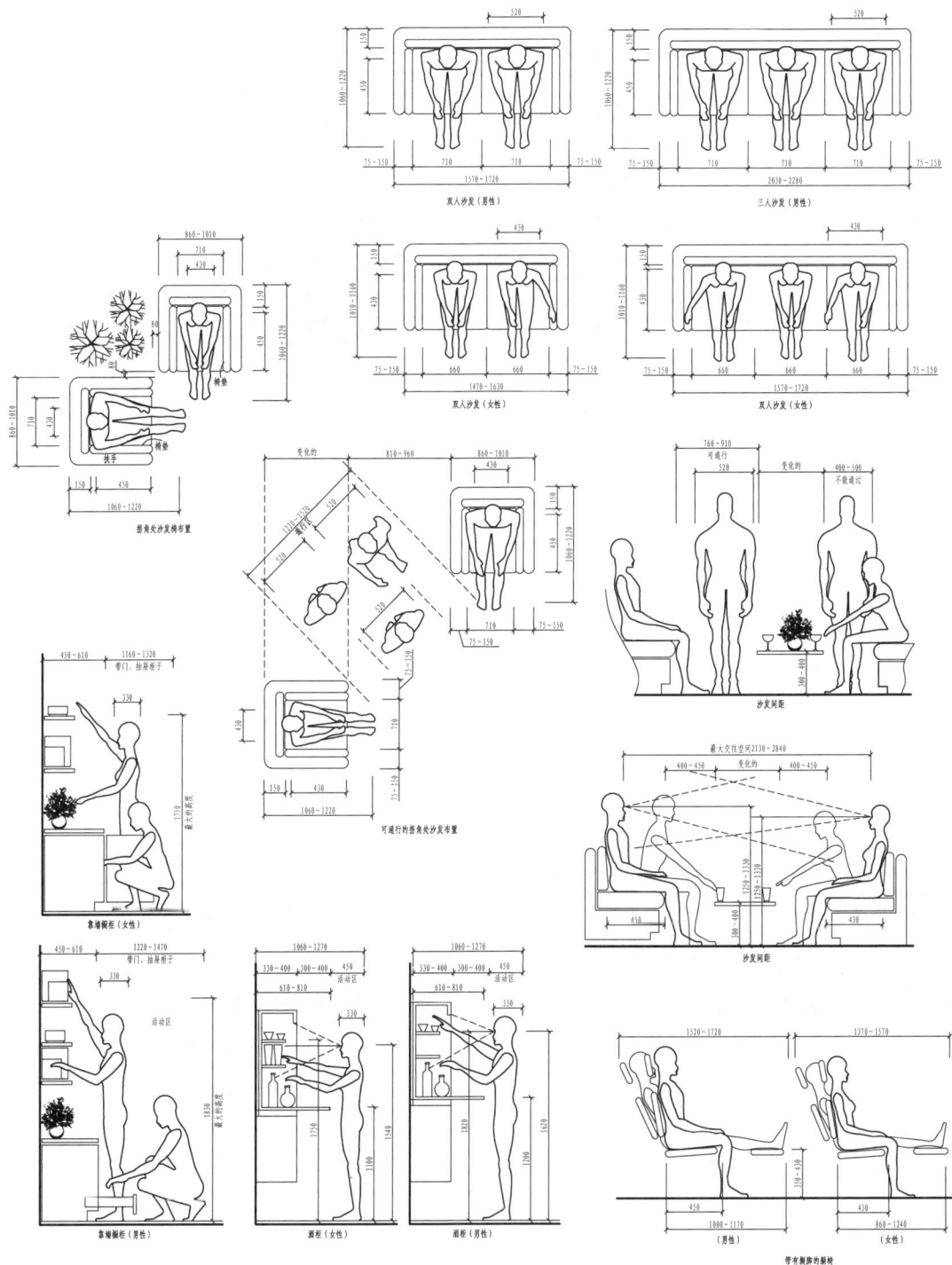

图 2-58　客厅空间各部位尺寸

图 2-58：居住空间内人体与家具之间的尺寸关系是所有空间尺寸设计的基础，这里列举的客厅空间各部位尺寸同样也能用于其他空间。

2. 卧室空间设计

在现代居住空间中，卧室作为休息和恢复精力的主要场所，根据空间大小和使用者的不同，细分为具有不同功能和定位的主卧与次卧（图2-59、图2-60）。居住者的舒适度以及生活的品质，在很大程度上取决于卧室设计的精细程度。

图 2-59　主卧大空间

图 2-60　次卧小空间

图2-59：主卧通常指一个家庭场所中最大、装修最好的居住空间。

图2-60：次卧是区别于主卧的居住空间，空间面积相较于主卧而言会小一些。

2011年发布的《住宅设计规范》（GB 50096—2011），使居住空间的质量标准及功能需求得到了进一步的明确。该规范指出，在卧室布局设计中，必须避免房间之间的相互干扰，保障居住者的私密性和环境的静谧。同时，确保卧室拥有充分的自然采光和通风。此外，该规范对卧室的面积也提出了明确要求：双人卧室的使用面积不应小于9m²，单人卧室不应小于5m²，而同时用作起居室的卧室则至少需达到12m²。

为确保居住者身心健康，我国对居住空间的净高设定了明确的标准。卧室与客厅等核心区域的空间高度不得低于2.4m。此外，在梁下或设备安装区，净高可适当降低至2.1m。然而，即便在这些特定区域，其面积也不得超出整个居住空间使用面积的1/3（图2-61、图2-62）。

图 2-61　吊顶下部床头造型

图 2-62　梁下空调安装

图2-61：吊顶下部净空高度保持至少2.4m，可设计床头造型，在视觉上提升床头墙体高度，避免产生压迫感。

图2-62：空调安装在横梁下方，空调底部距离地面应在2.1m以上。

卧室的空间通常较为紧凑。在此有限的空间中，满足居住者的基本活动需求成为设计的核心（图2-63）。

3. 餐厅空间设计

餐厅空间面积相对较小，人体工程学设计需要在有限面积内展开。

在用餐过程中，椅背与桌面之间应保持约500mm的间隔，以便就餐者舒适地坐下。而当准备离座时，此距离应增至约750mm，以保障起身动作的自然与流畅。在餐厅内移动时，个人侧向行走大约需要40mm的空间，而正面行走则需600mm。若两人交会，一方侧向移动，所需空间共计900mm。若双方正面相对行走，则空间需求将增至1200mm。

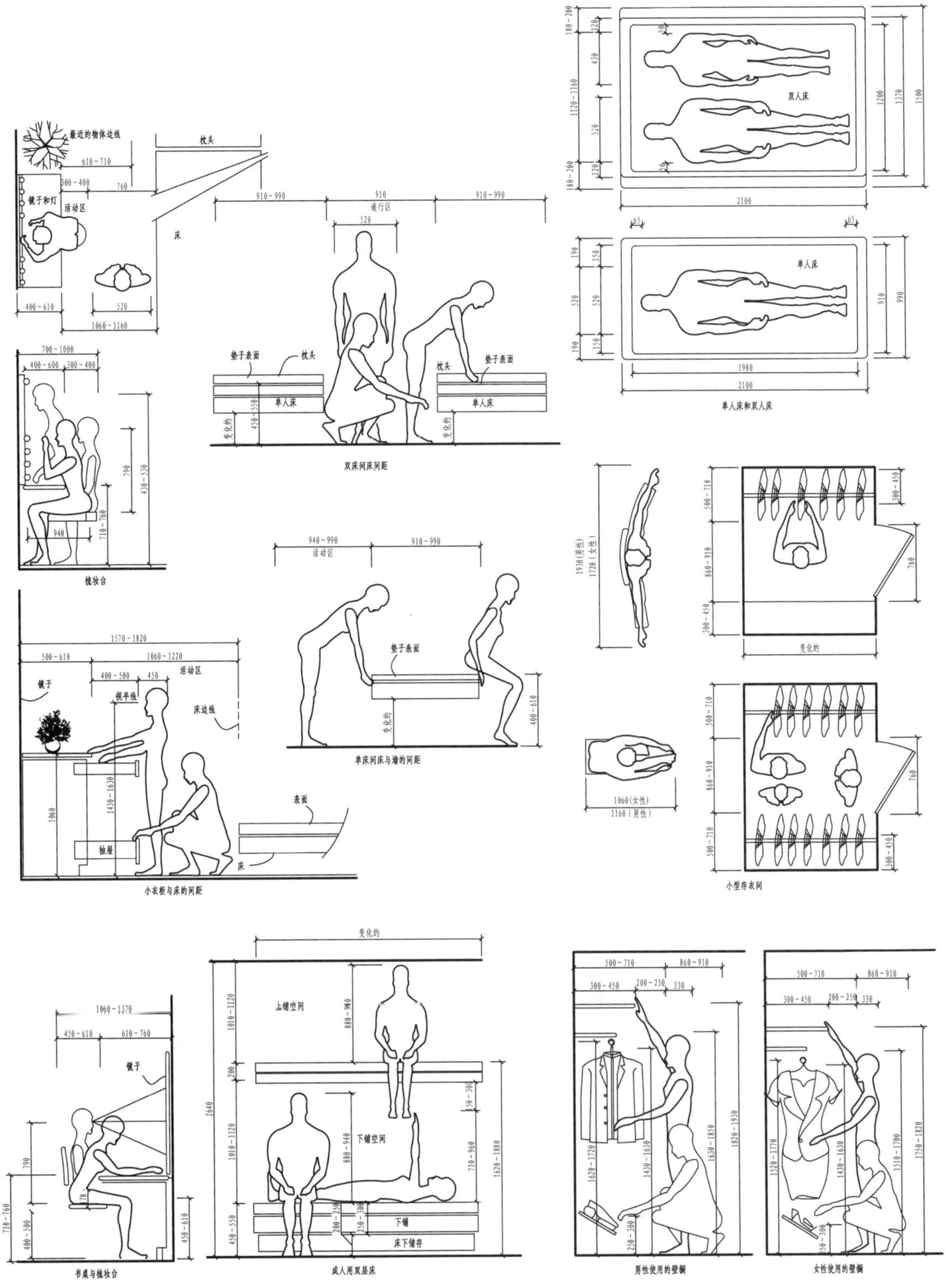

图 2-63　卧室空间各部位尺寸

图 2-63：人体与床铺等卧室家具的尺寸匹配性被广泛视为核心要素。卧室的空间通常较为紧凑，在有限的面积中施展无限的设计想象与精确的尺寸规划，成为提升卧室使用效能的关键所在。这种设计策略不仅优化了空间利用，而且在紧凑环境中实现了功能的最大化。

4. 厨房空间设计

（1）工作台尺寸。在厨房进行烹饪等操作过程中，操作台合适的高度与宽度对于减轻疲劳、保障操作灵活性具有决定性作用。长期弯腰驼背，对腰部施加了巨大压力，这种劳作方式犹如慢性折磨，易引发腰疼等健康问题。因此，厨房操作台的设计必须经过精心规划，以确保使用者的舒适与安全。在宽敞的厨房环境中，理想的工作台宽度应设定为 600mm（图 2-64）。

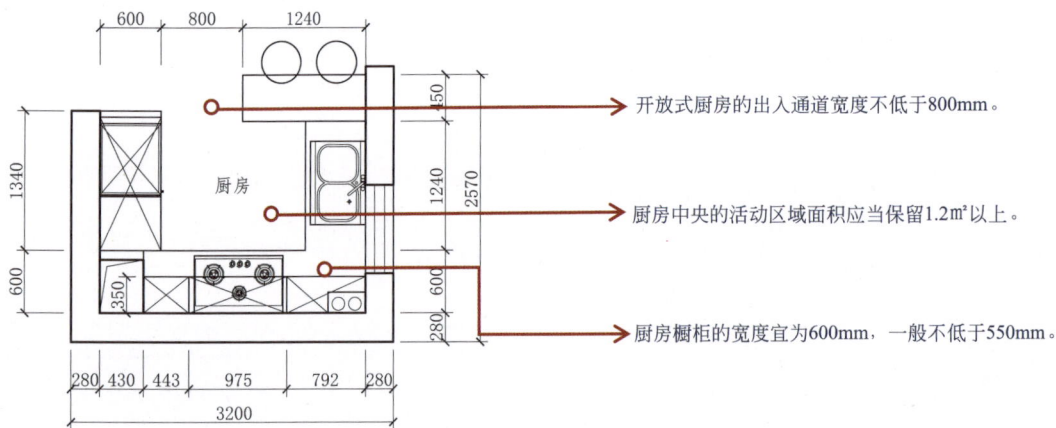

> 开放式厨房的出入通道宽度不低于800mm。
>
> 厨房中央的活动区域面积应当保留1.2㎡以上。
>
> 厨房橱柜的宽度宜为600mm，一般不低于550mm。

图 2-64　独立工作台

（2）吊柜尺寸。在设计厨房吊柜时，必须考虑到避免使用者在操作过程中碰撞头部，其顶部高度不宜超过 2300mm。吊柜的长度设计应根据厨房的实际空间状况进行调整。厨房的现代设计理念已经摒弃了统一高度的刻板印象，转而追求根据使用者个体身高进行定制化设计。为了保持厨房操作的流畅性及避免头部碰撞，吊柜应与地柜在垂直方向上保持一致性，吊柜门的宽度应限制在 400mm 以内。

（3）地柜宽度。地柜与多样化的厨房设备如洗涮槽、炉灶、洗碗机等相辅相成。为实现这些厨房工具的最大效能，必须配备充足的储存空间与流畅的操作台面。在此过程中，操作台面的宽度设计不仅应考虑其储藏功能，还应遵循人体工程学与居住环境相协调的原则，进行周密规划（图 2-65）。

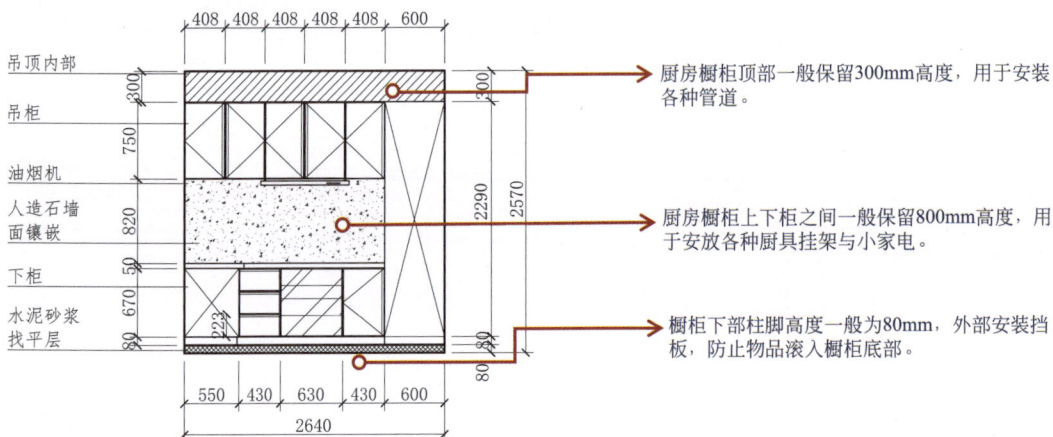

> 厨房橱柜顶部一般保留300mm高度，用于安装各种管道。
>
> 厨房橱柜上下柜之间一般保留800mm高度，用于安放各种厨具挂架与小家电。
>
> 橱柜下部柱脚高度一般为80mm，外部安装挡板，防止物品滚入橱柜底部。

图 2-65　地柜与吊柜尺寸

（4）高立柜尺寸。高立柜的顶部需与吊柜顶部对齐，同时与地柜深度保持一致，以实现空间视觉的平衡与流畅。为降低高立柜的视觉重量，提高使用便捷性，其宽度应适当减小，柜门尺寸不应超过 600mm（图 2-66）。

（5）灶台与水槽尺寸。将操作区设计在人体双臂的伸展范围内，能显著提升烹饪效率。考虑到目前燃气灶的供电方式多样，部分依赖电池，而部分则采用交流电，设计炉灶下方橱柜时需预留插座。该插座应置于橱柜内约 550mm 高的位置，并确保与燃气灶头有足够的安全距离。若燃气灶下方设有烤箱或内置消毒柜，则灶头的位置需进行适当的左移或右移。水槽上方应安装具备冷热功能的水龙头，高度一般在 550mm 左右。标准水槽的高度一般在 800 ～ 850mm，以便实现空间的最大化利用和操作的高效性（图 2-67）。

图 2-66　高立柜

图 2-67　灶台与水槽

图 2-66：高立柜的深度以操作方便、设备安装需要与储存量为前提。

图 2-67：水槽槽深一般为 200mm 左右，如需要使用粉碎机等设备，可以在水槽下柜内安一个插座。厨房空间狭小，合理安装插座可以避免后期插座数量不够或者距离太远带来的弊端。

设计厨房空间的关键不仅在于厨具与家具的巧妙配置，更在于对使用者活动范围及其移动轨迹的深入分析与规划。通过对这些细节的严谨推敲，可以提高空间的利用率，为居住者营造出更加便捷与舒适的生活环境（图 2-68）。

5. 卫浴空间设计

卫浴空间构成了每个居住单元中不可或缺的组成部分。它不仅满足居民的日常口腔护理和面部清洁需求，而且经常集成了居住空间清洁工作的多个方面，如洗衣设备的放置和洗涤盆的配置等。由此，一个规划周密且功能完备的卫浴空间，不仅能显著提高居住质量，还能极大提升家庭生活的便利性和舒适性（图 2-69、图 2-70）。

（1）功能设计。卫浴空间不应局限于基础的排泄、口腔及面部清洁、淋浴、更衣、洗衣及烘干、化妆以及洗漱用品的存放等功能，而应当作为整合了多种功能、合理布局且便于使用的日常生活空间。设计为开放式或间隔式两种布局模式（图 2-71、图 2-72）。

（2）卫浴空间设计尺寸。设计卫浴空间时，需精确地确定浴缸与对面墙体之间的距离。最小间隔为 1000mm，这一距离不仅确保了使用浴缸时的舒适体验，而且为洗浴时进行其他活动提供了宽敞的空间。即便在面积较小的浴室中，也应在此安全距离基础上安装浴缸，以便使用者能够顺畅地完成日常洗漱活动，进而打造出一个既方便又安全的洗浴环境（表 2-4）。

相对于居住空间的其他部分，卫浴空间通常面积较小，但在此紧凑的空间内，人们却需要完成洗澡、刷牙、上厕所等多种活动。设计师在开展这一空间的设计工作时，必须综合考虑人体工程学原理、空间功能性与使用效率等多方面因素，旨在打造出一个既精致又高效的使用环境（图 2-73）。

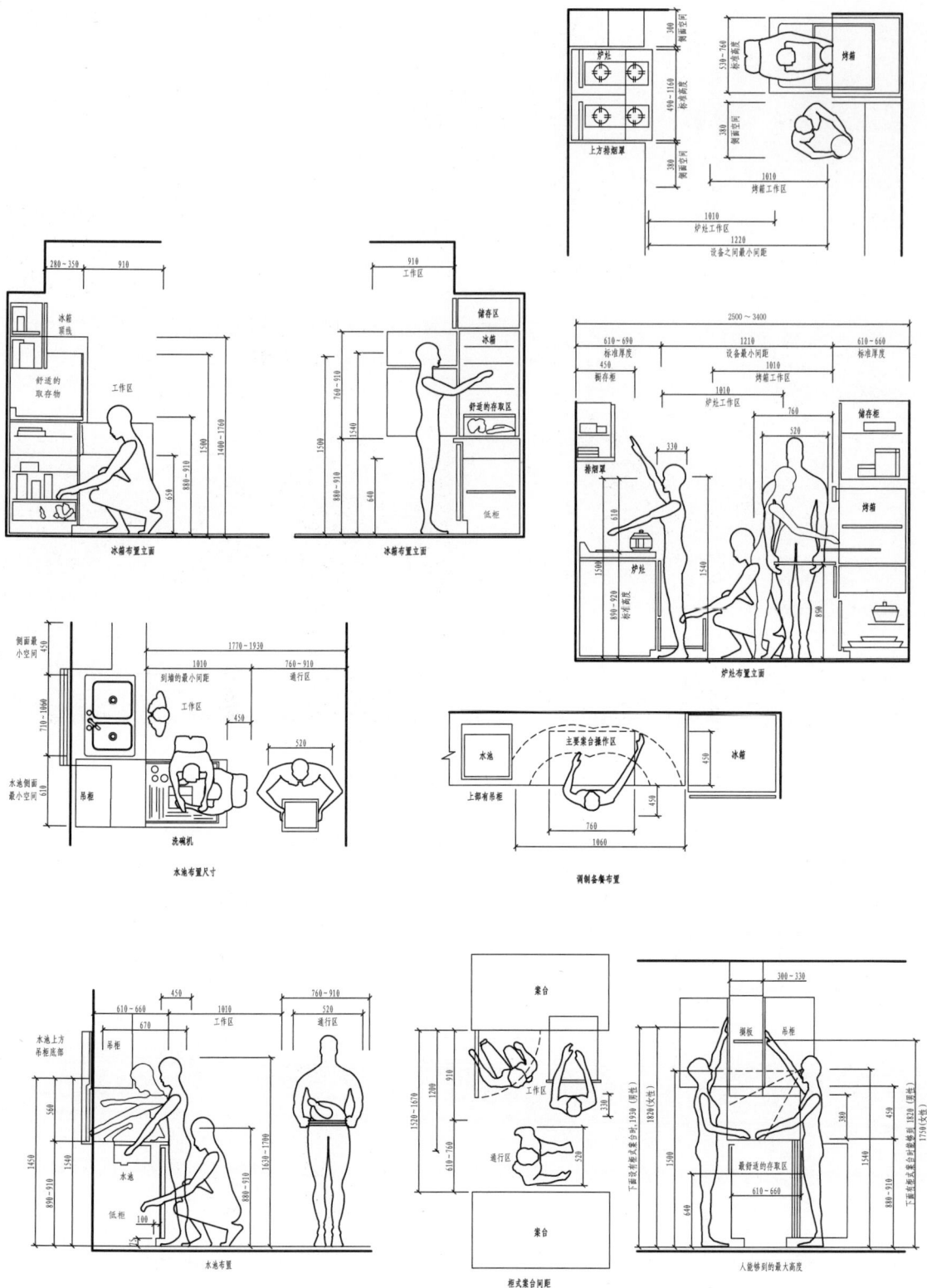

图 2-68　厨房空间各部位尺寸

图 2-68：厨房空间各部位尺寸，必须考虑到人体在不同姿势下的需求，同时也要重视厨房设备的尺寸匹配。设备的尺寸取决于不同品牌和型号，因此在设计初始阶段，就应明确所选产品的品牌与型号，以便将实际产品的尺寸准确融入厨房家具设计中。

图 2-69 紧凑的卫浴空间

图 2-70 宽敞的卫浴空间

图 2-69：当代消费者对卫浴空间及卫生设施的要求越来越高，卫浴空间的实用性强、利用率高，设计时应该合理、巧妙利用每一寸面积。

图 2-70：宽敞的卫浴空间一般面积较为充裕，可在该空间添加额外功能，如洗衣、清洁工具的放置。

图 2-71 开放式布置

图 2-72 间隔式布置

图 2-71：开放式设计是一种常见的做法，它将浴缸、马桶、洗手盆等元素集中在一个开放的空间中，这种设计方式因其便捷性和空间流畅性而广受欢迎。

图 2-72：间隔式布置一般是将浴室、便器纳入一个空间而让洗漱独立出来，这不失为一种不错的选择，条件允许的情况下可以采用这种方式。

表 2-4 卫浴空间构件尺寸表

构件	图例	所占地面长宽尺寸 /mm	构件	图例	所占地面长宽尺寸 /mm
坐便器		370×600	正方形淋浴间		900×900
悬挂式洗面盆		500×700	浴缸		1600×700
圆柱式洗面盆		400×600			

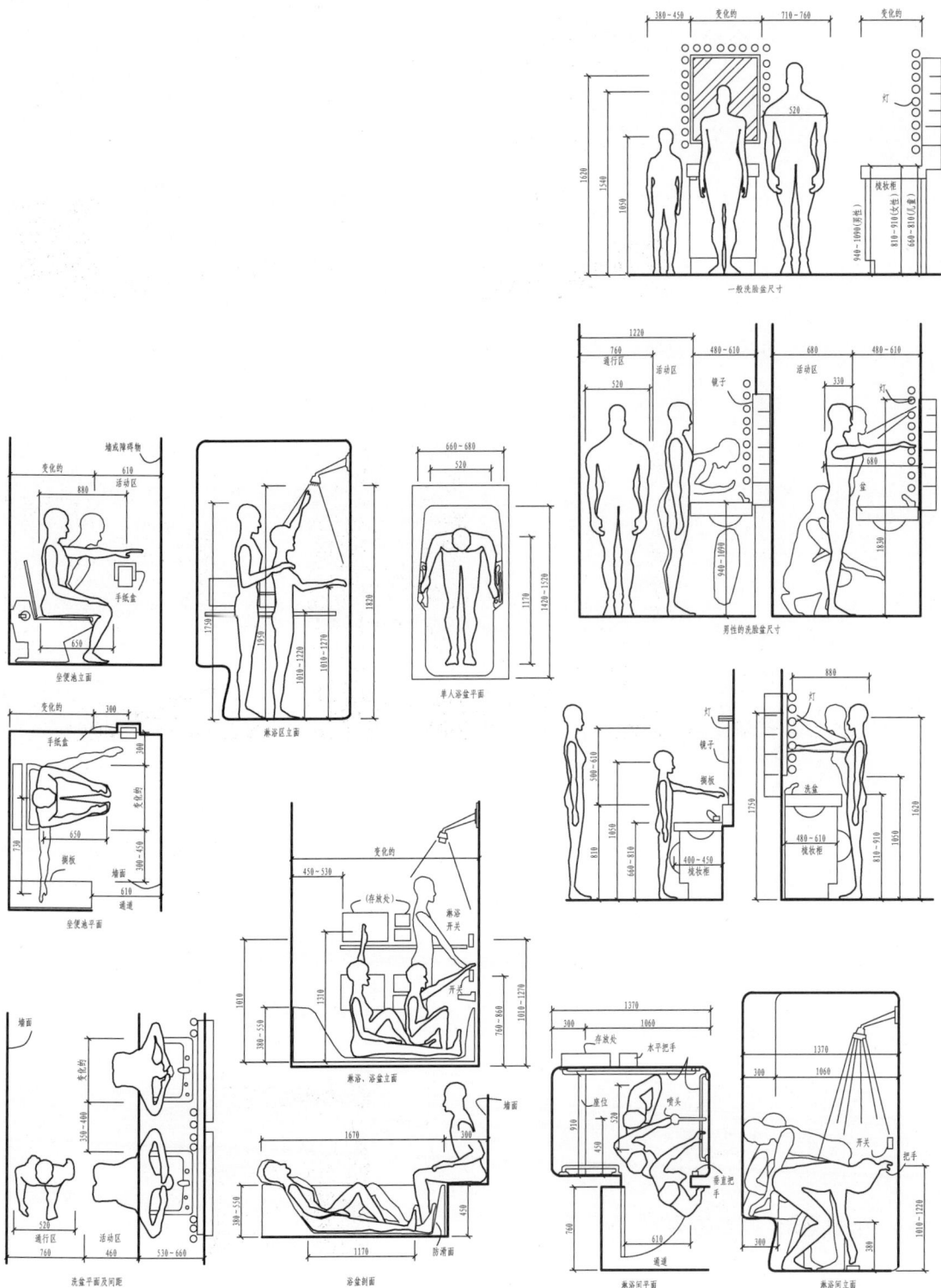

图 2-73 卫浴空间各部位尺寸

图 2-73：在设计卫浴空间时，必须深入考虑人体工程学原理，该空间通常被各种卫浴设施所填满，留给人的活动空间极为有限。设计师需特别注意门窗的设置位置及其尺寸，确保它们不会对卫浴设施的常规操作产生不利影响。此外，精心考量如何在有限的空间内合理安排设施，以便于人们在其中自如地进行各种必要活动。

第四节　居住空间人体工程学设计案例

居住空间涵盖了卧室、客厅、餐厅、书房等多样化的使用区域。这些空间不仅承载着实用功能，还融合了装饰性，共同构成了居住者生活的核心。

一、原始平面图设计

观察原始平面图，我们可以发现，开发商在设计过程中主要关注房屋的整体布局。设计师在进行空间设计时，则更加注重考虑业主的具体生活需求（图2-74）。

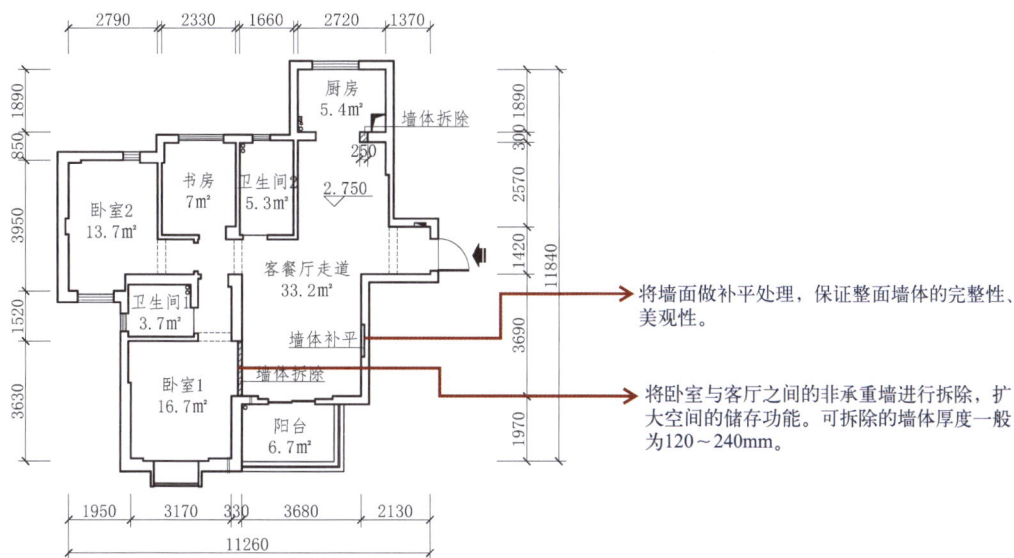

将墙面做补平处理，保证整面墙体的完整性、美观性。

将卧室与客厅之间的非承重墙进行拆除，扩大空间的储存功能。可拆除的墙体厚度一般为120～240mm。

图 2-74　原始平面图

二、平面布置图设计

空间设计的质量取决于平面布置图的合理性与创造性。忽视平面设计中的尺寸准确性可能导致居住者在使用空间时遇到诸多与人体工程学原则相悖的问题，进而影响其居住体验和生活品质（图2-75）。

小贴士

拆墙与补墙

在居住空间装修的实践中，设计专业人员往往需依据业主的具体需求，对既有建筑空间进行布局上的调整与重构。

1. 拆墙。在进行墙体拆除作业时，必须遵守相关规范，以确保建筑安全及施工质量。

2. 补墙。隔断墙主要分为砖墙和石膏板墙两种形式。施工人员需依据设计图纸进行精准放样，利用垂直与水平控制线确保墙体砌筑过程中的垂直度和水平度。

3. 水泥。水泥与砂以1：3的比例混合，配制成水泥砂浆。在砖砌体的转角及交接部位，应严格按照构造要求施工，例如，每隔8～10层砖配置直径为6mm的拉结钢筋，并确保其两端深入两侧墙体至少500mm。

有13.7m²的卧室2，设计时需在有限空间内兼容睡眠、储藏以及学习等多种功能，同时确保人们在移动过程中畅通无阻，这是设计的首要考虑因素。

鉴于居住空间中仅包含两个卧室，书房区域的设计采取了将榻榻米、书柜以及书桌融为一体的方案。该榻榻米规格为高450mm、宽1200mm，既适宜小憩，也能满足常规睡眠需求。

厨房采纳了U形布局，以最大化操作空间，使得日常洗涤和烹饪活动更加高效。冰箱与洗涤区、烹饪区形成了便捷的三角操作关系，优化了厨房动线。

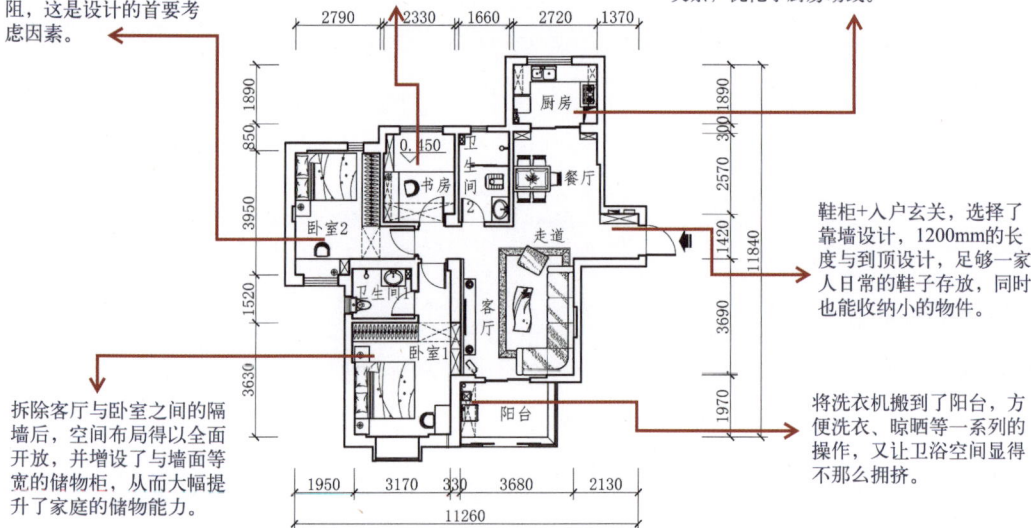

鞋柜+入户玄关，选择了靠墙设计，1200mm的长度与到顶设计，足够一家人日常的鞋子存放，同时也能收纳小的物件。

拆除客厅与卧室之间的隔墙后，空间布局得以全面开放，并增设了与墙面等宽的储物柜，从而大幅提升了家庭的储物能力。

将洗衣机搬到了阳台，方便洗衣、晾晒等一系列的操作，又让卫浴空间显得不那么拥挤。

图 2-75　平面布置图

三、空间设计

1. 背景墙与地面

客厅层高仅有2750mm，背景墙只做了简单的艺术处理，通过简约的线条与灯光设计，满足日常生活中的使用功能与审美性需求（图2-76、图2-77）。

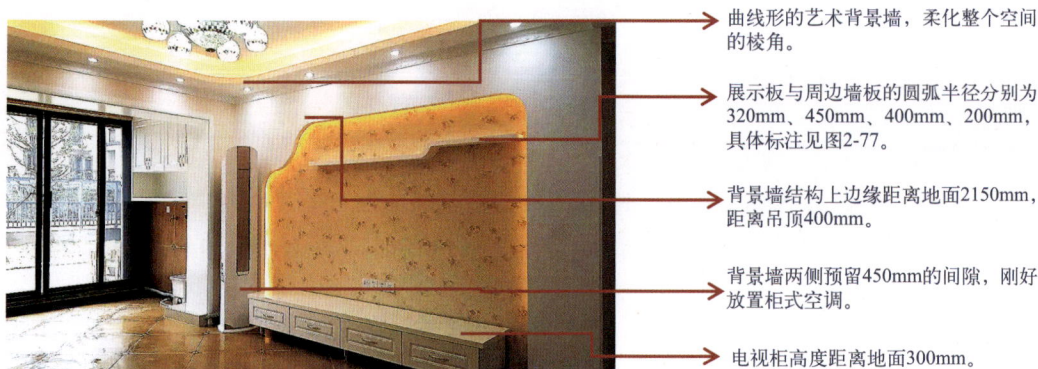

曲线形的艺术背景墙，柔化整个空间的棱角。

展示板与周边墙板的圆弧半径分别为320mm、450mm、400mm、200mm，具体标注见图2-77。

背景墙结构上边缘距离地面2150mm，距离吊顶400mm。

背景墙两侧预留450mm的间隙，刚好放置柜式空调。

电视柜高度距离地面300mm。

图 2-76　背景墙设计图

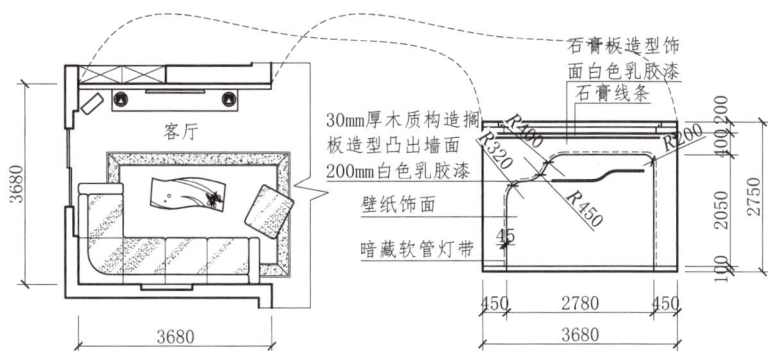

石膏板造型饰面白色乳胶漆
石膏线条
30mm厚木质构造搁板造型凸出墙面200mm白色乳胶漆
壁纸饰面
暗藏软管灯带

客厅

图 2-77：客厅电视背景墙采用了波浪的元素，让背景墙的造型更加丰富。

图 2-77　客厅局部平面图与电视背景墙立面图

2. 吊顶与灯光设计

在家居装饰过程中，吊顶的打造环节通常较为复杂。大众对于吊顶的认知往往局限于传统的平面造型，却忽略了它在整个居住空间装修中所扮演的关键角色。吊顶除了承担美化空间的功能外，还肩负着隐藏梁柱、管线，以及隔热和隔音等多重任务，这一点在家装设计图中表现得尤为明显（图 2-78 ～图 2-82）。

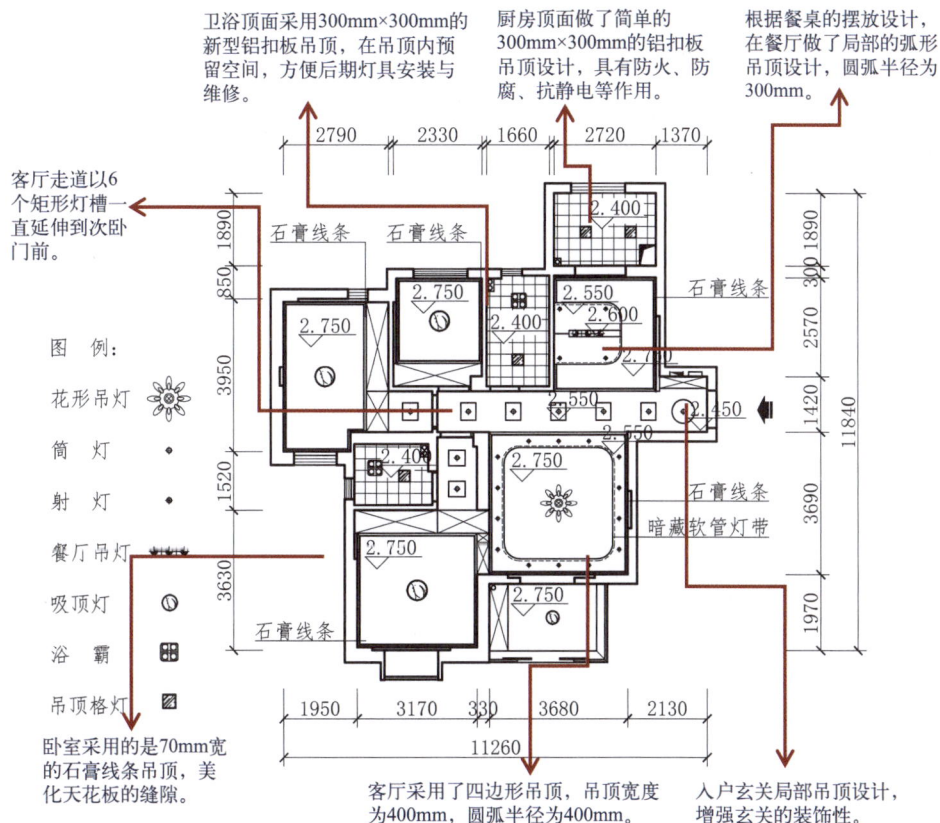

卫浴顶面采用300mm×300mm的新型铝扣板吊顶，在吊顶内预留空间，方便后期灯具安装与维修。

厨房顶面做了简单的300mm×300mm的铝扣板吊顶设计，具有防火、防腐、抗静电等作用。

根据餐桌的摆放设计，在餐厅做了局部的弧形吊顶设计，圆弧半径为300mm。

客厅走道以6个矩形灯槽一直延伸到次卧门前。

图　例：
花形吊灯
筒　灯
射　灯
餐厅吊灯
吸顶灯
浴　霸
吊顶格灯

卧室采用的是70mm宽的石膏线条吊顶，美化天花板的缝隙。

客厅采用了四边形吊顶，吊顶宽度为400mm，圆弧半径为400mm。

入户玄关局部吊顶设计，增强玄关的装饰性。

图 2-78　顶面布置图

3. 家具设计

在居住空间中，家具尺寸设计是关键部分。多出一厘米可能导致柜子无法置入，而少一厘米则可能造成墙面的间隙。对房主而言，装修其居所是一个追求尽善尽美的过程，设计的

图 2-79　客厅吊顶

图 2-80　走道吊顶

图 2-79：客厅中隐藏式发光灯带的应用，弥补了吊灯照明的不足，有效优化了整个空间的光环境，营造出活跃的居住氛围。

图 2-80：走道的吊顶设计巧妙地实现了客厅与餐厅的视觉分隔，同时确保了走道区域的充足照明，并赋予空间以更强的视觉延伸效果。

图 2-81　浴室吊顶

图 2-82　餐厅吊顶

图 2-81：浴室使用石膏板吊顶不会降低楼层的层高，不会让使用者感到压抑。

图 2-82：餐厅的灯光以筒灯、灯带、吊灯三种暖色灯源为主，营造一种温馨的氛围。

任何瑕疵都可能引起不满。因而家具尺寸的设计不仅是实用性的考量，更是对设计师专业能力的检验。以一间 7m² 的书房为例，设计师不仅需满足房屋主人日常阅读和学习的需求，还需考虑其偶尔作为客房使用的可能性，这就要求设计师充分利用空间，实现空间的多功能性（图 2-83 ～图 2-85）。

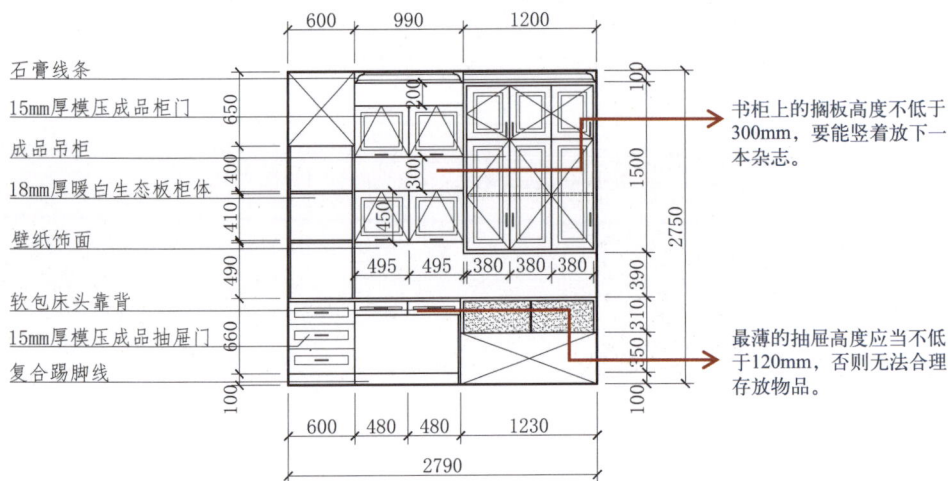

书柜上的搁板高度不低于300mm，要能竖着放下一本杂志。

最薄的抽屉高度应当不低于120mm，否则无法合理存放物品。

图 2-83　书房立面图

图 2-84 榻榻米设计

图 2-85 书架 + 储物柜设计

图 2-84：1.2m 宽、2m 长的榻榻米床足够一个成年人躺下，床下方的抽屉可以用来储存物品。

图 2-85：考虑到家中的储物空间较少，榻榻米与书桌的上方做了储物柜，中部镂空设计了书架。

4. 橱柜尺寸设计

厨房作为日常生活的核心区域，在现代家庭装修中扮演着不可或缺的角色，其橱柜的设计尤为重要。通常情况下，橱柜选用的材质耐用性不一，普通材质可维持 8 年左右的使用寿命，而高品质材料则可延续至约 20 年的时间范畴。家庭装修一旦完成，后续的改动往往较少，因此，橱柜的尺寸设计显得尤为关键。若设计之初尺寸不当，可能长期影响居住体验（图 2-86 ～图 2-88）。

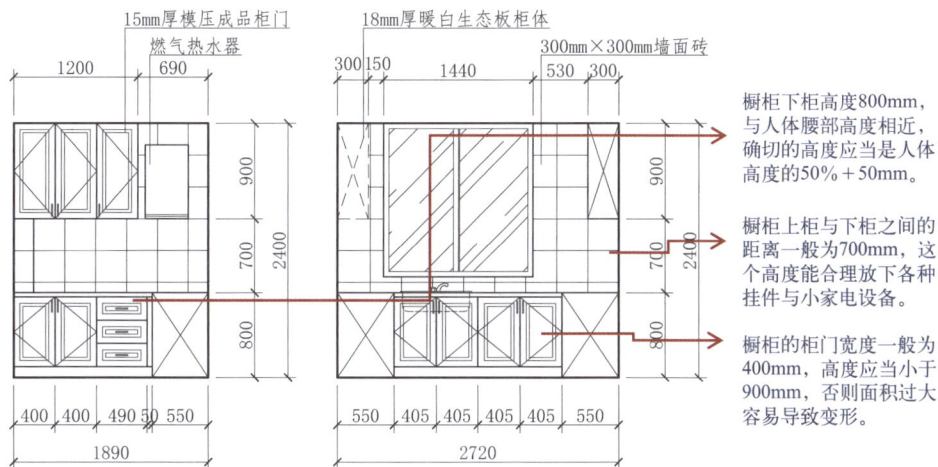

橱柜下柜高度800mm，与人体腰部高度相近，确切的高度应当是人体高度的50% + 50mm。

橱柜上柜与下柜之间的距离一般为700mm，这个高度能合理放下各种挂件与小家电设备。

橱柜的柜门宽度一般为400mm，高度应当小于900mm，否则面积过大容易导致变形。

图 2-86 厨房橱柜立面图

图 2-87 橱柜低柜设计

图 2-88 橱柜高柜设计

图 2-87：橱柜低柜高度为 750 ～ 850mm，深度为 520 ～ 600mm，根据厨房空间尺寸设定。低柜开门宽度多为 380 ～ 480mm，过窄影响取放物品，过宽易造成板材变形。

图 2-88：橱柜高柜高度为 650 ～ 900mm，深度为 250 ～ 330mm，高柜开门宽度与低柜相当，也可以设计为 300 ～ 400mm，适用于小件物品摆放。

1. 人体工程学的定义是什么？

2. 人体工程学研究内容涵盖了哪些领域？

3. 人体工程学适用于哪些领域和场景？

4. 衡量居住空间楼梯合理性的标准有哪些？

5. 三人一组，相互测量身体各部位尺寸，绘制简图，并翔实记录。

6. 细致观察周围人的体形，询问并记录，提炼出普遍的人体尺寸范围。

7. 通过网络、书籍等资料查阅中国故宫房屋内部的照片，观察并欣赏中式传统住宅设计，思考其中运用了哪些人体工程学要素。

第三章
居住空间功能设计

识读难度： ★★★★☆
重点概念： 门厅、走道、厨房、客厅、主卧室
章节导读： 传统的居住空间布局正逐步被现代居住空间理念所改变。这一转变不仅丰富了居住空间的层次性，提升了其功能性，而且赋予了其鲜明的时代特征。现代居住空间设计更加重视空间功能的优化与布局。本章深入阐述居住空间设计的多项功能要素，在对比传统与现代居住空间设计差异的过程中，指出传统空间设计与人民幸福安康的关联，运用科学发展观可以展现出更多的灵活性与创新性，进而促进居住空间功能的提升（图 3-1）。

图 3-1：居住空间各个功能区域均被赋予了特定的使用目的。门厅，作为居住空间的主要出入通道，其设计不仅与居住空间整体风格相协调，而且在空间规划上刻意留出较大的活动空间，以便居住者进出时能够自如地进行相关活动。

图 3-1　门厅空间设计

第一节　公共居住空间

一、门厅

在居住空间内部，入门后的第一处空间，通常称作门厅，其位于大门、客厅与走道之间。该区域尽管面积有限，却往往呈现出较为完整的空间形态。此区域可供居住者更衣、换鞋，也是一个存放私人物品的适宜之地（图 3-2）。

1. 门厅类型

（1）无厅型。适用于小面积居住空间，入门后可直接观察到居住空间环境，可供行走的空间较窄。尽管如此，此类门厅仍需具备换衣的基本功能，故可在墙壁上设置挂衣板，以便进出时使用（图 3-3）。

（2）前厅型。前厅型门厅空间较为宽敞，门开后即可见完整的门厅，其形状通常为方形，长宽比例适宜，因此在设计上具有较大的灵活性。在前厅型门厅中，可以设计集装饰柜、鞋

图 3-2：在现代家居装修中，门厅与玄关的概念相同，通常将其合二为一称为门厅玄关。

图 3-2　门厅

柜于一体的多功能家具，也可以设置换鞋座凳（图 3-4）。

（3）走廊型。其特点在于开门后仅可见狭长的过道，储藏空间及装饰空间相对有限。可以利用侧墙较宽的部分设计鞋柜或储藏柜，若空间宽度极为有限，则可将鞋柜设计为抽斗门，厚度仅需 160mm（图 3-5）。

（4）异型。异型门厅主要针对少数具有特殊户型的居住空间，其设计需要灵活。例如，可以将不连续的墙壁通过流线型鞋柜进行整合，从而使门厅空间显得更加有序和规则（图 3-6）。

图 3-3：在狭窄的空间里可以将换鞋、更衣、装饰等需求融合到其他家具中。

图 3-4：在对应的墙面上，可以安装玻璃镜面，衬托出更宽阔的走道空间。

图 3-3　无厅型门厅　　**图 3-4　前厅型门厅**

图 3-5：走廊的末端为大门。走廊型门厅深度较大，具有较少储物空间。

图 3-6：门厅位于楼梯间，存储空间较少，因空间的局限性，形式与功能很难统一。

图 3-5　走廊型门厅　　**图 3-6　异型门厅**

门厅的功能性大于装饰性，主要功能如表 3-1 所示。

表 3-1　门厅功能

功能	说明	图例
保持私密	为提升居住空间隐私保护水平，建议在门厅部位设置一道屏风，该屏风可选用木材或玻璃等材质，以视线遮挡的方式，防止空间内景被外界轻易观察到	
家居装饰	在现代家居设计中，人们常用不锈钢、玻璃等反光性强的材料作为局部装饰，旨在为空间增添独特风格；特色壁纸、涂料或木质板材亦被用于墙面及地面装饰，以丰富视觉效果；针对部分空间采光不足的问题，可安装高亮度射灯以增强照明效果	
方便储藏	入口区域的设计应包含鞋柜、衣帽架及全身镜等元素；鞋柜需设计得较为隐蔽，以维持门厅的整洁度；而衣帽架与全身镜的设计则需注重美观与实用性，以彰显空间的整体美感	

2. 门厅细节设计

（1）隔断设计。设计居住空间的门厅玄关时，应注重营造一种空间过渡的美学效果。此区域的面积与形态应根据居住空间的整体尺寸及其特质进行相应的调整。设计师可以考虑运用圆形、方形或其他多样化的隔断，甚至可以将玄关设计成走廊样式（图 3-7、图 3-8）。

图 3-7　玻璃隔断

图 3-8　低柜 + 格栅隔断

图 3-7：采用通透的玻璃隔断，有一种隐约朦胧美。

图 3-8：采用格栅结合低柜的隔断形式，美观性与功能性相结合。

（2）照明设计。在门厅玄关的设计中，通常存在一些不易被自然光照射到的隐蔽角落。鉴于这种情况，必须依靠人工照明手段来弥补自然光源的不足（图 3-9、图 3-10）。

图 3-9 门厅照明设计（一）

图 3-10 门厅照明设计（二）

图3-9：使用壁灯或射灯可以让灯光上扬，产生丰富的层次感，营造出温馨感。

图3-10：采用主灯结合射灯的照明方式，满足门厅空间的基础照明需求，并对营造空间氛围很有帮助。

（3）材料选择。门厅玄关的设计需选择恰当的材料。该区域经常遭受磨损，同时又是常用的导向空间，因此，柔软的地毯和耐用的地砖备受推崇（图3-11、图3-12）。

图 3-11 地毯拼贴

图 3-12 地砖铺装

图3-11：对局部位置铺装地毯，减少瓷砖带来的冰冷感。

图3-12：铺装带有图案、纹理的地砖，减少瓷砖大面积的空白感与反光。

二、客厅

在居住空间设计理念中，客厅的布局占据核心地位。该区域不仅是家庭成员放松休息的中心地带，更是家庭物质条件和精神风貌的直接反映。作为居住空间内部的多功能场所，客厅在规划布局时必须全面考量诸如照明效果、隔音性能、温湿度调控以及家具摆放等多重因素，旨在为家庭成员的各项活动提供适宜的空间支持。客厅沙发布置形式见图3-13、表3-2。

图3-13：面积较大的客厅可将沙发居中放置，沙发背后留出走道，形成环绕状沙发布局，让客厅空间通行更便捷。

图 3-13　客厅空间设计

表 3-2　客厅沙发布置形式

名称	布置形式	图例
L 型（9m²①）	对于面积较小的客厅而言，选择 L 型沙发是一个实用且高效的设计方案，此类沙发在设计中充分考虑了空间利用的最大化，有助于节约宝贵的空间。在选购这类转角沙发的过程中，必须关注沙发转角的方向性，以确保其与客厅的整体布局和谐统一	
标准型（12m²）	布局为 3+2 的沙发款式因其高度的实用性和灵活性而备受青睐，这一设计不仅为看电视提供了舒适的体验，同样也便于家人间的互动和交流。沙发的尺寸规格丰富多样，涵盖了从小型到大型等多种选择，能够适应不同的空间大小和设计需求	
U 型（12m²）	U 型沙发因其独特的设计理念而备受家庭成员喜爱，该设计旨在营造一个舒适的休闲娱乐环境。此类沙发以其环抱式的结构特点，不仅提供了坐卧的灵活性，而且营造了一种亲密与温馨的空间氛围	
对角型（12m²）	在处理具有特殊形态的客厅布局时，选择对角型沙发布局往往更为合适。设计者需深入考虑客厅的空间形状，并在对角型沙发背后的墙面设计装饰或家具隔断，以增强空间的美感和实用性	
单边型（25m²）	针对宽敞空间，选择沙发时应着重考虑其实用性和空间规划，以确保居住环境的布局流畅。在此情况下，皮质沙发成为优先选择，由于其体积庞大且材质坚固，能够承受一定程度的碰撞，且不易发生位置变动	

① 括号内为该布置形式所适用的客厅面积。

1. 功能布局设计

（1）功能分区。客厅作为一个家庭成员与访客互动的共用空间，其设计布局必须依据实际空间条件进行深思熟虑的区域划分。此类划分旨在满足会话、阅读、娱乐等多种功能需求。在实施家具配置时，常见做法是将家具沿墙壁排列，并将个性化装饰转移至私密空间，以此扩展客厅的有效使用面积，为公共交流活动创造宽敞环境（图3-14）。

（2）综合运用。客厅的功能具有复合性特征，活动内容亦呈现多样化。家庭聚会、视听娱乐、接待来宾等是客厅的常见用途。其中，家庭聚会作为客厅的核心职能，依赖于沙发或座椅的精心布局，营造出有利于交流的空间氛围。此类布局通常位于客厅中心地带，成为社交互动的核心场所（图3-15）。

图 3-14 功能分区

图 3-15 综合运用

图3-14：由于客厅较小，只能置入L型沙发，只保留基本的交流区。

图3-15：选用多种类型的沙发，可坐可卧，加强客厅的交流空间。

（3）围绕核心。客厅空间内部可细分为多个功能性子区域。设计时，关键是要确立一个中心区，该区域将成为客厅的焦点，主要用于娱乐、接待及社交互动等。围绕这一核心，应当规划辅助空间，以强化中心感及视觉焦点的效果，并打造出既宽敞又美观的空间体验（图3-16、图3-17）。

图 3-16 围绕核心

图 3-17 重点设计

图3-16：西方客厅常常以壁炉为核心进行设计。休闲时刻，家庭成员可围绕壁炉而坐，营造出一种温馨且活跃的环境。

图3-17：娱乐与社交区域通常利用沙发、座椅、茶几和电视柜等家具构成一个聚合空间。

2. 客厅细节设计

（1）避免动线交错。客厅作为居住空间的交通枢纽，对于保持居住空间动线的流畅性有着决定性的影响。对既有建筑布局作出调整，例如重新定位门的位置以实现空间使用的集中化，是优化空间流线的一种有效策略（图3-18、图3-19）。

（2）通风防尘。通风在保持环境清洁、空气新鲜以及促进居住者健康方面都具有积极作用。在通风系统的实际布置过程中，空间的合理规划至关重要，旨在消除不必要的隔断，确保自

图 3-18　不合理布局设计

图 3-19　合理布局设计

图 3-18：当客厅面积过小时，采用环绕式的布局形式显得空间更加狭小，行走不便。

图 3-19：采用标准型的沙发布局，在行走时更加顺畅，空间规划更加便利。

然通风的无障碍进行。此外，在家具的配置上，也必须考虑到机械通风的潜在影响，以保持空气的流通性。

（3）注重隐蔽性。客厅与入口或楼梯间的直接连接应被避免，这样的布局不仅可能给日常生活带来不便，还可能侵犯居住的私密性和客厅的安全性。设计师在规划时应考虑采取适当的视线隔离手段来提升客厅的安全感和私密性。虽然传统的玄关隔断方法有效，但会占用宝贵的客厅空间。作为一种替代方案，设计一种可移动的玄关结构，如类似门的装置，可以按需开启或关闭，在不影响视线分隔的同时，也提高了客厅空间使用的灵活性。

三、餐厅

应在宽敞的居住空间内设立独立的用餐区（图 3-20），用于饮食及接待客人。然而，在空间有限的居住空间设计中，餐厅的功能往往与客厅、书房或休息区等其他空间功能相结合，以适应多功能的需要。

图 3-20：为了减少在就餐时对其他活动的视线干扰，常用隔断、滑动墙、折叠门、帷幔、组合餐具橱柜等分隔用餐空间。

图 3-20　餐厅空间设计

1. 餐厅空间类型

将餐厅置于厨房和客厅之间的布局是最为理想的。这种布局有效地减少了食物运送的时间，同时显著缩短了宾客从客厅到餐厅的路径。至于餐厅内部的布置方式，表 3-3 列举了四种主要模式。

表 3-3　餐厅空间布置形式分类

名称	布置形式	图例
倚墙型	在面积有限的餐饮区域设计中，将餐桌置于开阔的墙面前方，若无此类墙面，则可采取将餐桌紧贴墙面摆放的方式，并对墙面进行具有装饰性的加工，以增强空间的视觉美感。在挑选装饰性材料时，应考虑到长期使用对墙面潜在的损害，因此推荐使用耐磨损且坚硬的材料	

名称	布置形式	图例
隔间型	若餐厅区域面积有限，通过巧妙地安排家具布局，依旧可以实现多功能区域的高效利用。例如，在沙发后部设置一个低矮的展示柜，不仅可作为装饰品，而且在用餐时还能分担餐桌的部分功能，在享受美食的同时，亦能轻松观赏电视节目，这种将实用性与娱乐性相结合的空间布局策略，无疑是一种高效的空间利用方法	
岛型	家庭成员能够围绕餐桌而坐，同时四周保留适宜的流动空间。在布置餐桌椅的过程中，需谨慎处理空间，避免给人以空旷之感。通过对墙面进行恰到好处的修饰，比如设立装饰性的酒柜或设计独特的背景墙，可以显著突出餐厅的核心位置	
独立型	对于面积较大的餐厅布局而言，其设计应当具备灵活性。小型圆形餐桌可置于餐厅中央，保持其稳定性，不会轻易变动。至于大型餐桌，由于其体积通常较大，设计中可能需要考虑设置特定的储藏空间，以便在不使用时可以有效地存放起来，从而优化空间利用	

2. 餐厅功能设计

（1）餐厅位置。在特定环境限制的背景下，餐厅的布局可以展现出高度的灵活性（图3-21、图3-22）。例如，将餐厅区域设置于厨房、入口大厅或客厅之中，能展现出独特的风格与功能：将厨房与餐厅合二为一，不仅提高了菜品上桌的效率，而且实现了空间的最大化利用；若客厅或门厅承担餐厅的角色，则应优先考虑与厨房的邻近性，以方便家庭成员共同进餐，同时减少食物汤汁对环境的污染。在空间划分方面，运用隔断、吧台或绿化元素来界定餐厅与其他区域，既体现了实用性与艺术性的结合，又确保了空间的开阔与通透。

图 3-21　客厅兼餐厅设计

图 3-22　门厅兼餐厅设计

图3-21：在小面积的户型中，将厨房、餐厅、客厅集中在同一个大空间中。要注意不能使厨房的烹饪活动受到干扰，也不能破坏进餐的气氛。

图3-22：将餐厅设计在门厅过道中，有效节省室内空间，并缩短食物供应路线。

（2）就餐文化。饮食文化的差异在餐桌选择上表现得尤为明显（图3-23、图3-24）。中式饮食文化倡导共享，因而在我国正方形或圆形的餐桌更为常见。相对而言，西式饮食文化注重个人选择和分餐制，因此，西方社会更偏好长方形或椭圆形的餐桌设计。

图3-23：中式餐厅多选用圆形与正方形餐桌，具有环绕圆满的寓意。

图3-24：西式餐厅多采用长方形与椭圆形餐桌，在进餐时注重面对面交流。

图 3-23　中式餐厅　　　　　图 3-24　西式餐厅

3. 细节设计

在当代社会，餐饮空间的内部设计与氛围塑造变得格外关键。提升餐饮场所的氛围主要通过周密安排的界面元素来完成（图3-25）。

（1）顶面。餐饮区顶面设计往往较为复杂，并强调对称性，其几何中心点常常与餐桌位置相吻合。通过运用多样化的吊灯设计，可以优化餐厅环境。灯具的布局应以其几何中心为焦点，并与隐藏的灯槽相结合，营造出立体且层次分明的形态。在灯具选择上，有多种类型可供挑选，如吊灯、筒灯、聚光灯等。为了进一步打造出一个协调的用餐环境，有时也会在天花板上悬挂一些装饰品或艺术品。

（2）地面。餐饮区的地面设计，应兼具稳重性与实用性，避免过分奢华的设计，以免失去实际应用价值。一般会选用易于清洁且耐磨的材料，比如玻化砖或复合地板，而避免使用容易藏污纳垢的地毯。同时，在结构上，餐饮区与厨房、客厅之间应保持在同一平面，特别是在非复式或跃层式建筑空间中，以降低行走时跌倒的风险。

（3）墙面。在设计餐厅墙面时，必须重视其与家具及灯具的和谐搭配，以此彰显餐厅的独特风格，并防止形态的随意堆砌。墙面的功能不应仅限于实用性，还应结合科技与艺术的装饰元素，以创造出既实用又美观的空间。

顶面采用了吊灯与射灯相结合的照明方式。

墙面悬挂装饰画，美化就餐环境。

地面采用木地板铺装，从地面材质来区分客厅与餐厅。

图 3-25　餐厅细节设计

四、走道

在居住空间中，走道作为连接各个房间的过渡区域，往往被忽视。然而，设计合理的走道不仅能提高空间利用率，还能营造出流畅、美观的居住环境。以下将详细介绍居住空间中走道设计的要点，以期打造一个舒适、实用的过渡空间。

1. 走道设计的具体方法

（1）走道宽度设计。走道的宽度应根据空间大小和居住需求来确定。一般来说，走道宽度宜在1.2m以上，以满足两人并行的需求。对于较小的空间，可以适当减小走道宽度，但不应低于1m。

（2）走道照明设计。走道照明设计至关重要，既要保证足够的亮度，又要避免产生眩光（图3-26）。可以采用嵌入式灯具、壁灯或吊灯等，根据走道的长度和宽度选择合适的灯具。同时，考虑走道与相邻空间的照明协调性。

（3）走道地面设计。走道地面应选择耐磨、防滑、易于清洁的材料，如瓷砖、木地板等。地面材质与相邻空间的地面材质应保持一致或协调，以营造整体感（图3-27）。

（4）走道墙面设计。走道墙面设计应简洁大方，避免过多的装饰。可以采用乳胶漆、壁纸等材质，色彩要与整体家居风格协调。此外，可以考虑在走道墙面设置储物柜、挂钩等，提高空间利用率。

图3-26：采用吊灯作为走道的主要灯源，保证了足够的亮度，又避免眩光。

图3-27：走道地面采用瓷砖铺贴，防滑且易清洗，铺贴花样与家具风格相呼应，使其在视觉上充满设计感。

图 3-26　走道照明设计　　　　图 3-27　走道地面设计

2. 走道设计的注意事项

（1）避免走道过长。过长的走道容易产生单调感，可以采用设置休息区、增加装饰等方法进行改善。

（2）避免走道过窄。过窄的走道会影响通行，降低居住舒适度。在设计时应充分考虑走道宽度。

（3）考虑走道与相邻空间的动线关系。走道设计应与相邻空间的动线相互协调，避免出现交叉、拥堵等现象。

（4）注重走道的安全性。走道设计应考虑安全性，避免设置尖锐的边角、突出的家具等。

五、厨房

在居住空间中，厨房承担着食物处理、烹饪以及餐后清理等多种任务。这类活动一般会占据居民每日2～3h的时间。因个人生活习惯、文化背景、家庭成员数量和居住空间的不同，厨房设计在不同地方呈现出显著的差异性和个性化特征，这些特征映射出人们对饮食文化、生活模式及居住环境的个性化需求。

1. 空间类型

随着时代的发展，厨房布局设计正逐步向多样化转变，传统的封闭式厨房已不再是唯一的选择。现代家庭可以根据实际需求，灵活采用独立式、餐厅式或开放式等多样化的厨房设计方案。

（1）独立式厨房。以独立式厨房为例，该设计模式将烹饪区与就餐区明确分隔，置于一个封闭空间之中。这种布局有效地隔离了烹饪过程中产生的油烟和气味，防止影响其他区域。此外，独立厨房空间通常具备较大的墙面面积，这为设置储物空间提供了便利，从而优化了厨房的功能性和实用性（图3-28）。

（2）餐厅式厨房。餐厅式厨房与独立式厨房在封闭空间设计上具有一定的相似性。然而，餐厅式厨房在空间规模上往往更为宽敞，它将用餐区与烹饪区相结合，既继承了独立式厨房的优势，同时也提升了使用的便捷性（图3-29）。

（3）开放式厨房。开敞式厨房则采用了一种全新的设计思路，通过拆除隔离墙壁，将厨房、餐厅乃至客厅空间连为一个整体，极大地优化了空间使用效率。这种设计不仅为小户型居住空间提供了节省空间的方案，还促进了家庭成员间的互动，有助于营造一个温馨和谐的家庭环境（图3-30）。

图3-28　独立式厨房　　　　图3-29　餐厅式厨房　　　　图3-30　开放式厨房

图3-28：因设备设施比较差而无法保持整洁的厨房，可以利用独立空间，避免对其他空间的干扰。

图3-29：因其空间较为宽敞，在一定程度上也具有开放式厨房的优点。

图3-30：有助于空间的灵活性布局与多功能使用，特别是当厨房装修比较考究时，起到美化家居的作用。

2. 空间布置方式

设计厨房及就餐空间时，必须考虑到家庭结构变化、生活品质提高、厨房设备增加以及访客频率变化等多重因素。这些因素共同作用于居住空间设计，要求设计师在规划厨房布局时，应考虑到家庭生命周期的不同阶段，以实现居住空间的最优化配置（表3-4）。

表3-4　厨房空间布置形式分类

名称	布置形式	图例
一字型	合理地配置橱柜与厨具设备，能极大地提升烹饪空间的利用率，通过一字型布局，不仅能够高效地满足烹饪需求，还能够实现空间的精致化与便捷化。以清洗区为核心，操作活动可以在其左右两侧展开。理想情况下，操作台长度不超过4m，以确保使用上的便捷性	

名称	布置形式	图例
走廊型	在厨房设计的创新实践中，可以尝试非传统的设备布局方式。例如将设备沿两面平行墙壁摆放，从而营造出类似走廊的布局模式，一面墙可用于设置洗涤槽、冷藏设备以及烹饪操作台，而另一面墙则可用于安放炉灶并设置用餐区	
窗台型	窗台型厨房巧妙地利用了厨房外部高窗台的空间，在窗台上安装炉灶设备，并在其两侧设计储藏橱柜，以最大限度地发挥存储功能。这种设计在燃气管道、水管和电线布局方面提出了更高的技术要求。此外，在窗台上安排简单的洗涤设施如洗菜盆，也是可行的方案	
L 型	沿两堵相邻墙面布置各类台面、工具与设备，此安排最小化了人员操作时必要的移动距离，不仅优化了作业效率，同时也实现了空间的节约	
U 型	为了提升厨房功能分区的明确性，可以沿三面墙体设置橱柜，这样的设计确保了操作台的充足长度，并为厨房设备提供了多元化的布局可能性	
T 型	T 型布局与 U 型结构类似，但特点在于一边不紧贴墙面，而是形成了一个凸出的台面空间，此台面可临时充当餐桌使用，尤其适合那些不经常接待众多客人的家庭	
方岛型	厨房中的岛柜扮演着空间组织的重要角色，通常配有炉灶、水槽或两者的组合，岛柜之上还可以增设其他功能区块，如食品准备区或简餐吧台。此类布局不仅提高了空间利用效率，也满足了家庭成员多样化的烹饪需求	

3. 空间功能布局

根据厨房空间的功能需求，可将该空间细分为 5 个区域。其中，操作空间专指用于执行厨房烹饪等基础操作的场所，这一区域的设置旨在确保烹饪活动的顺利进行（图 3-31）。

厨房基本空间分类

- 操作空间
  - 准备空间
  - 清洗空间
  - 烹饪空间
- 储藏空间
  - 冰箱
  - 橱柜
  - 置物格架
- 设备空间
  - 炉灶
  - 盥洗池
  - 抽油烟机
  - 热水器
  - 水电气管道
- 通行空间
  - 门窗洞口
  - 走道
- 其他空间
  - 调节空间
  - 发展空间

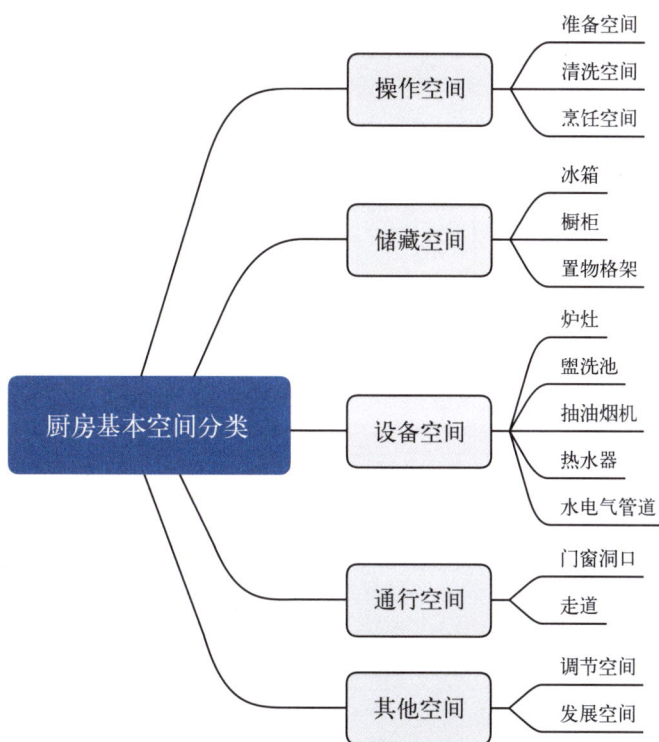

图 3-31：厨房包含着多项职能空间，是完成烹饪操作的基本要求。

图 3-31　厨房基本空间分类

4. 水、电、气设备

在家庭居住空间中，厨房区域无疑是一个集成度高、结构复杂的场所，这主要归因于其内部密集的管道布局。这些管道大致可被归纳为水路、电路及气路三种类型。

水路系统通过总开关对厨房洗涤区域进行给水，通常使用 PP-R 材质的管道完成连接作业。在安装过程中，管道的排布需要便于日常的查验与维护，特别是对于阀门和接口等关键部位，更需格外注意。安装结束后，必须进行加压测试，以确保系统的密封性，防止水分渗漏。另一方面，厨房产生的废水则通过 PVC 材质的管道排入居住空间预设的排水系统中。在管道安装时，必须严格区分给水与排水的管道材质，避免混杂使用。举例而言，若厨房的水龙头需要提供热水，则必须单独布置 1 条 PP-R 热水管道，直接连接至热水器，有时甚至需要与卫生间等区域的管道系统相连。

厨房中电器的种类繁多，包括照明灯具、微波炉、消毒柜、抽油烟机、冰箱以及热水器等。在布置电线时，要充分考虑到不同电器使用频率的差异，设置不同数量和类型的插座，同时应注意安全性设计（图 3-32）。

厨房中的气体供应通常涉及液化石油气和天然气两种类型。供气单位提供的控制仪表需安装在远离火源的地方，而输气软管也需谨慎安装，以避免燃气泄漏带来的安全隐患。

5. 采光与照明

在设计现代家居厨房空间时，必须高度重视自然光源的优化配置。尤其在规划水槽、操作台等对细节处理要求较高的功能区域时，应优先考虑将其置于临近窗户的位置，以便最大限度地引入自然光（图 3-33）。此外，为了满足夜间烹饪的需要，除了在顶部安装中央照明系统外，还应在操作台正上方的吊柜底部安装筒灯，以提供必要的局部照明。

图 3-32：对厨房中的电源插座加上外壳保护设计，将燃气热水器放置在通风、易观察的位置。

图 3-33：使用大面积的玻璃窗设计，增强厨房空间的通风与采光。

图 3-32　安全性设计　　　　图 3-33　采光设计

第二节　私密居住空间

一、儿童房

在为子女营造居住环境的过程中，每位家长均期望打造一个既舒适又功能齐全的空间，该空间应融合休息、娱乐及学习的功能，旨在为孩子们营造一个理想的成长场所。儿童房的设计理念着重于创造一个充满童趣与活力的环境，以确保孩子们健康而愉快地成长。具体可体现在图 3-34、图 3-35 所示的儿童床设计。

图 3-34：双层儿童床，带有滑梯设计，增加了孩子的乐趣，适合家里有两个儿童的情况。

图 3-35：粉色的公主床，卡通造型，整体房间搭配和谐，适合女童。

图 3-34　双层儿童床　　　　图 3-35　卡通造型床

1. 空间功能

儿童房的功能布局大致可被划分为休息区、储藏区、活动区以及学习区等几个部分。这些区域在保持功能独立性的同时，也需相互联系，从而满足孩子们在休息、储藏物品、阅读以及游戏等方面的多种需求。设计中可以采用集成家具，如上床下柜或是书桌衣柜的组合，能最大限度地扩展活动空间，顺应孩子们好动活泼的天性。

2. 家具选择

在设计儿童房间时，必须重视孩子们的喜好和需求。儿童对于新鲜事物的追求意味着设计须具备灵活性和多功能性，以便孩子能随时对房间布局进行调整。考虑到孩子们身体迅速成长，家具的尺寸应可调节，特别是桌子等关键家具，最好能够调整高度，以适应不同年龄段孩子的身高。

3. 色彩搭配

在设计儿童居住空间时，必须重视色彩的运用，因为孩子们的世界本应是多姿多彩的。在设计儿童房时，色彩的选择应多样化，超越单一色调的限制，以激发儿童的好奇心。家居的整体色调应以明亮、轻松和愉悦为主导，同时可根据孩子的性别和偏好，精心挑选适宜的色彩搭配（图3-36、图3-37），如温馨柔和的马卡龙色系。然而，应避免使用高饱和度和混乱无序的配色方案，以免造成视觉上的不适。

4. 照明设计

充足且恰当的照明对于儿童房而言同样至关重要，它不仅能够营造一个温馨而有安全感的环境，还能帮助孩子们克服独处时的恐惧。在学习时，充足的光线对于保护视力尤为重要。因此，应采用安全系数高的吸顶灯作为主要照明来源，并选择充满童趣和生动形象的设计，以契合儿童的心理特征。此外，应在特定区域，如书桌和学习区，增设具有定向功能的合适灯具，如选择安全且护眼的台灯。同时，在睡眠区域上方装置星空灯或月亮灯等装饰性照明，以提升房间的氛围。

图3-36 以蓝色为主色调的儿童房

图3-37 以浅绿色为主色调的儿童房

图3-36：蓝色，作为自然界中天空与海洋的典型代表色，传达了一种开阔与解放的视觉印象。

图3-37：采用浅绿色作为儿童房的主色调，有助于营造一个静谧且舒适的氛围，这对儿童的心理和生理健康均有益处。

二、老人房

针对老年人群体的居住空间设计，必须考虑到他们在生理、心理以及行为特征上与年轻人的差异。因此，设计师在规划老年人居住空间时，应基于老年人的身体条件，综合考虑多种因素，以确保设计的便利性和实用性。

1. 家具选择

在考虑老年人居住环境设计时，首先是对家具的选择与布置。对于老人房而言，家具配置应以床和衣柜为核心。在布局上，床位应避免床头正对门窗，以维护隐私并减少强烈光照及风口直吹的影响。另外，可在窗下设计一个转角书桌，利用自然光照，便于老人阅读和放松。在衣柜设计方面，鉴于老年人叠放衣物的习惯，内部结构应增加层板数量。若条件允许，可安装升降衣架以增强使用的便利性。考虑到老人行动不便，抽屉的位置不宜过低，建议设置在离地约1m的高度。

2. 材质选择

为降低老年人跌倒的风险，地面材料的选取应着重于其防滑特性。推荐使用实木、地毯、条纹形状的石英地砖或防滑瓷砖等材质。在卧室区域，软木地板因其防滑减噪以及吸声特性而成为理想选择，其弹性质地能够在跌倒发生时减轻冲击力度（图 3-38）。另外，在卫生间或厨房等容易溅水的区域入口，为老年人配备防滑地垫也是预防意外的有效措施。

3. 色彩搭配

居住空间的色彩搭配，应倾向于古朴、柔和及温馨的色调，应避免使用容易引发情绪波动的鲜艳色彩。例如，墙壁可涂米黄、浅橘黄等柔和色彩以代替传统的白色，这样的选择有助于营造宁静与和谐的氛围。对于性格开朗的老年人，可选择偏暖的紫色或棕黄色调，并辅以恰当的绿植，以增强空间自然清新的感觉。老年人往往怀有深厚的怀旧情感，对凝重而沉稳的审美有特殊的偏好。居住空间设计应注重分量感，以及稳重的格调，通过软装饰品来强化这种典雅的氛围。例如，窗帘可以选用提花布或织锦布等材质，其厚重的质感和素雅的图案有助于展现老年人成熟稳重的气质（图 3-39）。

图 3-38：木质家具更适合老人房，应避免使用铁制家具及带有尖锐棱角的款式。

图 3-39：深色的床单、被罩，加上床头灯的暖色调光线，让卧室营造出一种温馨氛围，适合老人居住。

图 3-38　老人房材质选择　　　　　图 3-39　老人房色彩搭配

4. 照明设计

老人房应避免使用复杂的光源配置，尤其是避免装置色彩斑斓的照明，因为这不仅可能导致视觉上的干扰，甚至可能引发心脑血管的急性病症。此外，对于亮度对比鲜明或色彩过于鲜艳的灯具，也应持谨慎态度，以防引发老年人的情绪波动。

三、主卧室

在居住空间中，卧室通常被界定为个体专属的私密领域，其核心功能在于提供休息与更衣的环境。鉴于不同个体生活习惯的多样性，众多居住者倾向于在此空间中开展其他活动，诸如阅读、浏览网络或观赏电视节目，因此，卧室的规划设计要满足不同的需求（表 3-5）。

表 3-5　卧室空间布置形式分类

名称	布置形式	图例
倚墙型	将床铺置于紧邻墙面之处，从而有效利用墙面进行装饰，如粘贴壁纸或安装软木材质；床架可置于地台之上，以提升空间立体感；可配置大型衣柜、梳妆台、书桌及电视柜等家具，以迎合家庭储物和个人使用的要求	

名称	布置形式	图例
标准型	标准型卧室能够容纳更多家具与生活用品。为确保卧室的舒适度，卧室的最小面积不宜低于 12m²，以便在床铺与电视柜之间预留至少 0.5m 的通道空间，这一设计考量使得居住者可以自由选择沙发或躺椅等家具进行搭配，以适应个人喜好	
倚窗型	主卧将床铺置于紧邻窗户的位置，此类布局在视觉上可形成一种稳重感，这种设计方案尤其适合那些虽然面积有限但功能区域划分明晰的卧室空间	
倚角型	圆形床架因其占用空间较小且造型独特而备受推崇，将圆床放置于主卧的角落位置，可以有效降低对面积的占用。在圆床与墙壁的夹角处，可以设计床头柜，以此来实现对空间的高效利用，同时兼顾实用性与审美需求	
套间型	通过打通相邻房间，打造出一个更为宽敞的主卧空间，进而规划成一套具备两个独立功能区域的套间。这两个区域之间，可以利用滑动门或者可调光线的窗帘进行有效分隔，此类设计不仅提高了空间的利用效率，也进一步增强了居住的舒适度和方便性	

1. 卧室功能分区

（1）睡眠区。主卧作为屋主休憩的专属空间，其设计理念需紧密围绕居住者的个性化及舒适度需求进行构建。保障隐私与安全是设计中不可忽视的两大要素。关于主卧睡眠区域的布局，可根据使用需求细分为共享空间与独立空间两类。共享空间模式下，睡眠与休闲活动共处于同一开放空间内；相比之下，独立空间模式则通过在同一区域内划分两个独立区间，降低不同活动之间的相互干扰，以实现更为私密的休息环境（图 3-40）。

（2）梳妆区。在居住空间设计中，梳妆区的核心活动大致可归类为化妆与更换衣物。梳妆台作为化妆活动的核心家具，其设计应充分考虑到空间的有效利用及使用者个人喜好，宜采用可灵活调整的活动式或嵌入式家具配置。至于更衣活动，在条件允许的情况下，可单独规划出一个专属的更衣区，并且其位置安排应与化妆区保持和谐统一。然而，面对空间受限的挑战，设计师仍需巧妙地于恰当位置规划出一个简易的更衣区，以适应日常更衣需求（图 3-41）。

（3）休闲区。卧室中特设的休闲区，其核心功能在于为居住者提供一个满足视听、阅读、思考等多样化活动需求的休闲空间。在该区域的设计过程中，必须基于使用者的个性化需求，慎重选择合适的空间位置（图 3-42）。

（4）储藏区。衣物、被褥等生活用品的储存需求极为普遍。引入嵌入式壁柜系统，不仅显著提升了卧室的储物功能，而且实现了空间的高效利用及家具与其他元素（如墙面与天花板）的和谐搭配（图3-43）。

图 3-40　睡眠区设计

图 3-41　梳妆区设计

图3-40：在主卧空间较宽裕的情况下，可设计双人床与躺椅的形式，能够满足不同需求。

图3-41：将梳妆台与更衣区设计在同一个空间动线内，操作更加便利。

图 3-42　休闲区设计

图 3-43　储藏区设计

图3-42：卧室休闲区可以搭配家具与必要的设备，如小型沙发、靠椅、茶几、电脑等。

图3-43：主卧室可以配置与墙体为一整体的衣柜，用于衣物储藏，内部布置折叠镜面，可供梳妆或穿衣用。

2. 细节设计

（1）色彩搭配。主卧是人们休息、放松的场所，因此在色彩搭配上应遵循舒适性原则，选择柔和、温馨的色调。主卧的色彩搭配应保持整体平衡，避免过于单调或过于花哨。应根据主人的喜好和性格特点，选择合适的色彩搭配，体现个性化家居风格（图3-44）。

（2）材料选用。为墙面选择质地柔软的材料，如壁纸、壁毯、软质包裹材料或木材等。至于地面，地毯的铺设或木质地板的应用备受青睐。此类装饰性材料不仅具备吸声功能，亦能有效防潮，其色泽、质感与卧室的宜居性相得益彰（图3-45）。

图 3-44　色彩搭配设计

图 3-45　材料设计

图3-44：对于照明设计，灯光的外观色调应与室内整体色彩风格保持一致。

图3-45：在卧室环境中，采用木质材料与米色墙纸的搭配，能够营造出更为柔和且温馨的氛围。

四、卫生间

鉴于卫生间功能的特定性与使用时间的不确定性，确保卧室与卫生间之间的连接变得尤为关键。在卫生间的设计中，独立性的保持是必不可少的，同时，也需兼顾使用的便捷性与私密性（表3-6）。

表 3-6　卫生间空间布置形式分类

名称	布置形式	图例
前室型 A	现代卫生间普遍的布局模式是将空间区隔为干燥区与潮湿区两个部分。干燥区一般用作洗漱区，而中间部分则通过安装玻璃推拉门来分隔，形成内部淋浴空间。当推拉门关闭时，内部与外部的空间实现了完全的隔离，互不干扰	
前室型 B	为了适应不同居住者的生活方式，卫生间内部淋浴间可以根据个人偏好选择安装浴缸，还可以根据实际使用需求，在恰当的位置设置储物柜，以存放各类卫浴用品	
集中型	考虑到空间的局限性，可采用集多种功能于一体的设计方案，将洗漱区、沐浴区、如厕区等紧凑排列于墙面附近，可确保门的开关及走动空间充足。此类设计适用于卫生间面积受限的情况	
分设型 A	为了降低各功能区间相互干扰，卫生间的设计应划分出不同区域，例如洗漱区、如厕区（包括坐式或蹲式马桶）、沐浴区及储物空间等，各自独立。通过这种分隔布局，不仅能够实现各个区域的职能分工，还能有效提升使用效率	
分设型 B	对于宽敞的居住空间（如别墅），综合考虑其空间尺寸及功能需求，分设不同功能的卫生间是更为合适的设计方案。此类布局通常将洗漱台、洗衣区及卫生间等功能区分开设置，优化了空间利用效率	

1. 卫生间功能设计

（1）功能需求。为了满足家庭成员的日常生活需求，卫生间需具备多样化的功能。它不仅应满足基本的如厕需求，还应提供洗浴的场所，支持洗涤、洗发及更衣等。卫生间还应配备洗漱设施，供洗手、洁面、刷牙、整理发型及剃须等活动使用。同时，它也是家庭清洁活动的集中地，涉及洗衣、打扫及晾晒衣物等。此外，卫生间还需有一定的储物功能，用以存放与个人卫生和清洁相关的各类物品。

卫生间的功能拓展

在卫生间的基本功能中，通常包括洗漱、如厕和沐浴等。这些功能将空间划分为不同的区域，如梳洗区、卫生洁具区和沐浴区等。目前，卫生间的功能正逐步扩展，除了传统的清洁和卫生处理功能外，家务活动如洗衣等也渐渐融入其中。

（2）尺度要求。卫生间设计必须考虑到配置足够的活动空间，满足各种卫生活动的需求。特别是在洗涤区，设计时不仅要提供宽敞的操作空间，还需确保设备和设施的布局符合人体工程学原理，从而满足使用者在活动尺度上的需求（图3-46、图3-47）。

图 3-46：为实现高效利用空间，减少多人同时使用时的拥挤，可考虑安置双洗手盆。此举不仅优化了使用效率，也提升了居住舒适度。

图 3-47：包含洗衣、清洁、储物功能，卫生洁具等设备、设施的材料及设计要便于清洁、易于打扫，有良好的通风换气条件，有充足的收存空间。

图 3-46　设置双洗手盆　　　　图 3-47　洗涤区设计

（3）安全要求。为降低跌倒或碰撞的风险，地面材料需具备防滑特性，且设备的边缘应设计为圆滑的弧形，以减少潜在的伤害。对于老人和儿童活动频繁的区域，应当安装扶手以增强安全性。同时，电器应具备一定的防水防潮能力，以保障使用安全。

2. 细节设计

（1）换气。在卫生间这种密闭空间中，由于湿度较高，保证空气流动至关重要。此过程不仅涉及自然通风，如窗户和门的开启，通常还需要机械通风辅助，例如使用排气扇。为提高效率，可将排气扇与照明系统电路整合，使得开灯之际，排气扇亦能自动运作，迅速排除沐浴产生的湿气，进而维持空气品质（图3-48、图3-49）。

图 3-48：普通换气扇具有通风功能，施工时，需要在墙面钻排气孔，通过通风管道连通换气扇与排气孔。

图 3-49：换气照明一体灯则是一个集成化的设计产物，其整合了供暖、照明与通风三项功能。

图 3-48　换气扇　　　　图 3-49　换气照明一体灯

（2）照明。照明设备安装的位置不当可能会导致冷凝水滴落，甚至影响照明效果，特别是在蒸汽充斥的环境中，因此避免将其直接安装在浴缸或淋浴区的正上方。$3m^2$ 的卫生间空间，一般使用 $10 \sim 15W$ 灯以提供充足照明。对于需要更高亮度或空间更大的卫生间，则可以考虑使用 $30 \sim 40W$ 灯。此外，在选购照明设备时，其防水防潮的功能性是保障使用安全不可或缺的条件。

（3）采光。边户卫生间通常被赋予窗户设施，此类设计策略显著促进了自然采光的实现。这一安排使得边户的卫生间在日间能够获得自然光线，从而降低了对人工照明的依赖。相对而言，缺乏窗户的卫生间不得不依赖人工照明作为主要的光源。在此背景下，暖色 LED 灯具因其能呈现出最为自然的效果而被视为首选。

（4）采暖。我国北方的大部分家庭普遍接入市政集中供暖系统，并在居住空间装置暖气片或地暖以应对寒冷气候。尽管如此，这种供暖方式提供的热量常常不足以满足人们在冬季洗浴时的温度要求。理想情况下，室内温度应保持在 $26 \sim 28℃$，而水温应升至 $40℃$。为了实现这种舒适的洗浴环境，卫生间通常需要增设额外的加热设备，例如浴霸和红外线暖风机，以保障洗浴过程中的温暖与舒适。

（5）储藏。为了维持狭小空间的整洁与有序，需合理规划物品的存放布局。应将高频使用与低频使用的物品进行分类，将常用物品置于易于接触的区域，例如抽屉或桌面，而较少使用的物品则可收藏于吊柜或低柜之中，以优化空间利用。日常频繁使用的物品，如毛巾、肥皂等，应当安排在固定的位置，并确保它们位于易于触及的范围内（图 3-50）。

图 3-50：卫生间中的家具、搁架等造型应简洁，以免结垢后不利于清扫。玻璃物品应放置在儿童够不着的地方。

图 3-50 储藏设计

第三节 工作与储藏空间

一、书房

在设计书房时，设计师需全面考量众多因素，如日照条件、室内照明、视野范围以及对个人隐私的保护，目的是打造一个既宁静又雅致的空间环境。朝向的选择至关重要，南向、东南或西南朝向的房间能享受更充足的自然光照，这对于缓解长时间阅读或工作引发的视觉疲劳大有裨益。

1. 与卧室并用的书房

对于正处于学习阶段的儿童和青少年而言，将书房与卧室的功能合并显得格外关键。此类设计不仅高效利用了有限的空间资源，还可提升孩子们的学习成效。在规划此类多功能的居住空间时，寻求睡眠、学习和娱乐之间的平衡是设计工作的核心（图 3-51）。

2. 家庭办公型书房

伴随着信息技术的发展，信息的交流变得愈发便捷。居住空间，作为社会生活的核心组成部分，亦逐步演变为办公空间的延伸。只要有适宜的空间用于工作，家庭中的某个角落便可转变为家庭办公书房（图 3-52）。

图 3-51　儿童房兼书房

图 3-52　家庭办公书房

图 3-51：卧床不应临窗横摆，一般靠墙摆放较好。书桌设计在靠窗位置，拥有最好的光线。

图 3-52：书房的装饰应以简约为主，避免繁复的装饰造型。可于书柜之间适当陈列挂画、匾额、玻璃器皿等，以减轻视觉疲劳。

　　不同职业所形成的特定工作模式和生活方式，对书房设计提出了各异的需求。因此，应具体问题具体分析，以适应不同情境。例如，居家工作者除了阅读需求外，还可能需将书房作为工作室使用，这就要求书房内配备较大的操作台面以供工作之需。书房的布局同样受到如空间的几何形状、尺寸以及门窗的具体位置等空间条件的制约，具体内容如图 3-53 ～图 3-56 所示。

图 3-53　中式书房

图 3-54　书房色彩设计

图 3-53：中式风格的书房淳朴、典雅，容易让人静下心。

图 3-54：采用明亮的色彩搭配，能够提升工作热情，激发大脑的思考欲望。

图 3-55　狭长式书房

图 3-56　书房家具

图 3-55：空间狭长的书房，添加整面墙的壁画设计，能够消除空间的压迫感，增添书房的人文气息。

图 3-56：深色的书房家具给人沉稳的气息，能够营造良好且安静的工作氛围。

　　不同于公共办公场所，书房不仅是工作场所，更是精神休憩的港湾。书房的布置应与居住空间的整体风格相契合，营造一个既独立又与家庭环境协调的空间。在此过程中，色彩、材质和植物的应用旨在打造一个宁静而舒适的工作氛围。家具的配置不应过于刻板，而应根据使用者的个人喜好和职业习惯进行个性化定制，以彰显主人的个性和品位（图 3-57）。

在书房环境中，降低噪声污染能够优化学习效果，提高工作效率。装修书房时，宜选用隔音和吸声效果显著的建筑材料。例如，顶面应用具备吸声功能的石膏板来实施吊顶作业，墙面可以考虑利用 PVC 材质的吸声板或具有吸声特性的软包装饰材料。同时，为了进一步减少噪声干扰，地面铺设吸声地毯是可行的选择。此外，为了有效隔绝外部噪声的侵扰，窗帘的选择应倾向于使用较为厚重的布料（图 3-58）。

图 3-57：通过家具的质感选择与色彩搭配，在书房中营造和谐氛围，使其既是工作时的办公场所，也是接待好友的会客空间。

图 3-58：在书房中采用多层窗帘设计，既能够遮光，又能阻隔噪声。

图 3-57　氛围营造

图 3-58　降低噪声设计

二、衣帽间

衣帽间的面积不应小于 4m²，并应具备挂放区、叠放区、内衣区、鞋袜区和被褥区等不同功能区域，以满足家庭成员更衣的舒适性需求。衣帽间的内部构造应根据空间的具体形状进行合理布局。例如，正方形空间宜采用 U 型排列，长空间则更适合平行排列，而宽长空间则宜采用 L 型布局（图 3-59、图 3-60）。

图 3-59：U 型衣帽间的设计应遵循"分区明确"的原则，将衣物、鞋帽、配饰等物品按照使用频率和类别进行合理分区，提高空间利用率和使用便捷性。

图 3-60：L 型衣帽间的设计可以充分利用室内空间，将拐角处纳入收纳范围，提高空间利用率。

图 3-59　U 型衣帽间设计

图 3-60　L 型衣帽间设计

三、储藏间

储藏间被用来存放各类物品，包括但不限于日用品、衣物、棉被、箱子以及其他杂物（图 3-61）。由于储藏间通常面积有限，通风和光照条件亦不甚理想，因此在设计时需特别考量以下若干原则。

（1）分类原则。储藏空间的布局应按物品类型明确分区，以防使用过程中物品难以寻找。

（2）规划原则。储物柜的设置应符合规划原则，空间布置需合理，以避免过多的家具造成空间压抑。

（3）就近原则。应将储藏空间尽可能地布置在使用需求较高的区域内，例如将衣帽间置于卧室附近或紧邻浴室。

（4）便利原则。储藏间应根据家庭成员的具体需求进行设计，以便于未来的使用。

图 3-61：储藏间可利用墙面和角落空间，设置挂钩、壁嵌式储物柜等；采用高度可调节的储物架，满足不同物品的存放需求。

图 3-61　储藏间设计

（5）安全原则。特别是对于有小孩的家庭，易造成伤害的物品，如刀具、剪刀、药品和清洁剂等，应存放在儿童触及不到的位置，或是在不显眼的地方妥善存放。

课后练习

1. 在居住空间的规划中，如何巧妙布局关键的功能区？

2. 在居住空间的布局中，哪些功能区特别强调隐私性的保护？

3. 分析各类沙发家具在不同空间中的应用及其尺寸差异。

4. 对比分析中式餐厅与西式餐厅在空间布局及家具选用上的显著区别。

5. 独立设计一间 6～8m² 的厨房，并完成以下图纸：平面布置图、材质铺装图、水电线路图。

6. 独立设计一间 8～10m² 的书房，并制作以下图纸：平面布置图、材质铺装图、水电线路图以及效果图。

7. 如何实现居住空间的科学布局，以提升居住品质？

8. 我国城市化进程加速影响居住空间设计的问题较为明显。深度理解人民幸福安康的意义，指出住宅空间设计中的功能设计要点，如何在住宅空间设计中使空间利用最大化，请简要讨论及分析。

第四章
色彩设计

识读难度：★★★☆☆
重点概念：基本属性、四角色、色相型、色调型、空间
章节导读：色彩本质上作为光的一种延伸，是在光源、物体以及视觉系统之间复杂的互动中诞生的一种物理现象。在美术学的框架内，色彩被视为一种独立的艺术形态，其艺术审美特质不容忽视。它不仅赋予世界以生命力，而且通过不同的色调传达不同的象征意义和情感暗示，对人的内在感受产生显著影响。通过对色彩基本知识的掌握，列举中国传统吉祥色彩，融入到居住空间设计中，以创造符合现代生活审美和实用标准的设计方案（图4-1）。

图4-1：打造清爽卧室空间的过程中，应规避使用浓重、复古的色系，因为这可能导致空间显得压抑且封闭。在运用暖色调以营造清爽感时，应适当降低色彩的纯度，而高纯度暖色则可用于空间中的点缀，同时搭配大量白色以形成明亮和整洁的视觉效果。

图4-1 卧室色彩搭配

第一节 色彩设计基础

色彩作为人类感知的一部分，人类对它的认知历程与人类历史同样悠久。原始人类使用固体或液体颜料进行面部和身体涂抹，标志着人类对色彩有意识的运用之始。广义上的色彩是由波长介于 380～780nm 之间的可见光在人脑中形成的印象和判断，涵盖了所有人能感知的色彩现象，包括色光和颜料色（图4-2）。

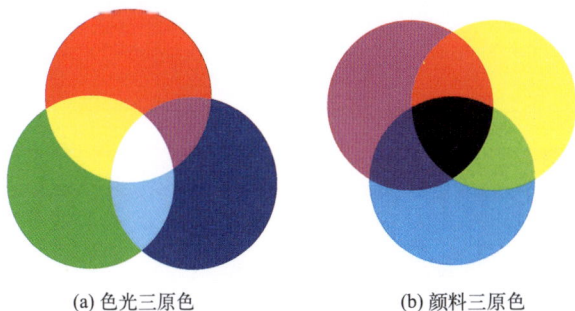

图4-2（a）：色光三原色，又称加法三原色，即红、绿、蓝三种单色光，混合后可产生白光效果。这一现象被广泛应用于现代电子显示技术，如电视与计算机屏幕的成像。

图4-2（b）：颜料三原色，又称减法三原色，由品红、黄、青三种颜料构成，这些颜料混合后能够生成广泛的色彩范围。若将这三种颜料等量混合，理论上会得到黑色。

(a) 色光三原色　　(b) 颜料三原色

图4-2 三原色

居住空间设计由空间、色彩、光影、建筑构件、陈设以及绿化这六大要素构成，其中，色彩设计是必不可少的关键一环（图4-3）。

图 4-3：

（1）空间要素。室内设计的根本任务在于空间的优化与美化。设计师不应受制于传统空间形象，而应当寻求时代和技术发展所带来的空间创新。

（2）色彩要素。色彩在室内设计中的作用不仅限于视觉效果的提升，其对人的情绪与心理状态亦产生直接影响。合理运用色彩科学，不仅能够提升工作效率，还能促进身心健康。在色彩处理上，需兼顾实用性与美观性。

（3）光影要素。阳光的直接利用，消解了室内空间的封闭与昏暗。顶光与柔和的散射光线的巧妙运用，不仅提升了空间的人性化感受，更赋予了室内设计以自然之美的特质。

（4）建筑构件要素。结构性支柱与墙面，是构成整体空间的关键部分。这些元素在满足使用功能的同时，通过装饰手段的融合，共同塑造了一个完美无缺的室内环境。

（5）陈设要素。室内家具、装饰性地毯、窗帘等物品，均属于不可或缺的生活要素。这些物品在形态设计上往往呈现出独特的展示性特征。在实用性与装饰性的结合上，二者需实现和谐统一，追求形式与功能的平衡与多样性。

（6）绿化要素。引入植物及小型景观，不仅能够使室内空气清新，还能扩展室内的空间感，并对空间的美感提升产生积极影响。

图 4-3　居住空间六大要素构成

一、色彩基本属性

1. 色相与色相环

　　色彩的基本属性之一为色相，它是指红、橙、黄、绿、青、蓝、紫等颜色的视觉特征，是区分不同色彩的最精确标准。除黑、白、灰之外，所有颜色均具备色相属性，包括原色、间色和复色。

　　色相环是一种将色相以圆形方式排列的光谱图，其中色彩依照自然界光谱中顺序进行排列，即红、橙红、黄橙、黄、黄绿、绿、绿蓝、蓝绿、蓝、蓝紫、紫。暖色调位于包含红色和黄色的半圆中，而冷色调则位于包含蓝绿色和紫色的半圆内。互补色则相对排列在色相环中。色相环可分为 12 色与 24 色两种类型（图 4-4）。

(a) 12色相环　　　　　　　　　(b) 24色相环

图 4-4　色相环

图 4-4（a）：12 色相环较简略，能快速识别或寻找到色彩种类。

图 4-4（b）：24 色相环色彩较丰富，需要经过认真识别，选取所需要的色彩种类。

色彩主要分为两大类：有彩色与无彩色。无彩色系则主要由黑色、白色以及各种不同深浅的灰色构成（图4-5）。

图4-5　黑、白与不同程度的灰都属于无彩色
图4-5：无彩色系的颜色具有极高的搭配灵活性，它们能与其他任何颜色相协调。

2. 色相对比

当两种或多种颜色在色相环上并置时，它们之间的色相差异会形成一种视觉上的对比效果，这一现象被称为色相对比。色相对比的强度不同，可以细分为以下几种类型：当色相环上的色相夹角为0°时，形成的是同类色相对比；夹角为15°～30°时，为邻近色相对比；60°左右为类似色相对比；90°左右为中差色相对比；120°左右为对比色相对比；180°左右则为互补色相对比；而当对比范围涵盖整个360°色相环时，则形成全彩色对比。在此框架下，任何一种色相均可作为主色，进而构成同类、邻近、对比或互补的色相对比效果（图4-6）。

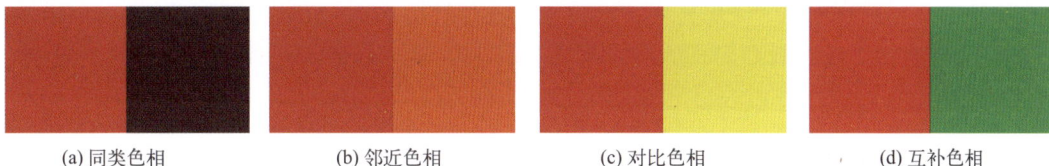

(a) 同类色相　　(b) 邻近色相　　(c) 对比色相　　(d) 互补色相

图4-6　色相对比
图4-6（a）：同类色相对比涉及同一色相中不同明度与纯度的色彩差异。此类色相的同一性，非但不构成色相对立的要素，反而成为调和色相的桥梁，将对比中的不同色彩联结为一个和谐的整体。因此，此类色相对比所呈现的视觉感受往往更为纯粹、柔和及协调。这一对比手法较易于掌握，仅仅通过调整色相，便能够显著改变整体色调。若与较为强烈的色相对比搭配，则呈现出高雅与安静的氛围；反之，若搭配不当，则可能显得单调、乏味，缺乏活力。
图4-6（b）：邻近色相对比在色相感受上相较于同类色相对比更为显著、丰富且生动，能在一定程度上弥补同类色相对比的不足，但难以保持同类色相对比的统一性、协调性、单纯性、雅致感、柔和感及耐看性。当不同类型的色相对比并置时，无论是同类色相还是邻近色相，均能维持其明确的色相倾向和统一性。这种效果使得色调更加鲜明、完整，易于辨识。在这一过程中，色调的冷暖属性及其情感效应显得更具影响力。
图4-6（c）：对比色相对比相较于邻近色相对比会强烈些，对比色相的鲜明度、强度以及饱和度均显著提高。此类色彩组合能激发观者的情感，使其兴奋与激动，但同时也可能导致视觉和精神上的疲劳。由于其结构较为复杂，实现色彩的统一协调是一项挑战。此类配置虽不易单调，却容易造成杂乱无章和过度刺激，使得整体缺乏明确倾向和个性化特征。
图4-6（d）：互补色相对比的色相感知在完整性、丰富性、强烈性以及刺激性方面均较好。然而，其不稳定性、不协调性以及过度的刺激性的缺点，有时会给人以幼稚、原始甚至粗俗的印象。为了使互补色相对比呈现出明确的倾向性、统一性和调和感，必须进行精心组织和调整。

3. 暖色、冷色与无彩色

构建色彩印象往往难以通过色相分类来实现，更多倾向于使用冷色调与暖色调作为区分手段，这种分类方式便于把握整体环境氛围，降低出错的可能性。

在色相环的众多色彩中，绿色与紫红色被视作中性色。位于中性色左侧的范畴界定为冷色，而右侧则被归类为暖色（图4-7、图4-8）。无彩色系中的黑、白、灰色，由于其特性，可以与色相环上任何色彩搭配调和。

4. 明度

色彩明度指的是色彩的光亮度，即明与暗。不同色相之间存在明度差异，如未经混合的原色中，黄色的明度最高，而紫色则最低。其次，在单一颜色中，添加白色可提升明度，而

图 4-7　色相环冷暖色调

图 4-8　暖色调的配色

图 4-7：暖色位于包含红色和黄色的半圆之内，冷色则位于包含蓝绿色和紫色的半圆内，互补色则出现在彼此相对的位置上。

图 4-8：红色地毯与浅黄色墙面以及原木色地板的搭配，营造出鲜明的视觉对比效果。同时，暖色调的床品的加入，进一步强化了空间的温馨感。

混合黑色则会导致明度降低。

　　明度作为颜色属性之一，其变化受光线照射强度的影响，尤其在色彩一致性条件下，明暗对比尤为显著。具体而言，无彩色系中，白色代表着最高明度，而黑色则处于最低端。在有彩色系中，明度的高低排列则表现为黄色居首，蓝紫色明度最低。明度的对比性十分显著，色彩明暗差异仅在对比中得以凸显（图 4-9）。

(a) 明度低的沙发

(b) 明度高的沙发

图 4-9　沙发色彩明度对比

图 4-9（a）：明度低的沙发，给人厚重结实的视觉效果，显得有档次感。

图 4-9（b）：明度高的沙发，给人轻盈纯洁的视觉效果，显得雅致平和。

5. 纯度

　　色彩的纯度即色彩的鲜明程度，是衡量色彩性质的关键指标。一种色彩的鲜明程度主要取决于所含单一色相的纯粹程度。肉眼可辨识且具有单色光特性的颜色，普遍具有一定的纯度。各色相之间不仅存在明度上的差异，其纯度亦各不相同。通常情况下，颜色越鲜艳，纯度越高。纯度的高低反映了色相感觉的清晰与否。例如，当高纯度的色彩与无彩色混合时，无论是增加还是减少明度，均会导致其纯度降低，进而影响色相感觉（图 4-10）。

二、色调与色相设计

1. 色调型设计

　　色调主要表现色彩的整体浓淡及削弱程度。色调是色相、明度与纯度三大属性中的主导因素，当某一属性占据主导地位时，便形成了特定的色调类型。在色彩搭配过程中，即便色相存在差异，只要色调统一，便能营造出协调的视觉感受（图 4-11）。

(a) 高纯度配色   (b) 低纯度配色

图 4-10　色彩纯度运用

图 4-10（a）：高纯度的配色给人充满活力和热情的感受，能够让人感到兴奋。

图 4-10（b）：低纯度的配色给人素雅、安宁的感受，具有低调感。

(a) 纯色调   (b) 明色调

图 4-11（a）：纯色调不含任何黑、白、灰的混合，代表着色彩的纯粹性。作为淡色调、明色调及暗色调的基础，纯色调传达出一种积极且开放的氛围。然而，由于其刺激性较强，通常不建议在居家装饰中大面积使用。

图 4-11（b）：明色调是在纯色调中加入少量白色而形成的。相较于纯色调，明色调呈现出更为清新、整洁的视觉印象，尽管其缺乏鲜明的个性化特征，却因其普适性而广受欢迎。

(c) 淡色调   (d) 暗色调

图 4-11（c）：淡色调是纯色调混入大量的白色形成的色调，适合用来表现柔和、浪漫、甜美的空间氛围。

图 4-11（d）：暗色调是纯色调加入黑色形成的色调，纯色的健康与黑色的力量感相结合，给人威严、厚重的感觉。

图 4-11　色调型应用

2. 色相型设计

背景色彩、主导色彩以及辅助色彩在空间中占据显著面积。这三者的空间位置及其色调搭配共同构成了色彩设计模式。色彩设计模式的确定通常以主导色彩为核心，进而设定其他色彩的色调（图 4-12）。

三、色彩调整与空间重心

1. 前进色与后退色

前进色指的是那些相对于其他色彩而言，看起来距离观者眼睛更近的色彩。后退色则指那些在平面中显得更远离观者的色彩（图 4-13～图 4-15）。

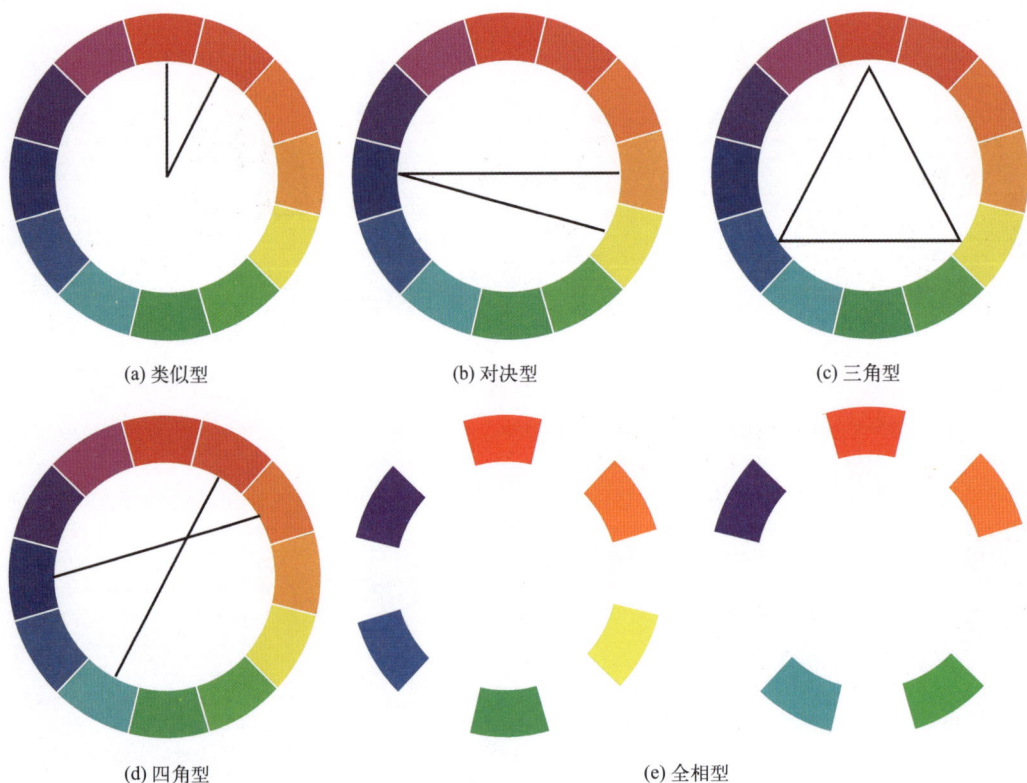

(a) 类似型　　　　　(b) 对决型　　　　　(c) 三角型

(d) 四角型　　　　　　　　　(e) 全相型

图 4-12　色相型设计

图 4-12（a）：类似型对比是指色相相近、明度相差不大的颜色组合。这种对比方式给人以和谐、统一的感觉。

图 4-12（b）：对决型对比是指两种颜色在色相、明度、纯度等方面具有明显差异，形成强烈的视觉冲击力。

图 4-12（c）：三角型对比是指三种颜色在色相、明度、纯度等方面形成等边三角形的关系，具有强烈的视觉引导作用。

图 4-12（d）：四角型对比是指四种颜色在色相、明度、纯度等方面形成方形的关系，具有较强的视觉稳定性。

图 4-12（e）：全相型对比是指色彩在色相、明度、纯度等方面形成全方位的对比，具有极高的视觉冲击力。

(a) 暖色相　　　　　(b) 高纯度　　　　　(c) 低明度

图 4-13　前进色

图 4-13：前进色通常具有高纯度、低明度以及暖色相的特征。

(a) 冷色相　　　　　(b) 低纯度　　　　　(c) 高明度

图 4-14　后退色

图 4-14：后退色通常具有低纯度、高明度以及冷色相的特征。

2. 膨胀色与收缩色

膨胀色，如红色、橙色，通常以暖色相、高纯度和高明度为特点，能够使物体在视觉上显得更大。而收缩色，例如蓝色、蓝绿色，属于冷色相、低明度、低纯度的色彩，使物体在视觉上产生缩小效果（图 4-16、图 4-17）。

(a) 前进色

(b) 后退色

图 4-15　前进色与后退色应用

图 4-15（a）：使用橙色作为墙面颜色时，具有前进感，空间会显得紧凑。前进色适合用在空旷的空间。

图 4-15（b）：使用蓝色作为墙面颜色时，具有后退感。后退色适合用在狭小的空间。

(a) 暖色

(b) 高纯度

(c) 高明度

图 4-16　膨胀色

图 4-16：色彩体量感与明度、色相及纯度存在关联。明度较高的暖色能够扩大视觉空间。随着纯度的提升，空间扩大的视觉效果也相应增强。

(a) 冷色

(b) 低纯度

(c) 低明度

图 4-17　收缩色

图 4-17：明度较低、冷色调的色彩则具有收缩空间的效果。

3. 空间重心

空间重心的确定取决于色彩的位置分布。位于顶面或墙面的深色元素可激发动感活力的视觉体验；反之，若深色元素位于地面或地毯上，则会营造出稳定、平静且具有安全感的环境（图 4-18、图 4-19）。

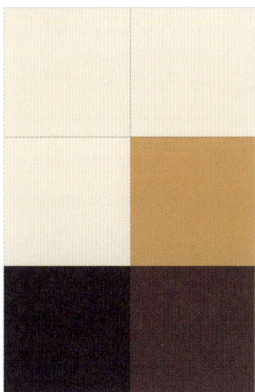

(a) 深色在低处

(b) 深色在高处

图 4-18　色彩的空间重心

图 4-18（a）：低处为深色，空间具有稳重感。

图 4-18（b）：高处为深色，空间具有强烈动感。

图 4-19（a）：空间中地面色彩最深时，重心在下方，空间充满稳定感。

图 4-19（b）：空间中顶面色彩最深时，重心在上方，具有强烈的动感。

|(a) 地面深色|(b) 顶面深色|

图 4-19　地面与顶面深色对比

四、主角色与配角色

空间中的核心元素的色彩通常被定义为"主角色"，此类元素包括体积较大的家具、宽阔的布艺品或显著的摆设，如沙发、床、餐桌等。这些元素构成了空间的骨架，成为视觉的焦点，进而影响空间的整体风格。值得注意的是，主角色的选定并非固定不变，各类空间中主角色的选择各具特色。在组合主角色的过程中，其主次关系通常依据面积大小或色彩深浅来划分，一般在空间的主要区域使用更为柔和的色调（图 4-20）。

图 4-20（a）：客厅中的主要元素是沙发。客厅中沙发占据了视觉中心和中等面积，其颜色是大多数客厅空间的主角色。

图 4-20（b）：卧室中床的颜色是绝对的主角色，具有无法取代的中心位置。

图 4-20（c）：餐桌占据了绝对突出的位置，其颜色为主角色；餐桌的颜色与背景色相同或类似时，餐椅的颜色会成为主角色。

|(a) 客厅|(b) 卧室|(c) 餐厅|

图 4-20　居住空间设计的主角色

配角色通常位于主角色的邻近区域或成群设置。这类元素在视觉层次上仅次于主角色，如沙发旁的小角柜或卧室中的床头柜。例如，沙发组合中，中央的多座位沙发采用白色，而周边的单座位沙发则是黄色，此时白色起到了主角色的作用，而黄色则充当了配角色，具体色彩还可以替换为其他颜色（图 4-21）。

图 4-21（a）：白色为主角色，亮黄色为配角色。亮黄色虽然明度高，但是面积小，所以不会压制住白色。

图 4-21（b）：三人沙发的蓝色在面积上占有绝对优势，所以蓝色为主角色，米黄色处于次要地位，属于配角色。

|(a) 亮黄色配角色|(b) 米黄色配角色|

图 4-21　居住空间设计中的配角色

第二节　色彩印象设计

一、影响色彩印象的因素

1. 色调

在实施居住空间色彩搭配的过程中，设计师需依据不同的情感表达需求，精心挑选主导色调。例如，儿童房宜采用纯度高或明度高的色彩；卧室则适宜采用柔和或略带浊感的色调；而老人房则更倾向于使用低明度的暗色调。确定了大面积色块的主色调后，其余色块色调的选择同样不容忽视，必须细致考虑色调间的相互关系，以形成和谐统一的空间氛围（图4-22）。

(a) 红色纯色调

(b) 红色暗色调

图4-22（a）：红色的纯色调有一种成熟的魅力，能够传达出一种艳丽、明快的氛围。

图4-22（b）：将纯色调转换成暗色调之后，展现出一种保守、稳重的氛围。

图 4-22　色调应用

2. 色相

色彩心理学表明，每一种色相都携带着独特的情感印象。例如，绿色常常与自然、宁静相联系；红色则象征着喜庆与吉祥。为了达成特定的色彩印象，设计师可以从红、黄、橙、绿、蓝、紫等基本色相中做出适宜的选择，从而有意识地塑造出期望的空间效果。此外，居住空间中的辅助色或点缀色，其色相差异同样对色彩印象的塑造产生显著影响（图4-23）。

(a) 红色色系

(b) 黄色色系

图4-23（a）：红色色相的表现力是其他颜色不能取代的，具有独特的力量与激情。

图4-23（b）：红色色相替换成黄色后，整个客厅空间的氛围就变得浮躁起来。

图 4-23　色相应用

3. 对比度

色彩对比涵盖色相、明度以及纯度等多个维度。提升对比度有助于营造一种充满活力与生机的空间氛围，而降低对比度则能够传达出一种更为优雅与高级的居住感受（图4-24）。

(a) 明度对比强   (b) 明度对比弱

图 4-24 (a)：明度对比强的搭配，空间显得十分清晰分明，充满力量感。

图 4-24 (b)：明度对比弱的搭配，空间具有低调、高雅的氛围。

图 4-24　不同明度对比应用

居住空间设计中的不同色彩的分布面积往往呈现出较大的差异。占据较大面积的色彩通常具备显著的统治力，其在塑造空间整体印象方面发挥着主导作用。当存在面积上的悬殊时，便形成了面积差。通过调整这一差值，可以营造出不同的空间效果，提升面积差能够营造出一种充满活力且动态的空间感，而降低面积差则有助于营造一种平和、宜人的氛围（图 4-25）。

(a) 面积差小   (b) 面积差大

图 4-25 (a)：面积差较小，空间色彩印象平稳安定。

图 4-25 (b)：面积差较大，空间色彩印象充满动感。

图 4-25　面积差对比

二、常见居住空间色彩印象

1. 都市色彩印象

都市色彩主要采用无彩色系与低温冷色调组合，尤为擅长展现城市那种克制而素净的气氛。此外，无彩色调与茶色调的结合，同样能够传达出一种都市的时尚与沉稳气息（图 4-26、图 4-27）。

图 4-26　卧室空间中的都市色彩印象应用   **图 4-27　别墅空间中的都市色彩印象应用**

图 4-26：灰色是一种象征高端、理智与效率的色调。当与略带温暖的茶色系相结合时，能够塑造出高品质的都市色彩印象。

图 4-27：灰色系与茶色系的搭配，构建了空间色彩的基调。在此基础上点缀以灰绿色，既未破坏原有的氛围，又为整体环境注入了生机与活力。

2. 自然色彩印象

在现代都市环境中，自然色彩印象与城市色彩印象形成了鲜明对比。通过采集自然界的元素（如植物、土壤等）所蕴含的色彩，旨在打造出既朴素又温馨的视觉效果。在色彩的选择上，以黄色和绿色为主要色相，其明度适中，纯度偏低，整体上呈现的是一种柔和的弱色调（图 4-28）。

(a) 茶色系搭配   (b) 绿色系搭配

图 4-28　自然色彩印象应用

图 4-28（a）：自然色彩中的茶色系列，从深至浅渐变，通过统一基本的色相以及丰富的色调变化，营造出一种放松而温馨的氛围，传递出自然与温和的感觉。

图 4-28（b）：绿色作为自然之色，极易让人联想到葱郁的森林和广阔的草原，给人以极大的亲和感。特别是浅绿色调，更有助于舒缓人的情绪。

3. 活力色彩印象

充满活力的休闲色彩搭配，则以鲜明的色调作为主色调，色彩范围涵盖以暖色为基础的几乎所有色相。这种纯度高、明度强的色调配置，极具活力和个性，能够有效表现出空间的活力（图 4-29）。

(a) 黄色与橙色结合   (b) 活力色彩

图 4-29　活力色彩印象应用

图 4-29（a）：黄色与橙色被广泛视为充满活力的色彩，它们最能彰显空间中的活力与休闲气息。当红色以点缀的形式融入其中，整个色彩空间便更显得生机勃勃。

图 4-29（b）：鲜亮色调与明快色调均能显著展现空间的活力，这些饱和度高的色彩充满张力，常用于营造活泼、欢快的氛围。

4. 清新色彩印象

清新色彩通常呈现出一种洁净且柔和的视觉感受。明亮色彩越接近白色，清新的感觉就越发显著。冷色调因其清凉特质而成为此类配色的主流，其低对比度的色彩搭配追求整体的和谐统一，这构成了清新色彩配色的核心原则（图 4-30、图 4-31）。

图 4-30　清新色彩印象应用（一）　图 4-31　清新色彩印象应用（二）

图 4-30：蓝色作为色彩搭配的中心，不仅能够传达出清凉和爽快的感觉，同时也象征着清洁与纯净。当白色与蓝色结合时，这种清洁感被进一步强化。

图 4-31：明亮冷色调的透明质感，以及高明度灰色的舒适与柔和特性，共同营造出一种细腻而轻柔的触感。

5. 浪漫色彩印象

　　在探讨色彩表现的情感印象时，若意图营造浪漫与甜美的视觉效果，必须在色相一致的基础上，运用明亮的色阶来构建一种梦幻而含蓄的意境。例如，紫色、紫红以及蓝色等色彩，它们在表达浪漫情感所需的迷离效果方面作用尤为显著（图 4-32）。

(a) 紫色印象应用　　　　　　　　　　　　　　　(b) 浅色调运用

图 4-32　浪漫色彩印象应用

图 4-32（a）：紫红与紫色的搭配，能够在空间中渲染出一种高贵而浪漫的氛围，其柔和的美感弥漫整个环境。特别是深紫红色的运用，更增添了一抹神秘色彩，加强了整体的朦胧美。

图 4-32（b）：粉色调与浅紫色的交融，则能让空间显得更为明亮且梦幻，洋溢着一种天真无邪的气息，让人仿佛置身于童话世界。

三、配色与灵感来源

1. 从名画中提取配色
　　从名画中提取配色能简化设计，让色彩搭配显得更简单、更直观（图 4-33）。
2. 从生活中提取配色
　　从生活中提取配色要求设计者注意观察，找出色彩中细微的差距（图 4-34）。

图 4-33：在艺术创作领域，梵高对色彩的感知尤为细腻。在其作品《星月夜》中，大胆且冷静的色调占据了画面的大部分空间，这些色彩又与热情奔放、温暖如火的星光形成了粗糙却又和谐的组合。

图 4-33 《星月夜》配色

(a) 植物取色　　　　　　　　(b) 木屋取色　　　　　　　　(c) 石头取色

图 4-34 生活中提取的配色

第三节　色彩与居住人群

一、男性

男性的居住空间普遍倾向于采用较为素淡的色调。诸如深邃的黑色、中性的灰色、冷静的蓝色以及浓重的暖色，均能作为男性房间色彩的典型代表（图 4-35、图 4-36）。

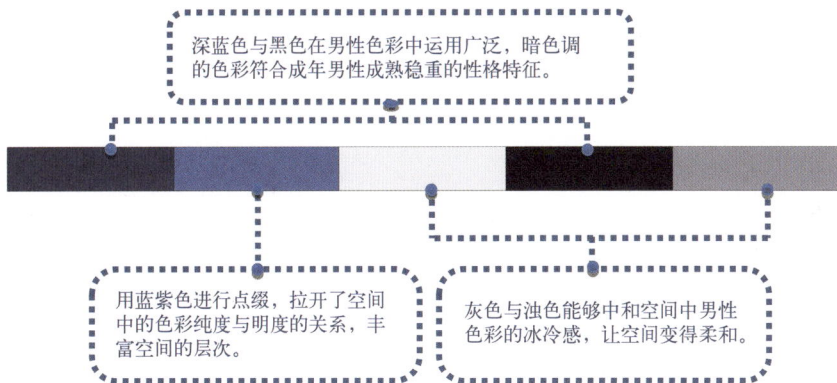

深蓝色与黑色在男性色彩中运用广泛，暗色调的色彩符合成年男性成熟稳重的性格特征。

用蓝紫色进行点缀，拉开了空间中的色彩纯度与明度的关系，丰富空间的层次。

灰色与浊色能够中和空间中男性色彩的冰冷感，让空间变得柔和。

图 4-35 男性暗色调配色

图 4-36 男性暗色调配色应用

二、女性

女性居住空间的色彩搭配，往往呈现出一种优雅或迷人的氛围。这种氛围的营造，主要依赖于淡雅的暖色系以及紫红色的运用，这些色彩能够映射出女性柔和、温婉的特质。在色彩选择上，紫色、粉色、紫红色和红色等被认为是女性色彩的经典代表。同时，通过在橙色、橘黄色、橘红色等色彩中融入白色、黑色或灰色，也能展现女性多样化的性格和气质（图 4-37、图 4-38）。

橙色与黑色搭配在一起非常干脆利落，具有冲击性，此搭配深受现代女性的欢迎。

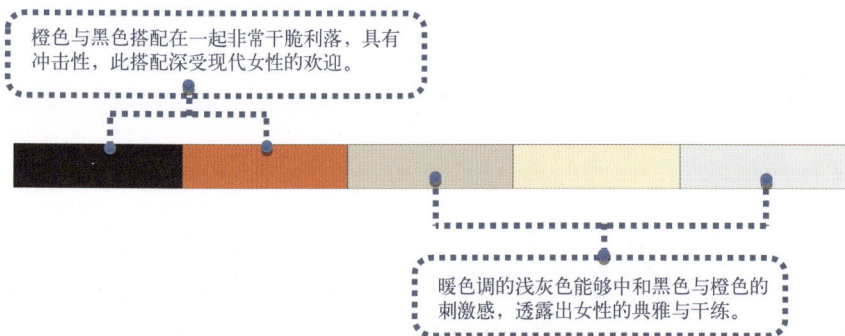

暖色调的浅灰色能够中和黑色与橙色的刺激感，透露出女性的典雅与干练。

图 4-37 女性干练配色

三、儿童

在儿童居室的色彩设计方面，适宜的色彩组合对儿童成长具有正面促进作用。因此，在规划儿童房色彩方案时，除了性别、性格的差异考量外，必须注重科学性的色彩搭配原则（图 4-39 ～图 4-42）。

图 4-38　女性干练配色应用

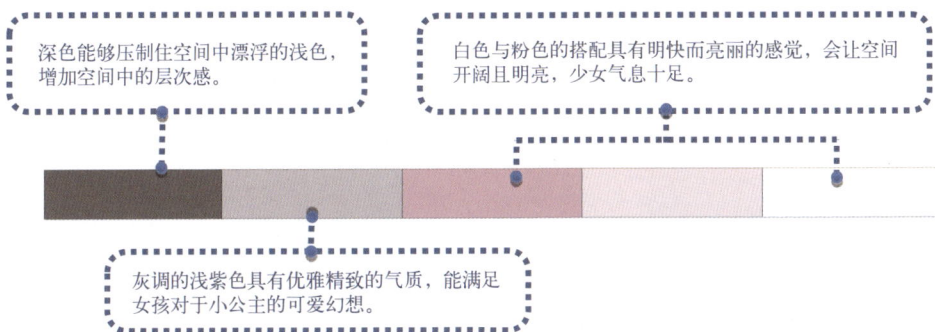

深色能够压制住空间中漂浮的浅色，增加空间中的层次感。

白色与粉色的搭配具有明快而亮丽的感觉，会让空间开阔且明亮，少女气息十足。

灰调的浅紫色具有优雅精致的气质，能满足女孩对于小公主的可爱幻想。

图 4-39　女孩主题配色

图 4-40　女孩主题配色应用

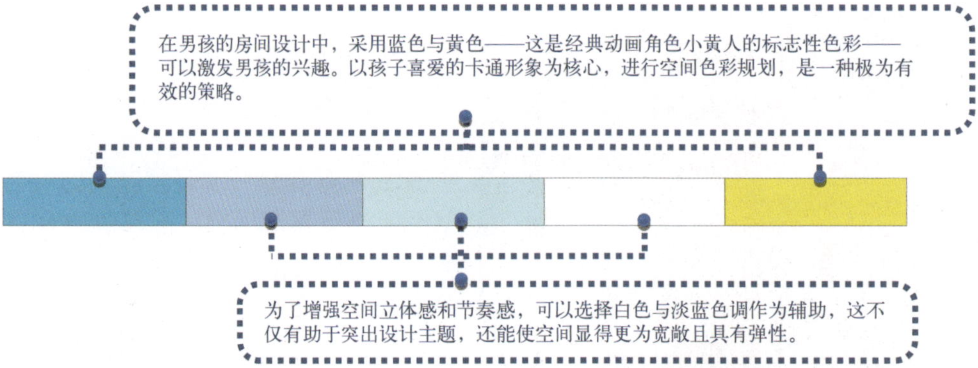

在男孩的房间设计中，采用蓝色与黄色——这是经典动画角色小黄人的标志性色彩——可以激发男孩的兴趣。以孩子喜爱的卡通形象为核心，进行空间色彩规划，是一种极为有效的策略。

为了增强空间立体感和节奏感，可以选择白色与淡蓝色调作为辅助，这不仅有助于突出设计主题，还能使空间显得更为宽敞且具有弹性。

图 4-41　男孩主题配色

图 4-42　男孩主题配色应用

四、老人

随着个体的年龄增长，老年人群对某些色彩的敏感度有所降低，这一现象主要归因于40岁之后眼球晶状体的逐步"黄化"，进而导致色彩感知能力的逐渐衰减。例如，诸多中老年个体对于明度对比不显著的色彩辨识能力呈现下降趋势。在进行老年人居住空间的色彩设计时，除了考虑老年人的个人偏好，还应重视其色彩视觉特性，优先选择明度对比鲜明的色彩组合，以暖色调为主，并避免大面积使用反光材质（图 4-43、图 4-44）。

五、新婚夫妇

红色往往是首先联想到的新婚颜色。在我国传统文化中，红色被视为吉祥的标志，象征着传统、热情与欢愉。尽管红色能够为居住空间带来温暖感，然而，若环境中红色占比过高，则可能使视觉产生过度负担，长期暴露在这种色彩环境中可能导致眩晕感。因此，即便深红色的木地板在老人房间中经常使用，其稳重且亲近自然的质感深受欢迎。

黑色与棕色是中式风格中经常使用到的颜色，清晰明了的色彩非常适合老年人使用。

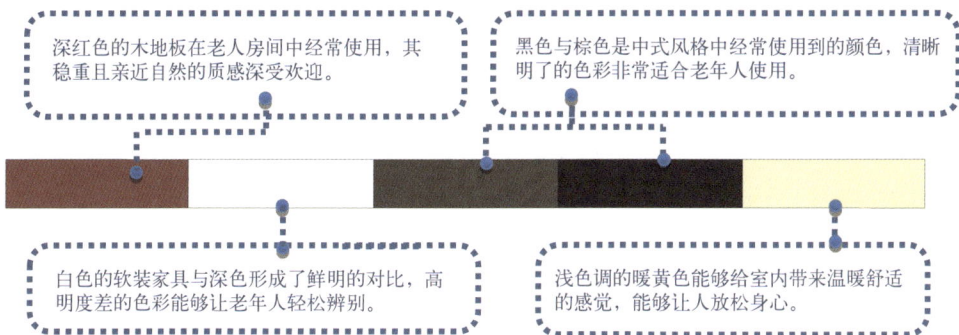

白色的软装家具与深色形成了鲜明的对比，高明度差的色彩能够让老年人轻松辨别。

浅色调的暖黄色能够给室内带来温暖舒适的感觉，能够让人放松身心。

图 4-43　老人明度配色

图 4-44　老人明度配色应用

是在新婚的情境下，也应避免长时间使用红色作为主色调。相反，红色元素可适量运用于软装细节，例如窗帘、床品等，与米色或白色相搭配，不仅有助于营造清新宜人的氛围，还能进一步凸显红色的喜庆感（图 4-45）。

图 4-45：即便红色在该空间中的运用极为有限，但其能营造的喜庆氛围依旧显著。特别是在与无彩色系形成鲜明对比的背景下，红色的靠垫尤为引人注目，其效果相较于广泛使用红色而言，更能凸显新婚的喜悦。

图 4-45　新婚家居配色应用

第四节　居住空间色彩设计案例

一、客厅

1. 清爽客厅

清爽客厅色彩明度对比较强，偏冷色调（图4-46）。

(a) 客厅蓝白配色

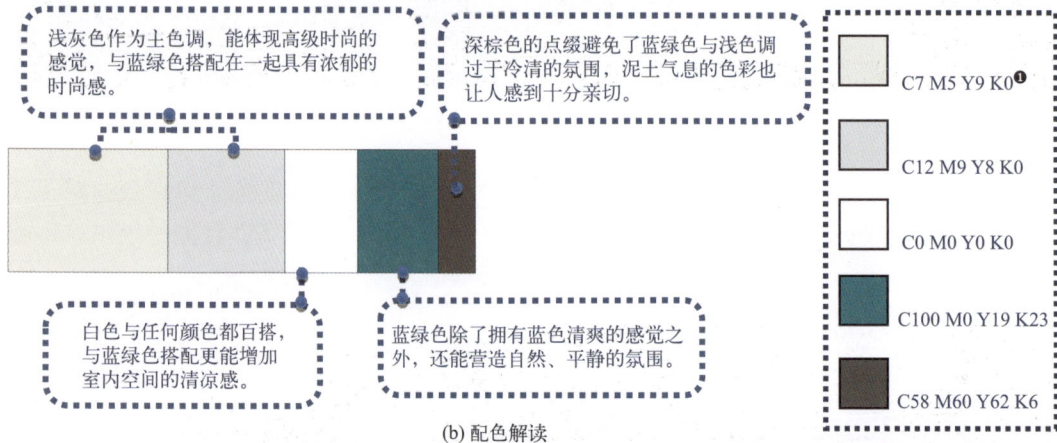

图4-46：经典色彩搭配中，蓝色与白色的组合备受推崇。蓝绿色调的引入，不仅增添了空间的清新感，也唤起了对自然的联想，营造出一种亲切而舒适的氛围。为防止空间显得过于冷峻，设计师巧妙地运用深棕色进行点缀，从而平衡整体视觉效果。

浅灰色作为土色调，能体现高级时尚的感觉，与蓝绿色搭配在一起具有浓郁的时尚感。

深棕色的点缀避免了蓝绿色与浅色调过于冷清的氛围，泥土气息的色彩也让人感到十分亲切。

白色与任何颜色都百搭，与蓝绿色搭配更能增加室内空间的清凉感。

蓝绿色除了拥有蓝色清爽的感觉之外，还能营造自然、平静的氛围。

C7 M5 Y9 K0[1]

C12 M9 Y8 K0

C0 M0 Y0 K0

C100 M0 Y19 K23

C58 M60 Y62 K6

(b) 配色解读

图4-46　清爽客厅案例及配色

2. 温馨客厅

充满温馨感的客厅，是舒缓而平和的空间，氛围不能太过于活跃，也不能过于沉闷（图4-47）。

3. 都市客厅

都市客厅呈现的冷峻与素雅之感尤为明显。该空间设计通常采用无彩色系或低纯度的灰色调，以此营造出一种独特的氛围。这种设计手法不仅彰显了时尚气息，亦在视觉上展现出一种简洁而现代的美学特征（图4-48）。

---

❶ C、M、Y、K分别代表青色、品红色、黄色、黑色。

(a) 温馨客厅

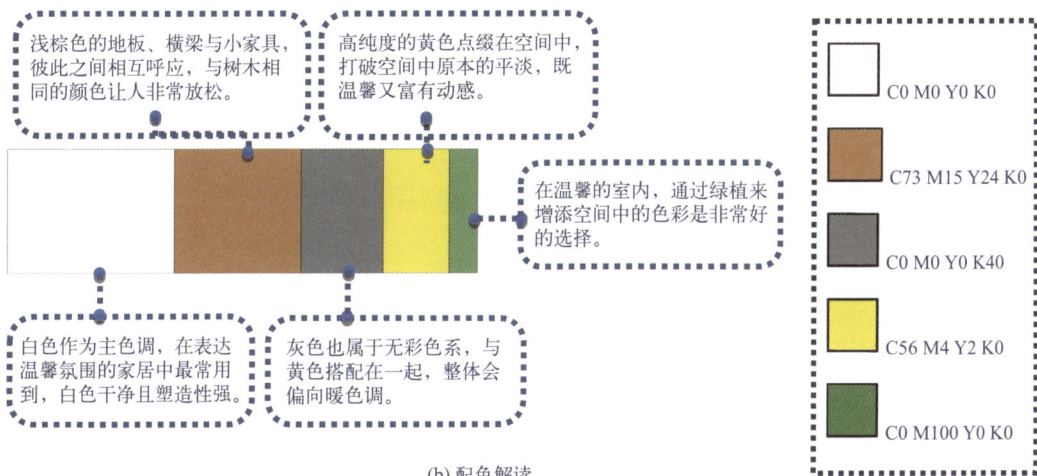

浅棕色的地板、横梁与小家具，彼此之间相互呼应，与树木相同的颜色让人非常放松。

高纯度的黄色点缀在空间中，打破空间中原本的平淡，既温馨又富有动感。

在温馨的室内，通过绿植来增添空间中的色彩是非常好的选择。

白色作为主色调，在表达温馨氛围的家居中最常用到，白色干净且塑造性强。

灰色也属于无彩色系，与黄色搭配在一起，整体会偏向暖色调。

C0 M0 Y0 K0

C73 M15 Y24 K0

C0 M0 Y0 K40

C56 M4 Y2 K0

C0 M100 Y0 K0

(b) 配色解读

图 4-47　温馨客厅案例及配色

图 4-47：在色彩学的领域内，每种色调都承载着其固有的视觉印象。其中，温度感知作为色彩属性之一，最为直观地影响着人们的感受。暖色调在室内设计中被广泛采用，以营造一种温馨而舒适的空间氛围。

图 4-48：灰色作为一种具有显著人工属性的色彩，是现代都市风貌的典型代表。当其与木色调及白色相结合时，不仅能打造出一种质感丰富、雅致非凡的环境氛围，而且为现代都市客厅的空间设计增添了独特的审美韵味。

(a) 都市客厅

图 4-48

米白色给人温暖舒适的感觉，很好地柔化了空间中黑白灰的对比。

原木色点缀在空间中的各个角落，打破了生硬感，呼应了地板与沙发的颜色。

C8 M16 Y25 K0

C0 M0 Y0 K80

C4 M6 Y13 K0

C10 M20 Y39 K0

微红调的木色与灰色之间的对比既明显又不过于强烈。

白色的明度最高，点缀在空间中，产生通透感。

黑色穿插在灰色与木色之中，丰富了空间中的层次感。

(b) 配色解读

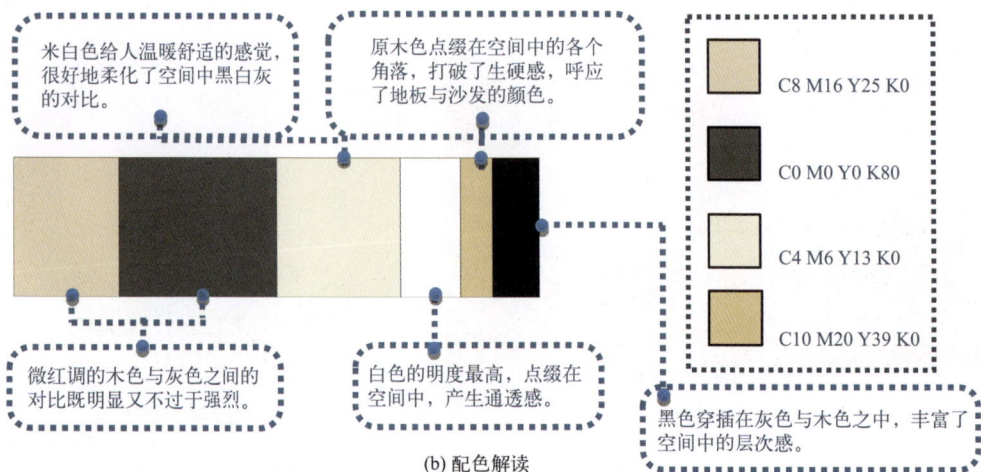

图 4-48　都市客厅案例及配色

4. 活力客厅

一个充满活力的客厅空间能够激发人们的愉悦感。具体而言，通过巧妙的色彩搭配，能够构建出一个充满活力的居住环境（图 4-49）。

图 4-49：为了营造充满活力的客厅氛围，建议选取高明度和高纯度的色彩作为空间的主要色调。在色调搭配的层面上，可以暖色系作为核心，辅以冷色系进行搭配；反之，亦可采用冷色系作为主轴，以暖色系作为点缀。采用全相型的配色策略，能最有效地呈现出生机勃勃的视觉效果。

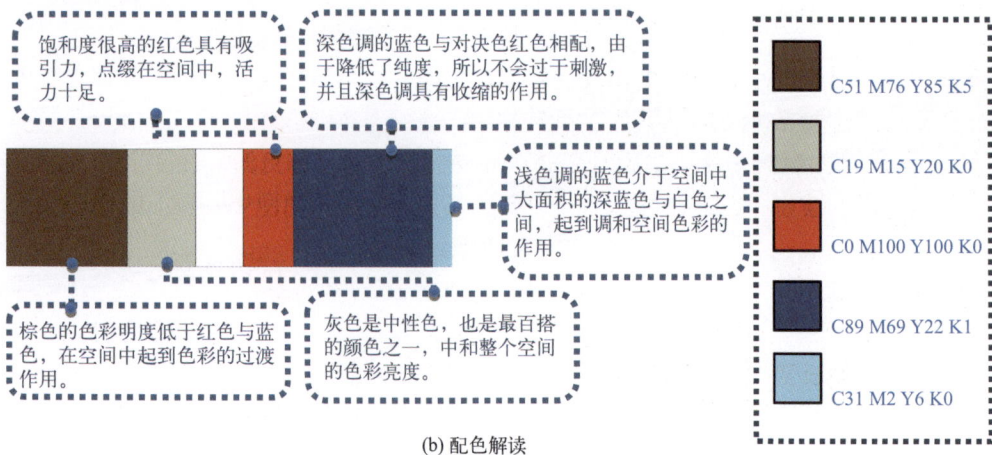

(a) 活力客厅

饱和度很高的红色具有吸引力，点缀在空间中，活力十足。

深色调的蓝色与对决色红色相配，由于降低了纯度，所以不会过于刺激，并且深色调具有收缩的作用。

浅色调的蓝色介于空间中大面积的深蓝色与白色之间，起到调和空间色彩的作用。

C51 M76 Y85 K5

C19 M15 Y20 K0

C0 M100 Y100 K0

C89 M69 Y22 K1

C31 M2 Y6 K0

棕色的色彩明度低于红色与蓝色，在空间中起到色彩的过渡作用。

灰色是中性色，也是最百搭的颜色之一，中和整个空间的色彩亮度。

(b) 配色解读

图 4-49　活力客厅案例及配色

二、餐厅

1. 明亮餐厅

在餐厅中，使用明亮的色彩具有促进食欲的作用（图4-50）。

图4-50：明亮的黄色、橙色以及红色等暖色调，能够激发人们的情感，带来愉悦和活力。在餐饮区域的色彩配置方面，应当谨慎地融入一些纯度较低或明度较低的色彩以实现平衡。

(a) 明亮餐厅

蓝色在一般情况下不适合用在餐厅中，但是偏暖灰的蓝色可以更加突出黄色，增进食欲。

偏灰的暖色调，为空间带来温馨舒适的感觉，能够让人在进餐时放松情绪。

C3 M7 Y84 K0

C26 M6 Y15 K0

C18 M25 Y42 K0

亮丽的黄色不仅能够增进食欲，还能让空间富有活力，避免空间中的氛围过于乏味。

黑色与绿色的点缀能够丰富空间的层次感。

C36 M43 Y73 K1

C58 M25 Y95 K1

(b) 配色解读

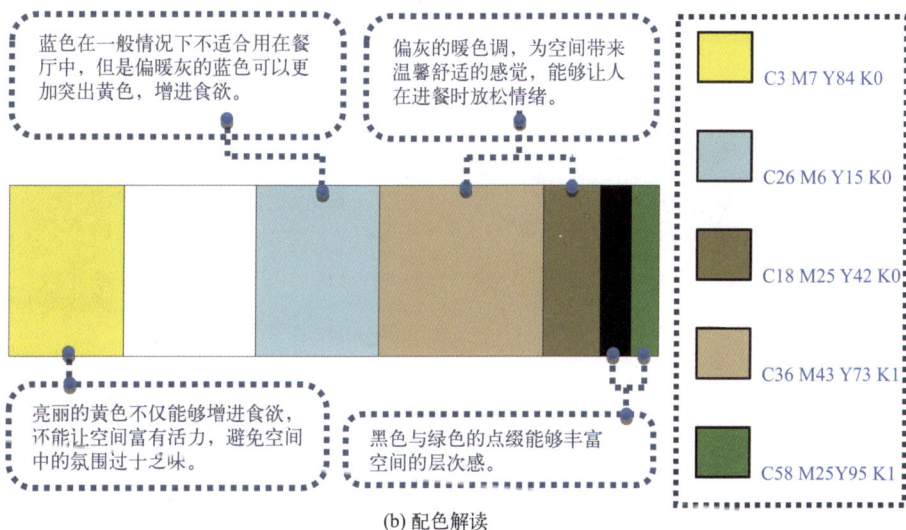

图4-50　明亮餐厅案例及配色

2. 优雅餐厅

优雅的餐厅氛围可以是高贵典雅，也可以是浪漫抒怀（图4-51）。

小贴士

色彩影响食欲

红色和黄色能够激发人们的食欲，而蓝色则有潜在的食欲抑制作用。绿色，作为自然的象征，通常与新鲜感联系在一起，引导人们倾向于选择绿色食品。此外，高亮度和高饱和度的暖色调，被归类为膨胀色，它们在用餐环境中使用能够在心理层面上扩大空间感。

图 4-51：在现代中式餐厅设计中，家具的古朴质感及其线条特征，本身就蕴含着一种难以言喻的优雅氛围。采用棕色调与花卉元素的搭配，成功塑造出一种自然而又清新的视觉体验。

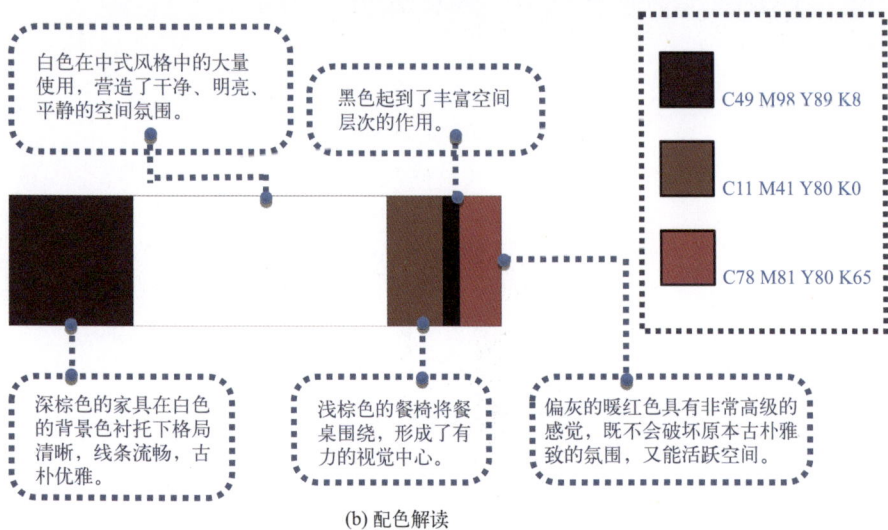

(a) 优雅餐厅

白色在中式风格中的大量使用，营造了干净、明亮、平静的空间氛围。

黑色起到了丰富空间层次的作用。

C49 M98 Y89 K8

C11 M41 Y80 K0

C78 M81 Y80 K65

深棕色的家具在白色的背景色衬托下格局清晰，线条流畅，古朴优雅。

浅棕色的餐椅将餐桌围绕，形成了有力的视觉中心。

偏灰的暖红色具有非常高级的感觉，既不会破坏原本古朴雅致的氛围，又能活跃空间。

(b) 配色解读

图 4-51　优雅餐厅案例及配色

三、卧室

1. 温馨卧室

卧室设计中的温馨氛围融合了温暖、安宁与放松的元素。为了增强这种感受，可以采用浅淡的暖色调作为背景，以提升房间的温暖程度；同时，通过使用较深的色彩进行点缀，以增加空间的安定感（图 4-52）。

2. 清爽卧室

对卧室这一休息和放松的场所而言，其配色设计应以舒适为核心要素。一个理想的清爽卧室，其色彩搭配应当柔和、对比度低，并实现色彩的平滑过渡。明亮的色彩，特别是蓝色和绿色的应用，可以最佳地表现出清爽的空间感受（图 4-53）。

(a) 温馨卧室

图 4-52：米色系，尤其是接近黄色的那一类温暖调性，最能营造出一种温馨的氛围，令人身心放松，并感受到舒适。这种色调柔和且素雅，即便是在空间中大量运用，也不会造成任何压迫感。在色彩的运用上，应保持低对比度，追求整体的和谐搭配。

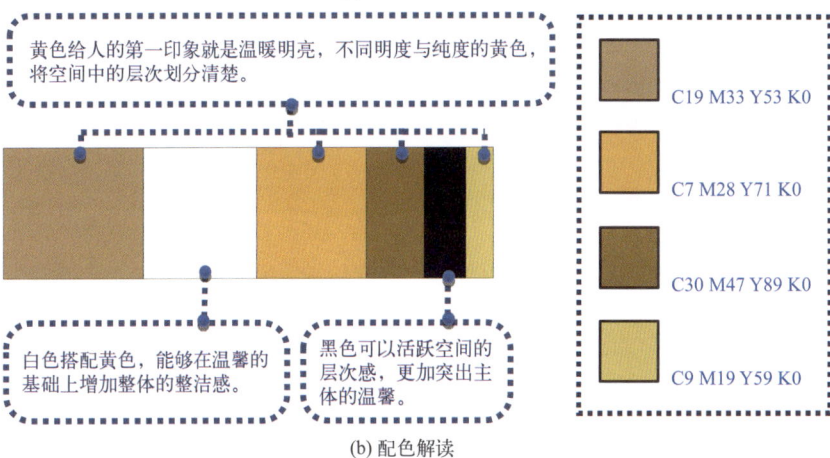

黄色给人的第一印象就是温暖明亮，不同明度与纯度的黄色，将空间中的层次划分清楚。

C19 M33 Y53 K0

C7 M28 Y71 K0

C30 M47 Y89 K0

C9 M19 Y59 K0

白色搭配黄色，能够在温馨的基础上增加整体的整洁感。

黑色可以活跃空间的层次感，更加突出主体的温馨。

(b) 配色解读

图 4-52　温馨卧室案例及配色

(a) 清爽卧室

图 4-53

图 4-53：以白色和蓝色为基础色调，通过调整明度来塑造一个清爽的卧室环境。同时，引入木色调以增添空间的稳重感和层次感。在此基础之上，以小面积的红色和橙色作为点缀，这种选择既不会干扰到空间原有的清爽氛围，还能为空间环境注入活力元素。

蓝色与白色搭配在一起，能够营造出蓝天白云的感觉。

浅色调的实木地板与木质、藤编家具为室内带来温馨舒适的氛围。

C33 M8 Y6 K0

C24 M37 Y64 K0

C0 M100 Y100 K0

C2 M84 Y93 K0

C16 M27 Y28 K0

白色作为主色，能够凸显干净、明亮的室内氛围，同时也能够给其他色彩的融合创造条件。

红色与橙色点缀在空间中，活跃了空间氛围，也为室内带来一丝暖意。

(b) 配色解读

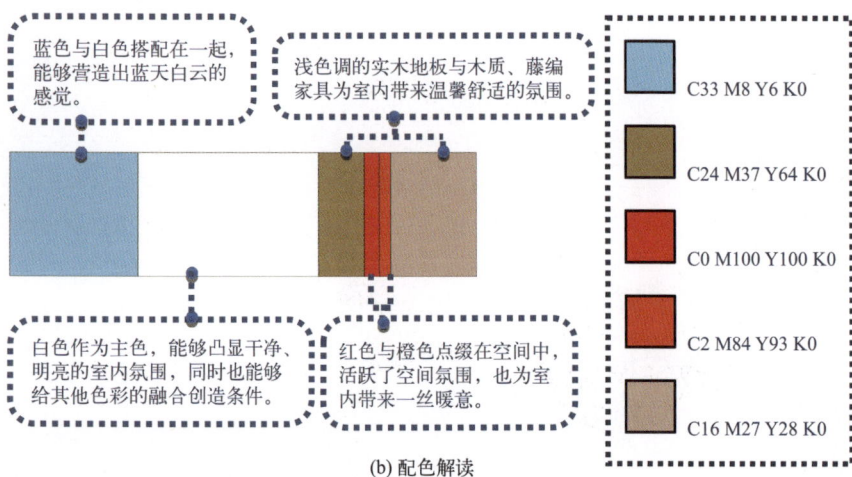

图 4-53　清爽卧室案例及配色

3. 时尚卧室

　　在时尚居住空间设计中，黑色、白色与灰色的经典组合尤为常见。倾向色彩明显的灰色调，不仅为空间增添了一种随性的洒脱气质，还平添了几分知性的氛围（图 4-54）。

图 4-54：采用无彩色系作为空间主色调，虽然能营造出一种时尚而现代的感常，但有时也可能显得过于僵硬和冷漠。此时，融入带有温和情感的米灰色调，既能与空间整体风格相协调，也能显著提升居住的舒适性。

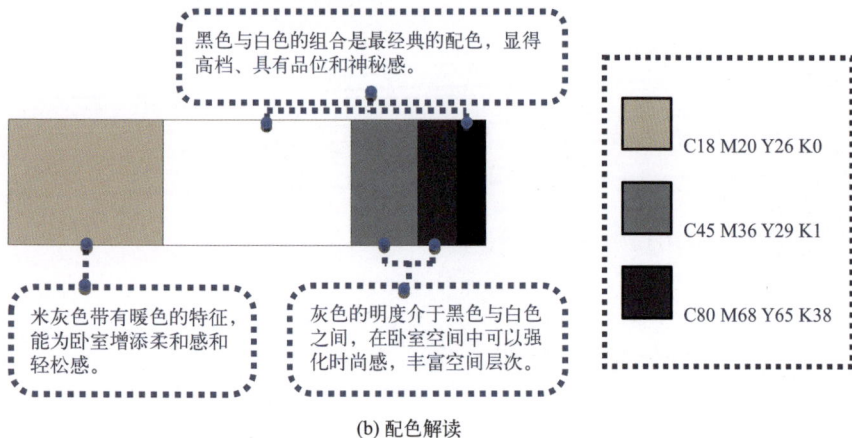

(a) 时尚卧室

黑色与白色的组合是最经典的配色，显得高档、具有品位和神秘感。

C18 M20 Y26 K0

C45 M36 Y29 K1

C80 M68 Y65 K38

米灰色带有暖色的特征，能为卧室增添柔和感和轻松感。

灰色的明度介于黑色与白色之间，在卧室空间中可以强化时尚感，丰富空间层次。

(b) 配色解读

图 4-54　时尚卧室案例及配色

黑白灰搭配使用

黑、白、灰的经典搭配被广泛采用。当决定采用这一色调方案时，必须明确主副色的运用策略：挑选其一作为空间的主导色彩，而将另外两种作为辅助色彩以平衡视觉感受。尤其是以黑色为主导时，应谨慎使用，避免造成空间的压抑感。

四、书房

在诸多功能空间中，书房的布置旨在创造一种静谧而庄重的氛围。此空间的设计应有助于居住者沉淀心绪，专注于学习与研究。合理的色彩与布局对于营造适宜的学习、工作环境至关重要（图 4-55）。

(a) 书房设计 (b) 低明度书房配色

图 4-55：明度较低的色彩在书房中能营造出宁静感，书房中不宜使用色彩过于鲜艳的配色。

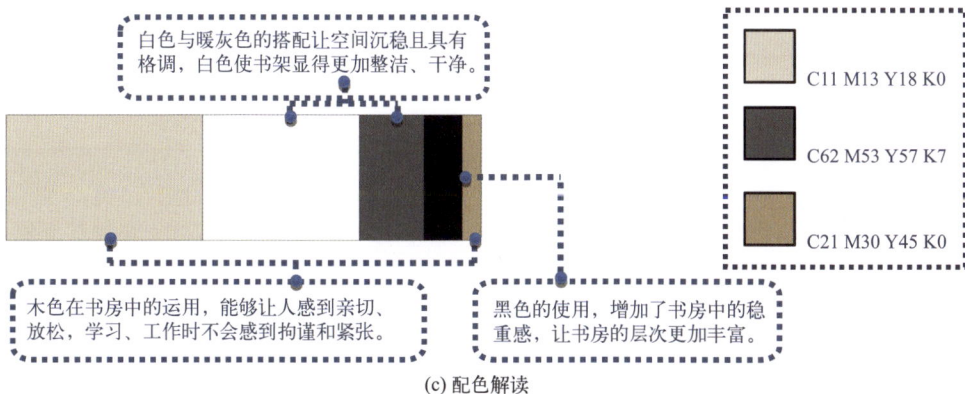

白色与暖灰色的搭配让空间沉稳且具有格调，白色使书架显得更加整洁、干净。

木色在书房中的运用，能够让人感到亲切、放松，学习、工作时不会感到拘谨和紧张。

黑色的使用，增加了书房中的稳重感，让书房的层次更加丰富。

C11 M13 Y18 K0

C62 M53 Y57 K7

C21 M30 Y45 K0

(c) 配色解读

图 4-55　书房案例及配色

五、卫浴间

卫浴间，是居家环境中能够体现居住者品位的一个领域。无论其面积大小，恰当的色彩搭配都能塑造出风格独特的私人空间。图 4-56 展示了通过色彩搭配实现个性化卫浴间设计的可能性。

(a) 卫浴间

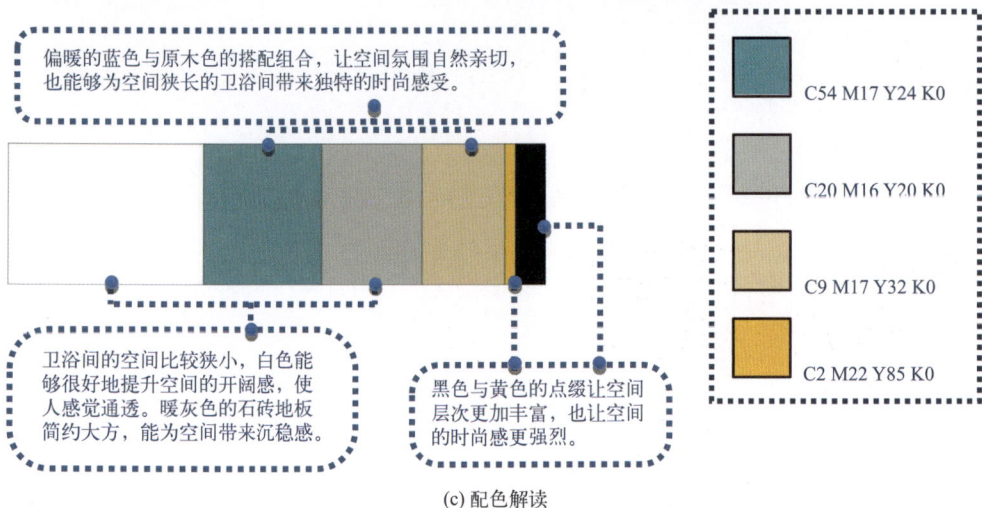

(b) 低明度卫浴间配色

图 4-56：在卫浴间这样的空间中，白色不仅仅是一种装饰，它所具有的清洁与整齐的视觉效果对于弥补空间上的不足尤为重要。比如，对于那些面积狭小或层高受限的卫浴空间，白色能够有效地缓解其局促之感，使得空间缺陷变得不那么明显。

偏暖的蓝色与原木色的搭配组合，让空间氛围自然亲切，也能够为空间狭长的卫浴间带来独特的时尚感受。

卫浴间的空间比较狭小，白色能够很好地提升空间的开阔感，使人感觉通透。暖灰色的石砖地板简约大方，能为空间带来沉稳感。

黑色与黄色的点缀让空间层次更加丰富，也让空间的时尚感更强烈。

C54 M17 Y24 K0

C20 M16 Y20 K0

C9 M17 Y32 K0

C2 M22 Y85 K0

(c) 配色解读

图 4-56 卫浴间案例及配色

课后练习

1. 色彩的基本属性包含哪些核心要素？

2. 色相可细分为哪些独具特色的类别？

3. 如何巧妙运用色彩，打造出清新而明快的空间氛围？

4. 具体阐述在生活中汲取的色彩灵感实例。

5. 精心设计 1 间 8 ~ 10m² 的卧室，并详尽阐述其软装家居的配色策略。

6. 基于色彩关系的原理，解析居住空间色彩设计的一般流程与步骤。

7. 收集并分析同学们的色彩偏好，结合其性格特质，探讨背后的成因。

8. 自主构思 1 间新中式风格的书房，并深入分析其色彩搭配的精髓。

9. 汇集统计中国传统文化中代表幸福安康的色彩组合，选择其中 1 ~ 2 套组合，注入到自主设计的新中式风格的书房中。

第五章

采光照明设计

识读难度： ★★★☆☆
重点概念： 光环境、照明设计、灯具、设计程序
章节导读： 光作为设计的核心主体，其重要性不容忽视。它不仅满足了人们的基本视觉需求，还在美学构成上占据了重要地位。通过形成独特的空间效果，光对人们对于物体的大小、质感和色彩的认知产生了直接的影响。光线的运用在居住空间设计与建筑装饰中占据着举足轻重的位置，它不仅直接影响空间的视觉效果，还增添了设计的美学价值。学习我国传统居住建筑构造中光线的巧妙运用，为现代居住空间营造出照明氛围，进而提升人民生活的幸福感知（图5-1）。

图 5-1：客厅采用射灯对墙面及装饰画作重点照明，同时辅以台灯照亮空间角落，使光线得以均匀分散，从而打造出层次分明的光照效果。

图 5-1　客厅照明

第一节　采光照明设计基础

一、光的相关概念

1. 光的本质

照明的基本要素是光，其本质为特定波长范畴内的电磁波动。电磁波的波长跨度广，而人类视觉可感知的可见光波段大约介于 380 ~ 780nm。该波段内不同波长的电磁波会激发出不同的色彩感受（图5-2）。

2. 光的色温

色温是描述光源发出光的颜色的一个物理量，它通过比较光源发出的光与标准黑体在不同温度下发出的光颜色来确定。色温的单位是开尔文（K），数值越高光线越偏蓝，数值越低光线越偏红（图5-3）。

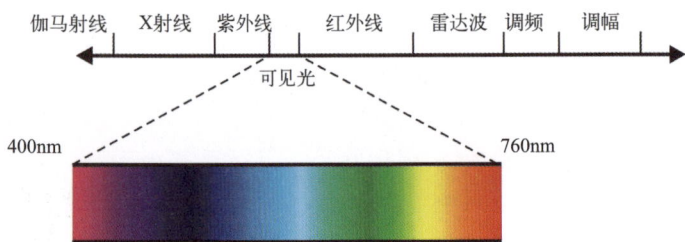

图 5-2 可见光范围

图 5-2：波长 760～630nm 为红色；630～600nm 为橙色；600～570nm 为黄色；570～500nm 为绿色；500～450nm 为青色；450～430nm 为蓝色；430～400nm 为紫色。紫外线波长为 100～400nm，人眼看不见；红外线波长为 760nm～1mm。

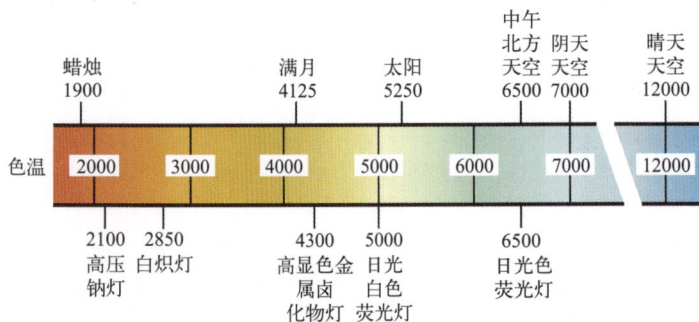

图 5-3 光的色温（单位：K）

图 5-3：通常情况下，以 5000K 作为色温的基准点，低于此值的被认为是暖色调光，而高于此值的则被归类为冷色调光。随着色温的升高，光源中蓝色调的成分比例增加，而红色调成分相应减少。

3. 光环境

光环境主要分为自然光与人工光两大类。其中，自然光的根本来源是太阳，它使得自然界中的万物随着光线的变化呈现出周期性的改变；人工光则是通过人为制造的光照设备来实现居住空间照明效果的营造（图 5-4、图 5-5）。

图 5-4 自然光

图 5-5 人工光

图 5-4：自然采光的设计需要全面考虑居住空间的用途、独特性质、设计风格以及当地的气候条件等多个方面。自然光通过不同的采光口进入室内，从而营造出各异的环境氛围。

图 5-5：人工光具有塑造多样化环境氛围的能力。灯具的尺寸、设计形态、安装的具体位置以及灯具的数量等要素均能改变照明的视觉成效。

（1）自然光。是居住空间照明设计的基础，自然采光通常依赖于墙体以及屋顶上开设的开口来获取光源。采光的效果受到采光口的大小、形状、朝向，所用透光材质以及外部遮挡情况的影响（图 5-6、图 5-7）。

（2）人工光。与自然光相比，人工光在塑造空间光氛围方面展现出更高的灵活性。设计师可以利用光源的外形、色彩、亮度以及反射特性等因素，创造出既美观又舒适的光环境（图 5-8、图 5-9）。

图 5-6：侧窗是在建筑内侧墙面开设的开口。此类采光方式可根据窗户的设置位置分为单侧、双侧或多元的采光形式。此外，依据采光口所处的高度，还可以细分为高侧窗、中侧窗以及低侧窗 3 种类型。

图 5-7：天窗位于室内空间之上，其采光效率远超侧窗，在同等面积条件下，天窗的采光率至少是侧窗的 3 倍。

图 5-6　侧窗自然光

图 5-7　天窗自然光

图 5-8：氛围光主要通过调整色温来表现，多采用暖色光表现出温暖的氛围。

图 5-9：装饰光多采用小功率灯具照明，通过反射、折射来变化出多种灯光造型。

图 5-8　氛围人工光

图 5-9　装饰人工光

二、照明基础概念

1. 照明术语

与照明相关的术语如表 5-1 所示。

表 5-1　照明术语

名称	说明
灯具效率	灯具输出的光通量与灯具内光源输出的光通量之间的比例，又称为光输出系数
光源效率	每一瓦特电力所发出的光通量，数值越高表示光源的效率越高
眩光	视野内存在干扰视线或使视觉不舒适、疲劳的高亮度光
功率因数	电路中有用功率与视在功率（电压与电流的乘积）的比值
平均寿命	缺失 50% 光效时的寿命，又称为额定寿命
光束角	灯具光束一定强度范围边界所形成的夹角

2. 照度范围

空间内的亮度水平，即照度，是由光源的发光强度以及光源与照射面之间的距离共同决定的。提升照度能够增进视觉功能的发挥，适宜的亮度不仅有助于视觉健康的维护，同时还能促进工作与学习的效率。

3. 显色性

光源在还原物体原有色彩方面的能力被称作显色性，这一属性衡量的是色彩呈现的真实度。显色指数（Ra）较高的光源，数值接近 100，表示其显色性能优良。Ra ≥ 80 的光源，其显色性被认为是良好的。

　　以显色指数 100 的日光作为标准，白炽灯的显色指数与日光接近，因此常作为理想的参照光源。光源的显色指数的范围一般在 20 ～ 100 之间，100 代表最佳，数值越低表示色彩偏差越大，显色指数低于 20 的光源通常不适合一般环境使用（图 5-10）。

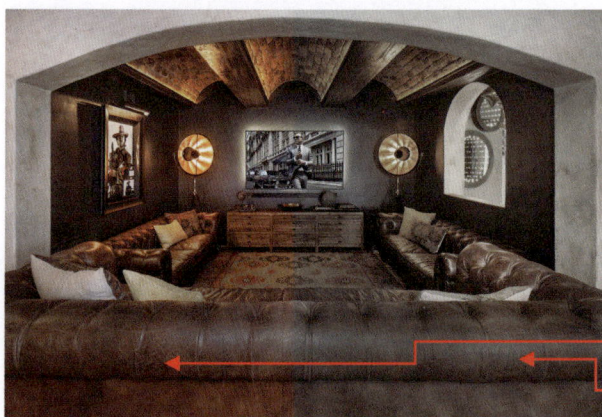

图 5-10：显色性的优劣并非仅在于色彩的鲜明与暗淡之间的对比，它更关乎照明下物体原有色彩的展现。虽然显色性最佳的色温为 5250K，但在室内照明设计中，为了营造特定的氛围，往往倾向于使用偏暖色温的光源，这对灯具的显色性能提出了更高的要求。

图 5-10　空间显色性对比

　　在国际照明委员会（CIE）的标准中，日光被赋予了一个显色指数的基准值，即 100。此外，该机构还规定了 15 种特定的测试色彩，这些色彩分别以 R1 ～ R15 的编号进行标识，用于评估光源的显色性能。在灯具产品的标注上，制造商通常会采用如 Ra ＞ 90（或 R9 ＞ 50）的表述方式来描述其产品的显色指数。Ra ＞ 90 的标识意味着所讨论的灯具在呈现 R1 ～ R8 这八种自然色彩的还原度方面表现出较高的水平。而 R9 ＞ 50 的标注则表示该灯具具备对红色物体进行有效色彩还原的能力（表 5-2）。

表 5-2　色彩显色性一览

显色指数	R1	R2	R3	R4	R5	R6	R7	R8	R9	R10	R11	R12	R13	R14	R15
颜色品种															

4. 照明功率

　　照明功率，即灯具在单位时间内转换电能的速率，其计量单位为瓦特（W）。相较于传统白炽灯的高功率、低亮度特点，节能灯如荧光灯在降低功率的同时，维持了较高的亮度水平。目前市场上流行的 LED 灯具，不仅功率低，而且亮度表现优越。

　　从视觉感受上对比，常规 E27 螺口灯泡中发光强度相当的三种灯为：白炽灯 40W≈荧光灯（节能灯）15W≈LED 灯 9W（图 5-11）。

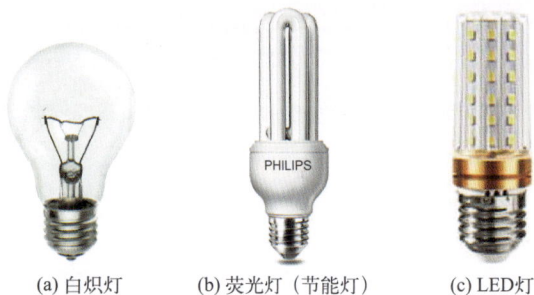

图 5-11（a）：白炽灯的功率为 15W、25W、40W、60W、100W、200W、300W。

图 5-11（b）：荧光灯（节能灯）功率为 9W、11W、13W、15W、18W、22W、26W、35W、60W、90W、105W、135W、150W、225W。

图 5-11（c）：LED 灯功率为 1 ～ 500W 不等。

(a) 白炽灯　　　(b) 荧光灯（节能灯）　　　(c) LED灯

图 5-11　灯具灯泡

三、灯具光源

灯具实质上是一种能够透光、调控及转换光源光线的设备。灯具的构造包含了光源以外的所有必需组件，这些组件用于固定、保护光源，并与电源相连，包括灯罩、配件、装饰件、灯头以及导线等，共同构成了一个完整的照明系统。

LED灯具作为现代照明的主流产品，是一种半导体光源，亦称为发光二极管。这种器件利用固态半导体芯片作为发光介质，在正向电压的作用下，通过载流子的复合过程发射光子，进而产生光亮。

早在20世纪60年代，科研人员就成功研发了发光二极管，最初使用的材料为磷砷化镓，发出的光为红色。经过约30年的技术进步，LED已经能够发出包括红、橙、黄、绿、蓝在内的多种颜色的光。然而，LED的白色光源是在2000年之后才得到发展的。LED光源拥有广泛的应用前景，可制作成点状、线状、面状等不同形式的产品，并且通过调整电流大小，可以轻松调控其亮度。不同颜色的LED光源组合，可以使照明效果更加多样和丰富（图5-12～图5-14）。

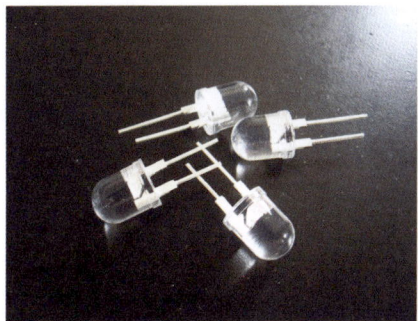

图 5-12 发光二极管　　　　　图 5-13 LED 灯管　　图 5-14 LED 软灯带

图5-12：发光二极管，作为一种电致发光的半导体材料，需要安装在一个带引线的支架上，该支架主要功能在于对内部芯线提供保护，同时具备良好的抗震特性。

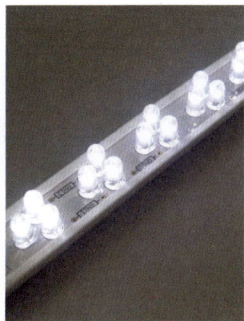

图5-13：LED灯管采用线性发光体，通过在条形灯架上有序排列发光二极管，实现了均匀且平衡的照明效果。

图5-14：LED软灯带适用于造型吊顶内部，同时还具备不同光色。

四、灯具品种

灯具的分类通常基于其形态和安装方式。常见的类型包括吊灯、台灯、落地灯、吸顶灯、嵌入式照明（暗灯）、壁灯、筒灯、射灯以及轨道灯等。

1. 吊灯

吊灯作为顶面悬挂的高级照明设备，不仅在装饰上属于精致品类，且种类十分丰富，涵盖了所有悬垂灯具的范畴（图5-15）。根据灯具头数，吊灯可分为单头与多头两种类型，其中单头吊灯常见于卧室与餐厅，而多头吊灯则更适宜安装在客厅之中。在安装过程中，吊灯的最低点距地面须保证不低于2.4m。大型吊灯一般需固定于结构层，如楼板、屋架下弦或梁上，小型吊灯则多安置于吊顶格栅之上。

2. 台灯

台灯的设计旨在将光源聚焦于特定区域，主要可分为装饰性台灯与阅读用台灯两大类（图5-16）。在装饰性台灯方面，其外观设计富丽堂皇，选材及风格多样化，结构复杂，既凸显装饰效果又满足照明需求。而阅读用台灯则以外形简约、便于携带为特点，主要应用于阅读和书写，其高度、光照方向及亮度可调，旨在提供高效的照明阅读体验。

(a) 欧式古典吊灯　　　　　　　　　　(b) 水晶吊灯细节　　　　　　　　　　(c) 简约吊灯

图 5-15　吊灯

图 5-15（a）：欧式古典吊灯通常采用仿水晶材料，其造型复杂，然而在潮湿多尘的环境下，灯具易出现锈蚀和掉漆的问题，同时灯罩因积尘而导致亮度逐年下降。据统计，吊灯的亮度一年内平均降低约 20%，长此以往，灯具将显得暗淡无光。

图 5-15（b）：带有金属或玻璃装饰件的吊灯，往往显得富丽堂皇，其装饰性的特征使其成为空间中引人注目的焦点，并直接影响到客厅的整体风格。

图 5-15（c）：简约风格吊灯，其特征在于低挂的灯头，有效降低了发光源的高度，从而优化了光线的投射效果。此类吊灯通常以色彩的运用作为空间美化的手段。

(a) 阅读用台灯　　　　　　　　　　(b) 铁艺装饰性台灯　　　　　　　　　　(c) 床头台灯

图 5-16　台灯

图 5-16（a）：阅读用台灯大多有应急功能，即自带电源，可用于停电时照明应急。

图 5-16（b）：铁艺装饰性台灯非常时尚，富有现代气息，造型也比较多样、百搭，价格低廉，但容易生锈。

图 5-16（c）：卧室床头台灯光线比较温和，灯罩颜色比较浅，与卧室整体装修色调一致，也不会产生眩光，可以用于睡前阅读的照明。

　　台灯罩的制作材料包括纱布、绢布、羊皮纸、胶片、塑料膜以及宣纸等。使用过程中，台灯应避免产生眩光，其灯罩不宜使用深色调材料，以确保采光的舒适性，同时开关操作需简便，明暗调节灵活。

3. 落地灯

　　落地灯作为一种局部照明工具，常被安置于客厅与书房，主要用于辅助阅读或书写活动。此类灯具多置于墙面附近，或位于沙发后侧 500～750mm 的位置，以提供适宜的光照。落地灯必须具备安全稳定性，足以承受轻微的撞击，且电线长度需适中，以便于根据需求灵活调整位置。灯具的高度、方向以及投射角度亦应能按需调节。落地灯的高度宜控制在 1200～1800mm 之间，具备高度或灯罩角度调节功能者为佳。此外，灯具的设计风格与色彩应与家具布局和谐统一（图 5-17）。

4. 壁灯

　　壁灯作为一种安装在墙面上的照明设备，其核心功能在于提升特定墙面区域的亮度

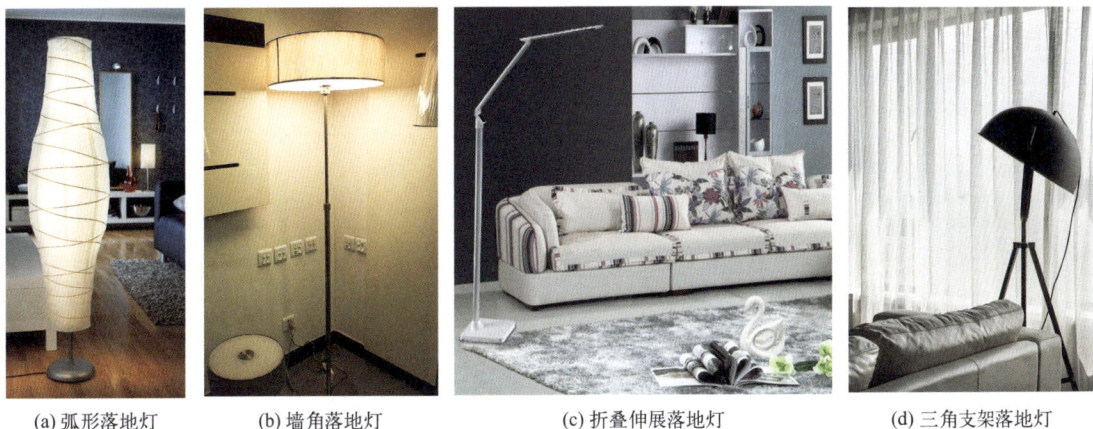

| (a) 弧形落地灯 | (b) 墙角落地灯 | (c) 折叠伸展落地灯 | (d) 三角支架落地灯 |

图 5-17 落地灯

图 5-17（a）：落地灯从造型上看，常以瓶式、圆柱式的座身为主，配以伞形或筒形罩子，用于沙发或家具转角处。

图 5-17（b）：落地灯的灯罩，应追求简洁而具装饰性的设计。目前市场上，筒形灯罩较为流行，而华灯形和灯笼形的设计也常见。落地灯的支架多采用金属材质或自然材料制作，以增强整体的美观性和实用性。

图 5-17（c）：客厅沙发后装饰一盏落地灯，既能满足读书需要，还不会影响看电视。

图 5-17（d）：落地灯可以调整灯的高度，能改变光圈的直径，从而控制光线的强弱，营造朦胧的美感。

（图 5-18）。此类灯具主要针对其邻近区域的表面进行亮度提升，从而在墙面上形成明亮的斑点，以此打破墙面大面积的单一视觉效果。

| (a) 壁灯 | (b) 客厅壁灯 | (c) 卧室壁灯 |

图 5-18 壁灯

图 5-18（a）：壁灯有附墙式和悬挑式两种，安装在墙壁和柱子上，且壁灯造型要求富有装饰性，适用于各种空间。

图 5-18（b）：客厅在电视机后部墙上装有两盏小型壁灯，光线比较柔和，有利于保护视力，同时也为客厅提供了局部照明。

图 5-18（c）：壁灯的选择应倾向于使用表面光泽度较低的漫射材料制成的灯罩，以营造温馨的氛围。例如，将　盏装饰有茶色刻花的玻璃壁灯置于卧房床头墙面，即可为空间增添一抹古典、优雅且深邃的气质。

　　壁灯常见种类包括传统墙壁灯、可变色壁灯、床头壁灯以及镜前壁灯等。传统墙壁灯通常安装于阳台、楼梯、走廊等区域，适合作为长时间的照明灯具使用。可变色壁灯在节日庆典等特殊时刻尤为受欢迎。床头壁灯一般位于床头两侧上方，其灯头可调节，便于阅读。而镜前壁灯则主要安装在盥洗室镜子附近，以增添装饰效果。

　　建议将灯具的安装高度设定为略高于人眼水平线，约 1.7m。壁灯的照明强度应保持适度。灯罩的选择应与墙面颜色相协调，例如：对于白色或奶黄色墙面，可选用浅绿色或淡蓝色的灯罩；而湖绿色或淡天蓝色墙面则适宜搭配乳白色、淡黄色或茶色灯罩。

5. 吸顶灯

　　在天花板直接安装的灯具被归类为吸顶灯，其特点是灯具顶部与天花板表面平行，安装时灯具顶部紧贴天花板。此类灯具适用于面积较大的空间，可根据需要单独使用或组合使用（图 5-19）。

图 5-19（a）：吸顶灯灯具造型多变，许多还加入了光栅设计元素，使得灯光可以形成独特的透射光斑效果，同时具备了吊灯的装饰效果。

图 5-19（b）：外形简单的吸顶灯，其适用范围极为广泛，不仅适用于现代简约风格的室内设计，也同样适用于古典风格的室内空间。特别是那些采用金属材质经过精细工艺处理的吸顶灯，其适用范围更广泛。

(a) 透光吸顶灯　　　　　　　　　　(b) 简约吸顶灯

图 5-19　吸顶灯

6. 暗灯

暗灯通常被嵌入天花板或各类装饰结构之中，此类灯具能营造出一种极具装饰性的照明效果。通过将灯具与建筑装修元素如天花板的吊顶、装饰性构造等紧密结合，能够打造出和谐且美观的整体效果。部分暗灯发出的光线会向上照射至天花板，从而增强吊顶内部的亮度，对调控整体空间亮度和对比度极为有利（图 5-20）。

(a) 吊顶与背景墙中的暗灯　　　　　　(b) 踢脚线中的暗灯　　　　　　(c) 柜体层板中的暗灯

图 5-20　暗灯

图 5-20（a）：置于吊顶中的暗灯能防止眩光，并能有效减小灯具与周围环境的亮度差异。当天花板中的暗灯与背景墙构造中的灯带相结合时，可以增强背景墙的立体层次感，凸显墙体设计，同时形成一种装饰性的对比效果。

图 5-20（b）：暗灯还常常被安装于由不锈钢或铝合金等材质制成的踢脚线内，这样的设计不仅能够照亮地面，勾勒出空间轮廓，还能在夜间提供地面的照明，方便行走，而不需要开启顶灯。

图 5-20（c）：柜体中每一块层板后部或下部安装暗灯，能照亮每一块层板内的局部空间，具有较强的氛围感。

7. 筒灯

作为一种内置式向下投射照明的灯具，筒灯的设计宗旨在于维护居住空间的整体美学，避免其自身对天花板造型的干扰。其安装方式为嵌入天花板之内，实现光线的垂直向下分布，构成一种直接的照明配光方式。

筒灯的设计以紧凑型为主，尽管体积小巧，但具备高效的光通量，降低了视觉存在感。筒灯提供了两种不同的反射板类型，分别为镜面与磨砂，其中镜面反射板能带来耀眼的光泽效果，而磨砂型则以适当的灰度平衡顶面。在安装上，筒灯采用滑动固定卡簧的设计，并能适应厚度在 3～25mm 之间的多种吊顶材质，便于维护（图 5-21）。

图 5-21：筒灯不占用空间，并能够增添柔和的氛围，对于追求营造温馨感受的场合，可利用多盏筒灯布置来减轻空间的压抑感。

图 5-21 筒灯

8. 射灯

聚光型射灯作为一种精细的光源设备，普遍应用于凸显展示对象、商品以及装饰物的特征。此类灯具体型轻巧，色彩多样，其设计结构中通常配备可调节的活动接头，便于用户调整照射方向及角度，进而增强其装饰性。射灯的安装位置灵活，既可置于天花板四周、家具上方，亦可在墙面内、墙裙或踢脚线中嵌入。其光线直接投射于特定家具或物品上，旨在强调审美视角，打造出层次鲜明、氛围浓郁的艺术效果（图 5-22）。

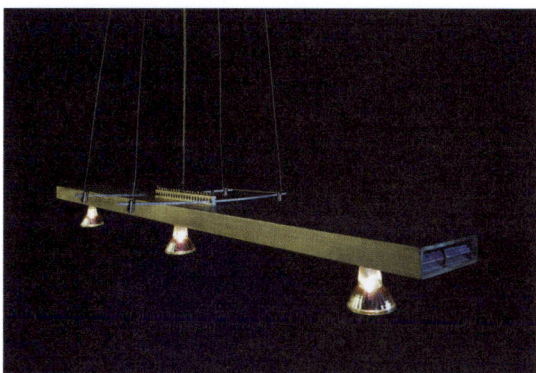

(a) 吊挂射灯

(b) 顶面射灯

图 5-22 射灯

图 5-22（a）：射灯以多种组合方式点缀其中，赋予空间以精致细节和独特情趣。鉴于射灯的装饰属性，挑选时应对其外观和光影效果给予特别的关注。

图 5-22（b）：射灯所发出的光线温和，某些款式更能营造出一种奢华而典雅的空间感受。它们不仅能够主导整体照明，还能局部聚焦，从而提升空间氛围。

9. 轨道灯

传统轨道灯采用明装方式，灯具沿杆状轨道排列，照明方向可灵活调整。随着现代设计风格的演变，追求简洁造型的趋势使得轨道灯嵌入吊顶板材中，灯具以模块化形式嵌入轨道，并借助磁铁吸附安装，实现了位置的任意变换，此类灯具亦称为磁吸轨道灯（图 5-23）。

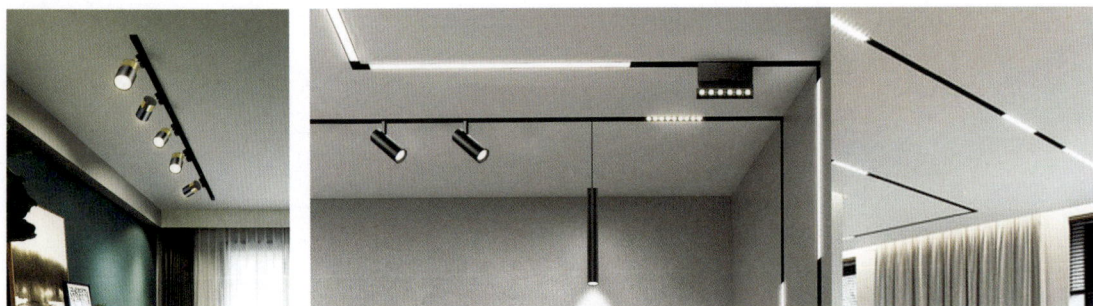

(a) 明装轨道灯　　　　　　　　　　　　　　　(b) 磁吸轨道灯

图 5-23　轨道灯

图 5-23（a）：明装轨道灯直接安装在建筑楼板上，灯具暴露于空间中，因此不适宜用于层高较低的居住空间环境，常见于专卖店、展厅等场所。

图 5-23（b）：磁吸轨道灯采用模块化设计，灯具模块均为嵌入式磁吸结构，可根据需求进行暗装或明装，营造出丰富的照明效果。灯具模块的选择可以根据空间层高进行调整，以适应不同的空间需求。

第二节　照明电路基础

一、照明与电学相关概念

在进行专业照明设计的初步阶段，掌握照明电压的基本概念以及明确强电与弱电的基础知识是不可或缺的。设计师应具备对局部照明电路进行改造的专业技能，这不仅有助于提升工作效率，亦能降低照明项目的总体成本。

1. 照明电压

我国民用电压一般为 220V 和 380V，这两种电压均采用交流电形式。根据不同照明场所的具体需求，应选择适宜的电压等级。220V 电源作为常规供电方式，提供单相供电，即由一根火线和一根零线构成完整的电源回路，能够满足一般照明和用电需求；在特定情况下，为保障安全，会额外增设一根地线，形成单相三线的供电体系。380V 电源则提供三相供电，由三根火线和一根零线构成完整的电源回路，适合于大功率照明及用电需求，并增设地线以确保安全，此配置被称为三相五线。

居住空间照明设备使用的电压大多限制在 220V 以内。不论是吊灯、台灯、壁灯、吸顶灯、射灯还是筒灯，其使用过程中均需严格考量电压的安全性（图 5-24～图 5-26）。

小贴士

灯具电压

我国的电压标准为 220V。然而，在特定的环境下，这一标准存在例外。举例来说，便携式及手提照明设备在干燥环境下使用的电压为 50V，而在湿润环境中，此上限降至 25V。此外，诸如地下通道、人防工程以及存在高温、导电尘埃，或者灯具装置高度低于 2.4m 等特殊场所，其照明设备的电压不得超过 36V。对于在潮湿环境及易于接触带电部件的场所使用的灯具，电压应控制在 24V 以下。而在极度潮湿但电线质量良好的环境中，灯具的电压不应超过 12V。

| 图 5-24　冰箱灯 | 图 5-25　餐厅灯 | 图 5-26　庭院廊道壁灯 |

图 5-24：冰箱灯用于冰箱和展柜内的照明，属于特殊照明，电压为 24V，功率在 3 ～ 15W，正白光，能承受的温度跨度比较大。

图 5-25：餐厅半圆形吊灯，电压为 220V，照明功率为 40W，照射面积为 15 ～ 30m²。

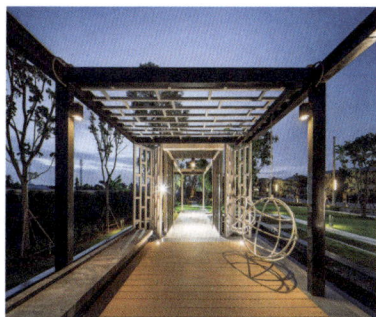

图 5-26：用于居住空间的灯具电压基本一致，功率变化较大。此处防水户外壁灯电压为 220V，功率在 40 ～ 50W，有效照明的地面面积为 3 ～ 5m²。

2. 强电与弱电

强电一般指电压等级在 24V 以上的交流电。我国的居民用电电压通常为 220V，而工业用电电压则高达 380V，这两种电压均被归类为强电。其特点有，高电压、大电流、适用设备为高功率等（图 5-27、图 5-28）。

图 5-27　强电用电设备　　　　　　　　　　　　图 5-28　照明配电集成开关

图 5-27：强电用电设备主要有照明灯具、电热水器、取暖器、消毒机、电冰箱、电视机、空调、电炊具等。

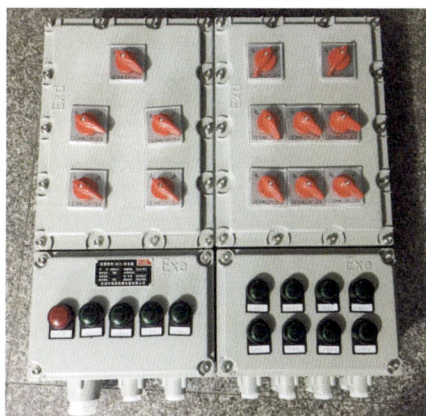

图 5-28：照明配电箱，它主要被应用于各类建筑中，如发电站、变电站、高层建筑、交通枢纽、仓储设施和医疗机构等，以支持建筑照明及小型动力控制电路的运行。这些配电箱所处理的交流单相电压为 220V，三相电压为 380V，它们均属于低压强电范畴。

弱电通常指的是电压等级在 36V 及以下的直流电或交流电，其特点包括电压低、电流小、功率相对较小等。弱电广泛应用于安防监控系统、自动报警及联动系统等智能化设备、电话、电视机等数字信号接收与传输设备，音响设备的信号输出线路等（图 5-29、图 5-30）。弱电功率是以 W（瓦）、mW（毫瓦）为单位计算，电压是以 V（伏）、mV（毫伏）为单位计算，电流是以 mA（毫安）、μA（微安）计算。

二、照明电路布置

深入理解照明供电设计的基本原则、供电回路的配置、空气开关的参数设置以及配电箱的结构等知识，对于提升照明设计的节能效果和环保性能至关重要。这些知识的应用能够显著提高照明系统的整体效能。

图 5-29　弱电应用

图 5-30　弱电设备内部

图 5-29：对于弱电系统而言，其核心功能是作为信息传输的介质，涉及直流电路以及音频、视频传输线路，包括网络和电话线路，且这些线路的直流电压一般不超过 36V。

图 5-30：弱电设备在安装时，要与强电设备分开，独立设计安装，避免相互干扰。

1. 照明电路设计要领

（1）在进行照明电路设计时，应将导线截面与长度因素综合分析，以确保每单相回路的电流不超过 16A。

（2）三相 380V 电压的线路，其分支长度不应超过 50m，而单相 220V 电压的线路分支长度则应控制在 100m 以内，以保障布线的稳定性。

（3）在安装高亮度气体放电灯或其他高温照明设备时，由于其启动时间较长且启动电流较大，单相回路电流上限设定为 30A，并配备带漏电保护的空气开关以增强安全性。

（4）单相回路上设置的插座数量应限制在 15 个以下，灯头和插座的总数不得超过 30 个。对于花灯、彩灯及多管荧光灯等，采用独立回路供电，以提高供电的可靠性和安全性。

（5）在应急照明与常规照明同时使用时，应急照明系统应配备独立的控制开关，且其电源设计应能实现自动切换至应急状态。

（6）配电箱及线路的负荷分配应追求均衡，以确保系统运行的高效性和稳定性（图 5-31）。

图 5-31：在照明电路设计中，配电箱的配置与安装环节占据着不可或缺的地位。在实施布线作业时，必须确保照明电路的连通性，避免出现任何中断。在安装过程完成后，进行通电测试是必不可少的步骤，旨在验证电路的完整性与安全性。为了确保电线的排列整洁有序，便于检查和维护，使用网孔底板作为安装基础是恰当的选择。这样可以使线路布局条理清晰，实现横平竖直的绑扎效果。

图 5-31　配电箱布置与检查

2. 照明电路设备

照明电路主要包括电能表、总空气开关、分支空气开关、导线、开关、插座、灯具等（图 5-32 ～图 5-40）。

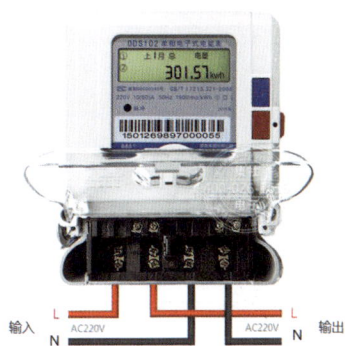

图 5-32　电子式单相电能表　　　图 5-33　三相总空气开关　　图 5-34　单相总空气开关

图 5-32：电能表的作用是对消耗的电能进行测量，以千瓦时为单位。目前市场上常见的电能表类型包括感应式机械电能表和电子式电能表。后者因其成本较低、操作灵活而广受欢迎，尤其在照明电路的电力计量中应用广泛。

图 5-33：三相总空气开关承载电流较大，多为 80 ～ 125A，同时接入并输出三根火线。

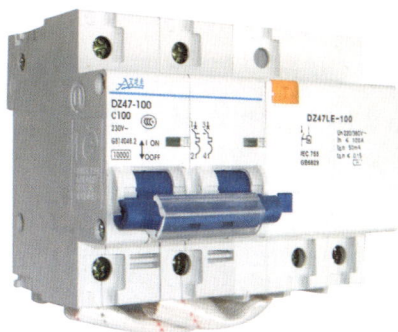

图 5-34：单相总空气开关承载电流适中，多为 40 ～ 100A，同时接入并输出火线与零线，并带有漏电保护装置。

火线输入端

弹簧断路器

手动开关

膨胀金属片

火线输出端

图 5-35　分支空气开关　　　　　　　　　　图 5-36　导线

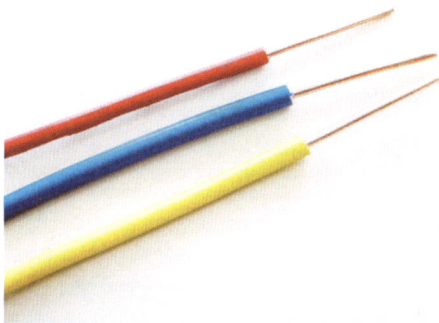

图 5-35：分支空气开关普遍采用对相线进行断路控制的机制。一旦回路中出现短路或其他异常导致电流剧增，相线内产生的高温将导致封装于开关内部的金属片发生热膨胀。该过程将热能转换为机械能，激活断路功能，确保使用电力的安全。

图 5-36：导线内部主要由铜芯构成，其中照明用导线的铜芯截面面积通常为 1.5mm² 或 2.5mm²。导线外表面的绝缘层颜色用以区分其功能，如红色、绿色及黄色通常用来标识三相火线，而单相火线专用红色绝缘层，蓝色绝缘层代表零线，黄绿相间的绝缘层则指示地线。白色和黑色绝缘层一般用于表示弱电或信号线。

图 5-37　灯具开关　　　　　　　　　　图 5-38　多功能插座

图 5-37：开关的设计旨在控制灯具回路的末端，实现对电路中火线的切断或连接，用户可以通过手动操作开关实现控制。

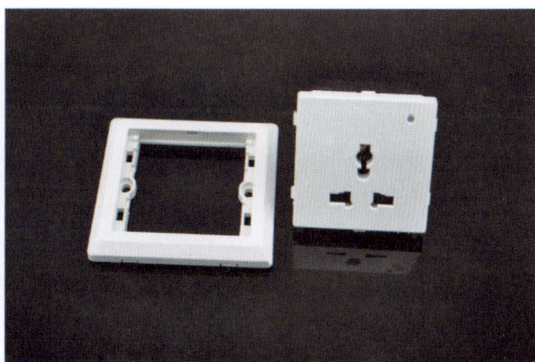

图 5-38：多功能插座，适合用于移动照明设备，例如立柱灯、装饰灯或台灯的电源连接。用户可以方便地拔除插头，从而使得插座能够迅速地供其他电器使用。

图 5-39　接线灯具

墙面电源插座

脚踩开关

图 5-40　插头式灯具

图 5-39：在照明设备的安装方式上，常见的有线缆固定的灯具，这些灯具一般被固定于天花板的表面或是嵌入到特定的结构内部，其控制主要是通过开关来实现。

图 5-40：插头式灯具具备移动性，通常作为空间装饰的一部分，可根据需要自由放置。它们通过插入电源插座来供电，并且通常带有独立的开关控制。

三、照明电路设计案例

居住空间照明电路的设计通常与居住空间装饰设计紧密结合，是整体装饰设计图中不可或缺的一环。以下将展示居住空间照明电路的设计方案，旨在具体阐述照明电路设计的步骤和方法。居住空间设计中大多将照明电路与房间一同划分，均衡到每个房间的照明用电功率基本接近（图 5-41～图 5-50）。

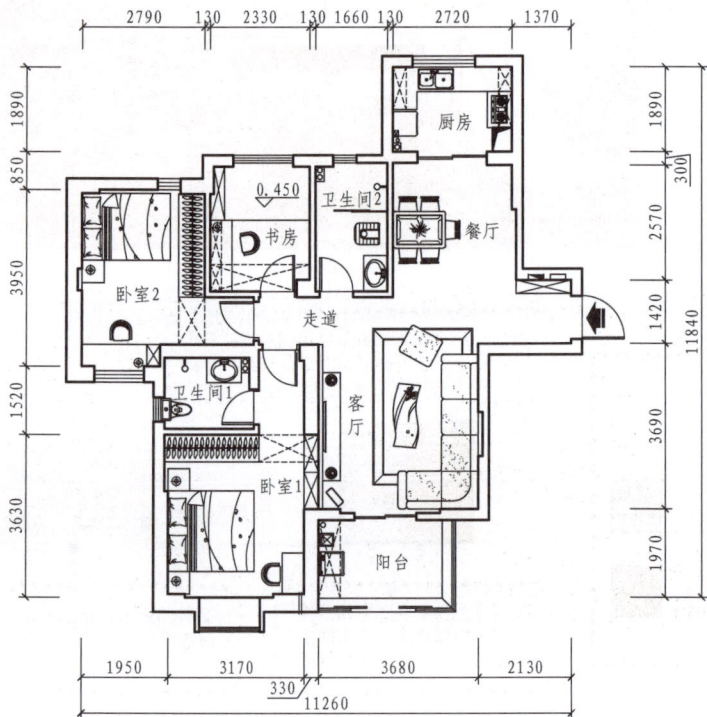

图 5-41：将居住空间视为一种普遍的建筑类型，其平面布置图彰显了设计者的设计理念，同时也反映了业主对空间布局的期望。在功能区域如客厅、餐厅、卫生间、厨房、阳台以及卧室被明确划分之后，才可着手布置照明灯具及电路系统。

图 5-41　平面布置图

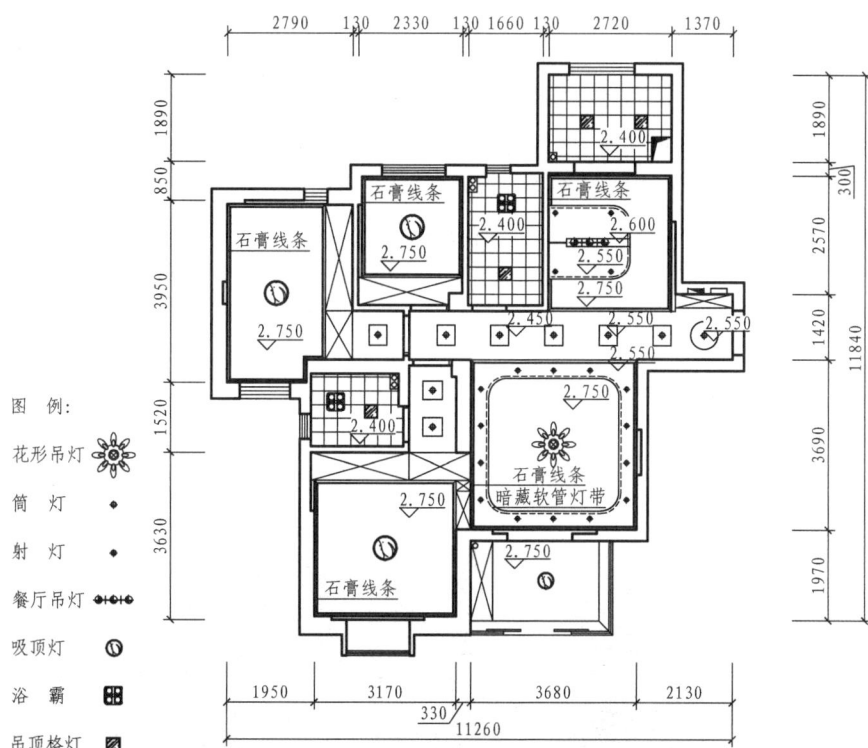

图 5-42：顶面布置图中详细设计了灯具布局，是照明电路设计的基础。

图例：

花形吊灯

筒　灯

射　灯

餐厅吊灯

吸顶灯

浴霸

吊顶格灯

图 5-42　顶面布置图

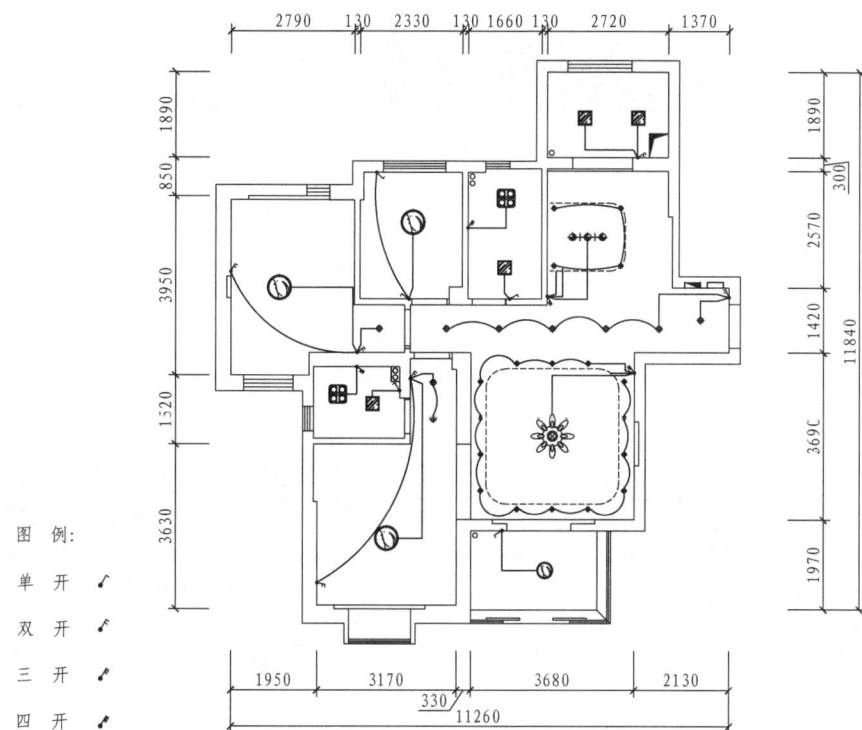

图 5-43：照明系统的安装涉及灯具与墙面的开关相连，这一过程中，须依据功能需要合理安排开关的位置。直线用于表示开关与灯具之间的连接线路，而弧线则用于表示灯具之间或是多控开关间的连接线路。

图例：

单　开

双　开

三　开

四　开

图 5-43　照明电路布置图

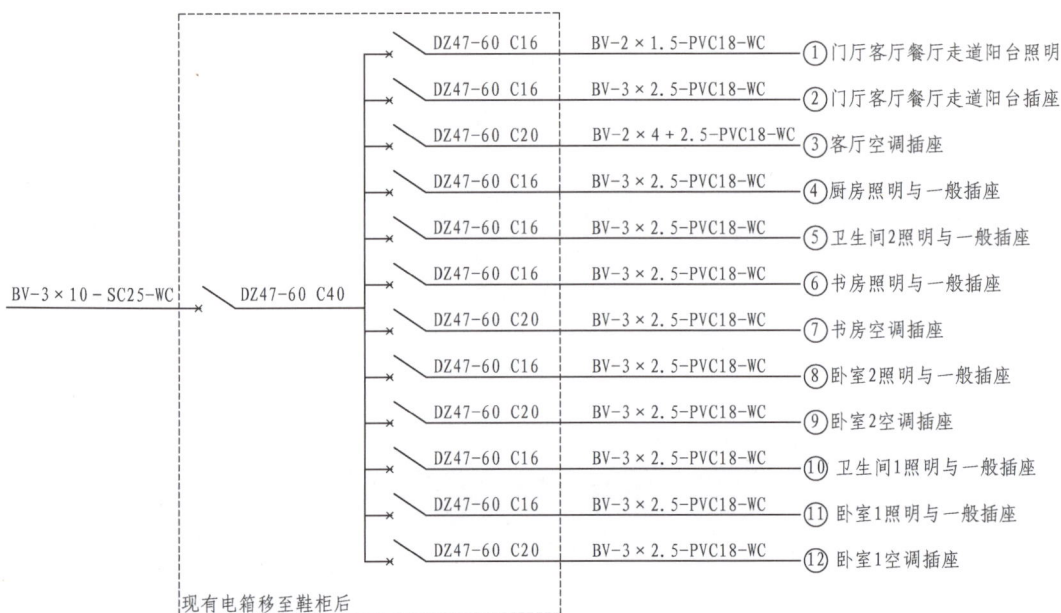

```
                                    ┌─── DZ47-60 C16 ──── BV-2×1.5-PVC18-WC ──── ① 门厅客厅餐厅走道阳台照明
                                    ├─── DZ47-60 C16 ──── BV-3×2.5-PVC18-WC ──── ② 门厅客厅餐厅走道阳台插座
                                    ├─── DZ47-60 C20 ──── BV-2×4＋2.5-PVC18-WC ─ ③ 客厅空调插座
                                    ├─── DZ47-60 C16 ──── BV-3×2.5-PVC18-WC ──── ④ 厨房照明与一般插座
                                    ├─── DZ47-60 C16 ──── BV-3×2.5-PVC18-WC ──── ⑤ 卫生间2照明与一般插座
  BV-3×10-SC25-WC ─── DZ47-60 C40 ──┼─── DZ47-60 C16 ──── BV-3×2.5-PVC18-WC ──── ⑥ 书房照明与一般插座
                                    ├─── DZ47-60 C20 ──── BV-3×2.5-PVC18-WC ──── ⑦ 书房空调插座
                                    ├─── DZ47-60 C16 ──── BV-3×2.5-PVC18-WC ──── ⑧ 卧室2照明与一般插座
                                    ├─── DZ47-60 C20 ──── BV-3×2.5-PVC18-WC ──── ⑨ 卧室2空调插座
                                    ├─── DZ47-60 C16 ──── BV-3×2.5-PVC18-WC ──── ⑩ 卫生间1照明与一般插座
                                    ├─── DZ47-60 C16 ──── BV-3×2.5-PVC18-WC ──── ⑪ 卧室1照明与一般插座
                                    └─── DZ47-60 C20 ──── BV-3×2.5-PVC18-WC ──── ⑫ 卧室1空调插座

                         现有电箱移至鞋柜后
```

图 5-44　电路系统图

图 5-44：对于引入室内的电线，BV-3×10 这一标识表示的是 3 根 10mm² 的铜芯电源线，它们分别代表火线、零线和地线。SC25-WC 则指这些电线需穿入直径为 25mm 的镀锌钢管中，并将这些管道暗埋于墙体之内。至于 DZ47-60 C40，这一标识指的是所使用的空气开关型号，其最大承载电流为 40A。而 DZ47-60 C16/C20 则表示后续分支的空气开关型号，其最大承载电流分别为 16A 和 20A。BV-2×1.5 代表分支回路的电线，由 2 根截面面积 1.5mm² 的铜芯电源线组成，分别作为火线和零线。PVC18-WC 指的是这些分支回路电线需穿入直径为 18mm 的 PVC 管中，这些管道同样暗埋于墙体之内，以便将电线引至居住空间各个位置。最后，带圈号用于标识电路回路的流水编号，紧随其后的文字则标注了电线的使用位置。

图 5-45　客厅背景墙照明

图 5-46　客厅顶面照明

图 5-47　餐厅照明

图 5-45：客厅背景墙采用 3000K 软管灯带（12W/m），环绕墙体造型。

图 5-46：吊顶周边采用 5000K 筒灯（3W/ 个），吊顶内部暗藏 3500K 软管灯带（12W/m），主吊灯采用 5000K 的 LED 灯泡（21W/ 个），形成多级照明效果。

图 5-47：餐厅周边采用 5000K 筒灯（3W/ 个），主吊灯采用 4000K 的 LED 灯泡（18W/ 个）。

图 5-48　门厅走道照明

图 5-49　卧室顶面照明

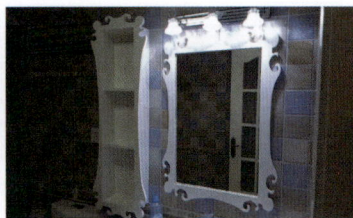

图 5-50　卫生间镜前灯照明

图 5-48：门厅走道采用 5000K 筒灯（3W/ 个）照明。

图 5-49：主吊灯采用 3500K 的 LED 灯泡（12W/ 个），搭配可变色温的床头灯（12W/ 个）。

图 5-50：卫生间镜前采用 5000K 镜前灯（9W/ 个）照明。

第三节 照明量化计算

一、照明量数据化

在工作面高度及水平方向上，照明量的衡量标准通常为照度水平。然而，在特定的场所，如艺术馆或画廊，照明量的定义则转向垂直面上的光照强度。由此，不同用途的空间对于照明量的量化标准存在显著差异。

1. 光通量与灯具

为了营造具有独特视觉效果的照明场景，选择适宜的光通量至关重要。照明设计的核心在于灯具的运用，而实现预期照明效果的前提，是对灯具光通量特性的深入理解。光通量的计量单位是流明（lm）。灯具的功率差异会导致光通量的相应变化，进而影响照明方式的选择（表5-3）。

表 5-3　常见灯具参考光通量

灯的种类	光通量 /lm	灯的种类	光通量 /lm
60W 标准白炽灯	900	5W 射灯	250 ～ 300
18W 荧光灯	1350	9W 射灯	450 ～ 720
36W 荧光灯	2600	15W 射灯	750 ～ 900
100W 高压钠灯	9500	1500W 卤素灯	165000
100W 卤素灯	8500	90W 节能灯	5000

2. 照明功率密度

照明功率密度是指在达到规定的照度值情况下，每平方米所需要的照明灯具的功率。

照明功率的计算方法如下：

灯具的照明功率（W）＝房间面积（m^2）× 照明功率密度（W/m^2）

在考虑照明效能时，设计师需关注多个变量，这些因素综合作用于最终的照明成效。例如，某些照明技术仅在特定条件下效果显著，如在墙面为白色或浅色系列，且房间内窗户数量适宜的一般空间的条件下。若空间墙面颜色偏暗或空间结构独特，继续使用这类照明技术可能会造成不良后果。

高效灯，可使照明功率密度降低。在无法满足既定的功率密度限制时，可采取一些措施进行优化，例如降低光照强度。具体而言，通道及非工作区的照度可降至工作区照度的30%；而装饰性灯具的照明功率密度值则可按照其额定功率的50%来计算。此外，通过合理降低灯具的安装高度，也能有效提升照明效能。

3. 空间类型与照度

空间照度是指空间内光照的强度，即单位面积上接收到的光通量，其用途主要是衡量照明的强度以及物体表面被照亮的程度（表5-4）。在照明设备的使用过程中，随着时间的推移，光源的发光效率逐渐衰减，表现为光输出的减弱，这一现象被称作光衰。

表 5-4　居住空间的照度参考值

大空间	小空间	图例	主要照明区域	照度 /lx
居住空间	玄关		镜子	500～750
			装饰柜	200～300
			其他活动区域	100～150
	客厅		桌面、沙发	200～300
			其他活动区域	50～75
	书房		书桌	600～800
			其他活动区域	80～100
	厨房、餐厅		餐桌、台柜、水洗槽	300～500
			其他活动区域	100～150
	卧室		书桌、梳妆台	500～750
			其他活动区域	30～40
			深夜活动区域	1～2
	儿童房		书桌	500～800
			游玩区域	200～300
			其他活动区域	100～150
	卫生间		白天活动区域	100～150
			深夜活动区域	2～3

大空间	小空间	图例	主要照明区域	照度 /lx
居住空间	走廊、楼梯		白天活动区域	50～80
			深夜活动区域	3～5
	车库		清洁、检查区域	300～400
			其他活动区域	50～80

二、照明量计算方法

照度作为一种衡量照明效果及其对物体表面照明影响的指标，其度量单位是 lx，即勒克斯。在对居住空间环境进行照明设计时，设计者通常会依据灯具的功率来挑选合适的灯具种类及其安装数量，而灯具功率的单位为 W，即瓦特。

目前居住空间的主流照明设备是 LED 光源，其照度与照明功耗成正比，且非常稳定，照度和功率密度之间可以进行互换，这一特性使得在计算所需灯具数量时更为便捷。

例如，居住空间室内层高净空为 2800mm 以下，照度一般可换算为 6～14W/m²。具体计算分配如下：

（1）外部阳台为 6～8W/m²。

（2）卫生间、玄关走道等为 8～10W/m²。

（3）卧室、书房为 10～12W/m²。

（4）餐厅、客厅为 12～14W/m²。

（5）厨房为 14W/m²。

在进行餐厅与书房的照明设计计算时，其实际功率与理论预期之间的差距微乎其微，误差在可接受的 ±20% 范围内（图 5-51、图 5-52）。

落地灯1件：1只灯头×25W/只=25W

筒灯5件：5件×12W/件=60W

软管灯带1条：7m×8W/m=56W

主灯1件：10只灯头×18W/只=180W
实际功率为：321W

餐厅面积为：5.6m×4.8m≈27m²
理论功率为：27m²×12W/m²=324W
实际功率321W≈理论功率324W

图 5-51　餐厅照明

(a) 书房全貌

双联筒灯3件：3件×24W/件=72W

台灯1件：1只灯头×25W/只=25W

筒灯2件：2件×12W/件=24W

实际功率为：121W

书房面积约为：3m×4m=12m²

理论功率为：12m²×10W/m²=120W

实际功率121W≈理论功率120W

(b) 书房局部

图 5-52　书房照明

第四节　照明设计

一、照明方式类型

1. 直接照明

直接照明将 90% ～ 100% 的光线直接投射至照射面，形成强烈的明暗对比，营造出生动的光影效果。这种照明方式有助于突出照射面在居住空间中的重要性，但需注意避免产生不舒适的眩光（图 5-53）。

2. 半直接照明

半透明材质的灯罩围绕光源设置，构成了所谓的半直接照明系统。在此系统中，大部分（60% ～ 90%）的光线直接聚焦于照射区域，而其余（10% ～ 40%）则通过半透明灯罩发生漫射，并向空间上方散布。这种照明方式产生的光线较为温和，常被应用于层高受限的空间环境中。其优势在于，通过漫射光对顶面的照亮，可以在视觉上提升空间的高度感，营造出更为宽敞的空间效果（图 5-54）。

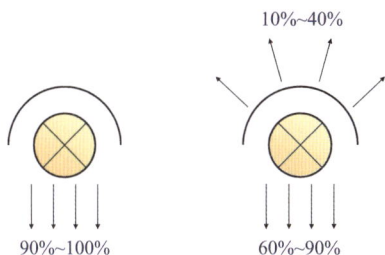

图 5-53：直接照明是指 90% ~ 100% 的光线到达照射面上，光照强度高，照明效果好。

图 5-54：半直接照明方式是将 60% ~ 90% 的光线直接投射至照明区域，而剩余的 10% ~ 40% 则通过半透明的灯具罩进行散射，朝上方释放。此类照明模式因其较高的亮度及装饰性，使得灯具的设计具有较大的灵活性。

图 5-53　直接照明　图 5-54　半直接照明

3. 间接照明

间接照明技术是通过将光源进行遮蔽，进而产生柔和的间接光线。该照明方法主要采用两种策略：可使用不透明灯罩覆盖灯具底部，使得光线向上投射至天花板或其他表面，进而形成间接光；灯具可置于灯槽内部，通过天花板反射光线以营造间接光环境（图 5-55）。

4. 半间接照明

半间接照明是通过在光源旁边安装半透明灯罩来实现。这种设计可以营造出独特的照明效果，尤其适用于低矮空间，能够营造出房间高度增加的错觉，并且在小空间如门厅和过道中效果显著（图 5-56）。

5. 漫射照明

漫射照明通过灯具的折射作用来有效控制眩光，其中 40% ~ 60% 的光线直接照射在目标物体上，剩余光线经过漫射处理后再作用于物体，形成均匀柔和的光线扩散效果。漫射照明可分为两种主要类型：一种是通过灯罩上口射出的光线经平顶反射，两侧通过半透明灯罩以及下部通过格栅进行光线的扩散；另一种则是将光源完全封闭于半透明灯罩内，以此产生漫射效果（图 5-57）。

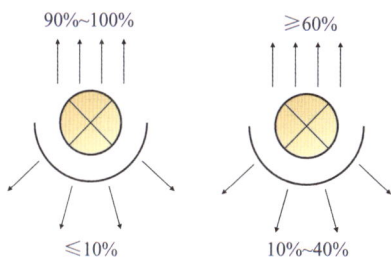

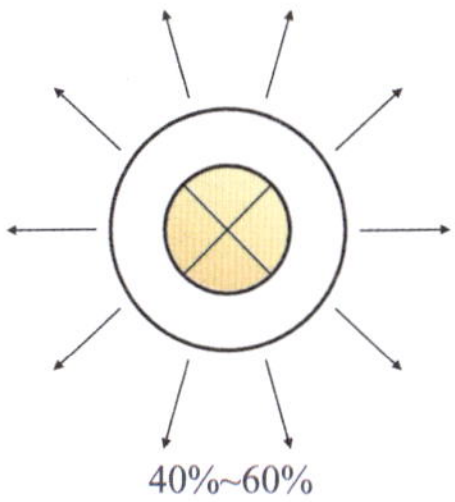

图 5-55：在间接照明中，90% ~ 100% 的光线通过天花板反射，而不超过 10% 的光线直接照射目标表面，这种设计使得光照相对较弱，但装饰效果显著，且照明整体性较高，灯具形态亦具有多样性。

图 5-56：半间接照明多指 60% 以上的光线射向顶面，10% ~ 40% 部分光线经灯罩向下扩散，光照较弱。

图 5-57：漫射照明是指 40% ~ 60% 的光线直接投射在被照明物体上，照明效果较弱，具有较强的装饰效果，照明的整体性较好。

图 5-55　间接照明　图 5-56　半间接照明　图 5-57　漫射照明

> **小贴士**
>
> **多种照明形式**
>
> 照明设计应选择合适的灯具类型和照明方式。例如，单点壁灯或管状壁灯可设计为向上投射，以实现间接照明的效果。此外，灯具的放置位置亦可根据需求调整，如将灯具置于地面或设计光源自下而上照射，以实现空间的整体照亮，同时需注意避免造成眩光。利用绿植进行适度的遮挡也是一种有效手段。此外，落地灯因其设计灵活性高，不受空间限制，可适应多种应用场景。

二、直接照明与间接照明设计

1. 直接照明的视觉感

以恰当的方式布置直接照明，可以构建出更具吸引力的照明氛围。相较于间接照明，直接照明的方法相对简单，常用的照明设备包括射灯、筒灯等直射型照明设备。直接照明通常不单独使用，并且并非所有空间都适合采用这种照明方式（图5-58、图5-59）。

图 5-58　控制好光线照射方向

图 5-59　注意灯具安装高度

图5-58：由于光线沿直线传播，不当使用直接照明可能导致眩光，对人眼造成影响。另外，光线照射到物体时会产生阴影，在采用直接照明时，需仔细控制光线的投射方向。

图5-59：在设计过程中，可以通过调节灯具的安装高度来优化照明效果。使用吊灯作为直接照明设备时，应注意其安装高度不宜过低，防止形成重影。

2. 间接照明的视觉感

间接照明技术，作为一种将直射光转化为柔和扩散光的光衰减手段，其设计理念应着重于空间统一性的维护，同时需警惕眩光的产生。此外，间接照明在应用时也应关注节能与光能利用效率的提升。

该照明模式，作为一种创新的照明手法，不仅能够通过增强照明设计中的视觉元素，营造出多样化的氛围与情调，而且能够与空间的形态与色彩有机融合，实现独特的艺术效果。然而，尽管间接照明能够创造出温馨的光环境，其能源消耗问题亦不容忽视。由于依赖反射光线实现照明效果，间接照明往往消耗较多的光能，需与其他照明方式搭配使用，以满足设计需求（图5-60、图5-61）。

图 5-60　间接照明灯具

图 5-61　间接照明用于墙角

图5-60：在选择间接照明灯具时，应优先考虑光能利用效率高、耐用性强、安全性高且外观美观的灯具。同时，配电器材与节能调光控制设备也应具备高传输率、长使用寿命、低电能损耗以及安全可靠的特点。

图5-61：间接照明亦适用于墙角照明，借助墙面的反射作用，光线得以均匀地散布至空间各个角落。这种方法不仅为装饰画提供辅助照明，还能增添空间的神秘感。

三、无主灯照明设计

单一居住功能空间的照明设计，常采用中央灯具如吸顶灯或吊灯作为空间照明的核心。这些大型灯具一般被置于空间的正中心。然而，此类布置模式往往带来诸多问题，诸如照明效果的过分集中、对高度空间的占用、灯具成本高昂及清洁保养的不便，这些都可能对装饰效果造成不良影响（图5-62、图5-63）。

图5-62　客厅主灯照明

图5-63　卧室主灯照明

图5-62：客厅主灯通常是吊灯的形式，悬挂于中央位置，其光照具有集中性。为了提高空间的整体照度，常常在吊顶附近增设筒灯或射灯，以补充周边区域照明的不足。

图5-63：如果卧室主灯为吊灯，多会因为吊灯的大小或位置不同而改变床的位置。

随着现代居住空间面积的扩大，主灯的照明范围变得相对有限。在开放式的客餐厅中，可能需要安装2～3个主灯，这往往导致空间缺乏层次感，显得单调而缺乏主次之分。鉴于此，不少设计师开始尝试摒弃传统的主灯设计，转而引入大型公共空间中的灯光设计理念，以消除主灯，从而提升照明效果和视觉美感（图5-64）。

图5-64：客餐厅空间连体规划时面积通常较为宽敞，辅以开放式厨房的设计，营造了一种无边界感的空间体验。在此背景下，不再用主灯的设计与安装来明确界定空间界限。相反，设计师倾向于广泛采用筒灯，依据不同功能区域的具体要求进行配置。这种布局策略确保了筒灯照明的均匀分布，从而实现对整个空间的均匀照明效果。

图5-64　客餐厅无主灯照明

1. 无主灯照明概念

无主灯照明概念主要集中在两方面：

（1）弱化空间中单件灯具的形体与照明功能，由单件灯具扩展为多件灯具，形成多向照明（图5-65）。

（2）对空间中需要照明的部位进行独立照明，形成分散照明（图5-66）。

无主灯照明 = 多向照明＋分散照明。

图 5-65　多向照明

图 5-66　分散照明

图 5-65：顶面筒灯因其体积小巧，隐蔽安装在吊顶之中，在视觉上几乎不被察觉。而餐桌正上方的吊灯，虽然悬挑高度较低，但其构造以框架为主，使得整体视觉效果并不突出，从而营造出一种无主灯的设计风格。

图 5-66：在客厅的不同墙面位置安装发光装置，从而实现从侧面照亮整个空间的照明效果。在这一设计中，落地灯成为主要的照明工具，其光线被散射，主要满足如沙发座席区等特定区域的照明需求，而非整个客厅的均匀照明。

2. 无主灯照明优势

无主灯照明具有以下优势。

（1）个性照明。通过打造多元化的照明层次，以适应不同环境下的照明需求。设计师通过简化灯具造型，减少主灯的视觉比重，进而提升照明的审美识别度。

（2）节能省电。LED 光源的引入，不仅保证了高效率的照明，还可以在低电压条件下运行，显著增强了节能效果。与传统高电压系统相比，低电压操作在提高安全性的同时，也降低了能源消耗。

（3）保护视力。LED 光源经过分散处理后，能够有效避免刺眼和眩光，对保护用户视力起到关键作用。

（4）自由搭配。灯具的模块化与磁吸轨道设计，使得用户可以根据需求自由搭配和调整灯具（图 5-67）。

(a) 客厅

(b) 客厅与餐厅

(c) 主卧室

(d) 次卧室

图 5-67　无主灯照明设计方案

图 5-67（a）：对空间顶面进行全局吊顶设计，采用双联组筒灯、独立射灯、灯带组合照明。

图 5-67（b）：照明部位主要集中在人长期停留的位置，局部照度略高，形成明暗对比层次感。

图 5-67（c）：卧室顶面采用低功率灯具，搭配台灯，避开床头，避免产生眩光。

图 5-67（d）：除了照明衣柜，还搭配装饰吊灯以衬托空间艺术氛围。

课后练习

1. 举例说明居住空间中对照明显色性的需求。

2. 请举例说明 LED 灯的光源特性。

3. 我国民用电压有哪些类型？

4. 灯具照明功率如何计算？

5. 居住空间中书房的照度值是多少？

6. 自主设计书房照明，并计算照度值。

7. 收集市场上不同的灯具产品，并分析品牌特点。

8. 自主设计无主灯客餐厅空间照明，并制作照明灯具统计表格。

9. 实地考察当地传统名人故居，观察居住空间的采光照明设计，并分析采光照明对个人成长的重要性。

第六章

风格设计

识读难度：★★★★☆

重点概念：古典风格、现代风格、乡村田园风格、家具搭配

章节导读：设计风格不仅决定了居住空间的格调，还影响了色彩搭配与家具配饰的选择。尤其是对于小型居住空间，恰当的装修风格显得尤为重要，它不仅能够展现居住者的品位修养，还能巧妙地掩盖空间上的缺陷。通过精心的设计，即便是空间有限的小户型也能转化为一个充满个性气息的居住环境。在现代居住空间风格设计中，融合社会主义核心价值观，创造出能有所突出的风格元素，对于提升人民幸福感具有重要意义（图6-1）。

图6-1：棕色系的家具保留了原始的纯天然材质本来的颜色，不加任何多余修饰的造型，呈现了材质的原始木纹，弥补了空间中自然气息的不足。

图6-1 波希米亚风格

第一节 风格设计基础

居住空间风格设计包含了对空间架构、家具的选型、色彩的搭配以及装饰细节的全面考量（图6-2）。设计风格的生成并非偶然，而是受到一系列内在和外在因素的深刻影响，诸如民族特性、地域差异、生活习惯、历史背景、文化趋势和社会制度等要素，均对风格的形成具

(a) 背景装饰墙设计

(b) 客厅设计

图6-2 居住空间风格设计

图6-2（a）：具有传统风俗图案的墙面砖、曲线流畅的圆弧形拱门，以及富含文化特色的装饰物，均被巧妙运用。采用原始且自然的吊顶设计，营造出一种独特的浪漫主义氛围。

图6-2（b）：不规则的木线条展现出抽象艺术风格，与纯白墙面形成鲜明对比，简洁中流露出非凡的艺术韵味。

有决定性的作用。随着时间的推移，风格经历了创作的持续演变，从而展现出多种不同的外在形态。虽然这些形态构成了风格的外在表现，但风格本身所蕴含的深层意义和文化艺术特质，才是其核心价值所在。

第二节　古典风格

古典风格的居住空间以其独特的美学魅力和深厚的文化底蕴，成为许多设计师和居住者的理想选择。古典风格的空间不仅承载着历史的痕迹，更在现代生活中焕发出新的生机与活力。

一、中式古典风格

中式古典风格居住空间以其独特的魅力，吸引了无数人的目光。它融合了传统审美、哲学思想和人文情怀，展现出一种静谧、和谐、雅致的生活氛围。如今，越来越多的人追求这种古典韵味，希望将中式古典风格融入现代居住空间，体验一种别样的生活品质。

中式古典风格善于运用黑、白、灰等低调内敛的色调，并用红、绿等鲜艳的颜色进行点缀，形成鲜明对比，营造宁静、舒适的居住氛围。由于其强调自然、古朴的质感，所以常用木材、石材、竹材等材质。家具设计以明清家具为代表，注重线条流畅、造型简约，家具表面雕刻精美的图案，体现浓厚的传统文化底蕴。装饰品的选择常用瓷器、书画、雕塑等，这些装饰品既展现了主人的品位，也增添了空间的韵味（图6-3）。

(a) 客厅设计

(b) 书房设计

图6-3（a）：中式古典风格以木材作为主要的建筑材料。

图6-3（b）：中式古典风格强调构架的准则，注重水平方向的布局设计，通过装饰构件对空间进行分隔与融合。

图6-3　中式古典风格家居

二、新中式风格

新中式风格不仅保留了中式家居的传统韵味，同时兼顾现代人居住的生活特性，实现了古典与现代的和谐交融，展现了一种传统与时尚并存的居住美学（图6-4、图6-5）。

新中式风格在空间布局上，注重层次感的营造。它依据居住者的数量及私密性的需求，打造出功能性的空间层次。在需要视线隔离的区域，运用中式的屏风、窗棂、木门等工艺隔断，以及简约化的中式"博古架"等元素，展现中式家居独特的层次之美。此外，该风格在

图 6-4　新中式风格元素

图 6-5　色彩搭配

图 6-4：融合中国传统元素与对称图案的屏风设计，结合现代简约风格的浅色调墙面和中式深色家具，形成新中式风格。

图 6-5：以中国红为基调的背景墙，搭配富有中国特色的装饰图案，与广阔的透明玻璃隔断、简约的白色家具及地毯相映成趣。

简约造型的基调上，融入中式元素，使得空间更为丰富，宽敞而不空旷，厚重而不笨重，既有格调又不压抑。新中式风格倾向于使用简洁、硬朗的直线条，甚至将板式家具与中式风格家具相结合。这种直线装饰的运用，不仅体现了现代人追求简单生活的居住理念，也符合中式家居追求内敛、质朴的设计风格，使得新中式风格更具实用性，更富有现代感（图 6-6 ～图 6-8）。

图 6-6　屏风设计

图 6-7　客厅设计

图 6-8　茶桌设计

图 6-6：我国南方地区，如广东、福建等地，以木质格栅为特色的屏风设计，成为新中式风格在现代居住空间设计中的一个流行选择。

图 6-7：借鉴我国古典园林的造景技巧，室内设计中采用开设窗户的方式，将自然景观引入室内空间，这一手法使得室内与室外环境相得益彰，让人们在室内即可享受大自然的宁静与和谐。

图 6-8：藤制座椅的舒适感和博古架所散发的古旧韵味形成和谐意境，再配以楠木桌面及古书籍等装饰物品，增添了空间的文化底蕴。

1. 饰品

中国传统室内布局广泛运用对称的布局模式。此类布局风格既显现了高贵的气质，亦呈现出简约而不失优雅的造型，其配色浓郁且显得成熟，以黑色和红色作为主要的色彩基调。家居中的传统陈设物品，诸如书法画作、悬挂式屏风、盆栽、陶瓷工艺品、古董以及博古架等，均旨在营造一种注重修身养性的居住氛围。中国传统室内装饰艺术的独特性不仅体现在其整体的均衡与对称上，而且在装饰的细节之处亦流露出对自然的崇尚，如运用花鸟、鱼虫等元素进行精致的雕刻与装饰（图 6-9 ～图 6-11）。

2. 家具搭配

新中式风格室内设计中的家具搭配往往融合了传统与现代元素，尤其是将古典家具与现代家具相融合，创造出一种独特的审美体验。以明清时期的家具为典型代表，中国古典家具在新中式风格中的运用，主要倾向于线条流畅、造型简约的明式家具。家具种类包括桌、椅、案、床及屏风等，每一件都是家居环境中不可或缺的组成部分。尽管它们仅是空间中的细节元素，却能够在任何位置都彰显出空间的独特气质（图 6-12 ～图 6-14）。

图 6-9　中式背景墙　　　　　图 6-10　新中式风格元素　　　　图 6-11　餐厅设计

图 6-9：在该布局中，典型的花鸟图案与具有岁月痕迹的仿古瓷砖相映成趣，共同构筑出一幅既对比鲜明又和谐统一的背景墙。

图 6-10：该背景墙的角落设置博古架，其设计巧妙融合了檀木的古典韵味与钛合金边框及磨砂玻璃柜门的现代审美。

图 6-11：在现代感强烈的西式餐桌与餐具的烘托下，精致的仿古雕花瓷器显得尤为引人注目，其在空间中发挥着点缀的作用。

图 6-12　卧室设计　　　　　　图 6-13　中式家具　　　　　　图 6-14　空间装饰

图 6-12：床头背景墙采用我国古代家具中常用的黄花梨木制作，搭配金属射灯照明，床上具有民族风格的床品与之呼应。

图 6-13：室内设计中的沙发背景墙及家具，展现了明式家具线条挺拔而不失柔和、优雅而不显单调的特点。整个空间色调以鲜明的黑灰为基础，强调了新中式风格的沉稳与内敛。

图 6-14：空间的顶部装饰，如毛毡的立体造型，以及地面铺设的具有民族特色图案的地毯，再到门窗的形态和室内各式小饰品，均显现出新中式风格的独有魅力。

小贴士

古典装饰

为迅速融入中式传统韵味，设计师可选择性地引入具有古典特色的装饰元素。诸如蝙蝠、鹿、鱼、鹊等图案，以及梅花的造型，均为常见的装饰手法。这些图案不仅美观，还隐喻着植物的特定生态特质，象征着人类高尚的道德情操与行为规范，如梅、兰、竹、菊等植物的象征意义。

三、欧式古典风格

在打造欧式古典风格的空间前，首先要确定空间的布局。合理划分各功能区域，使空间更加宽敞、明亮。客厅、卧室、餐厅等区域可根据实际需求进行布局，同时保持整体的和谐统一。

家具是欧式古典风格的关键元素。可选择古典风格的家具，如雕花沙发、古典床、雕花餐桌等，这些家具既具有实用性，又充满艺术气息。同时，家具的色彩、材质和尺寸要符合空间的整体风格。墙面可选用石膏线、壁纸、壁布等材料进行装饰。石膏线具有立体感，可增加墙面的层次感；壁纸、壁布则可展现丰富的图案和色彩，为空间增添浪漫氛围。

在色彩搭配上，可选择金色、银色、暗红色等古典色彩。金色和银色可展现空间的奢华感，暗红色则具有温馨、舒适的氛围。同时，可适当运用白色、米色等淡雅的色彩，以平衡整体的视觉效果。软装是欧式古典风格的重要组成部分，窗帘、地毯、挂画等元素既要符合空间的风格，又要注重色彩的搭配。例如，窗帘可选择金色、暗红色等色彩，与家具、墙面相呼应；地毯则可选用古典图案，为空间增添层次感。灯光设计在欧式古典风格中具有重要地位。可选用古典吊灯、壁灯等，以营造浪漫、温馨的氛围。同时，灯光的亮度要适中，避免过于刺眼（图6-15）。

图6-15（a）：以金色作为主基调，辅助以银色，展现了空间的奢华感。

图6-15（b）：古典的吊灯、壁灯与软包背景墙造型，给整个空间增添了一丝神秘感。

(a) 餐厅　　　　　　　　　　　　　　　　(b) 客厅

图6-15　欧式古典风格

　　欧洲古典文化在建筑与家具设计中达到极致的体现，非法式风格莫属。该风格追求与自然的和谐相融，并不拘泥于空间尺寸，而是通过色彩的搭配与内在精神的高度统一，营造出一种无边界的开放感（图6-16）。

(a) 软装装饰　　　　　　　　　　　　　　　(b) 客厅设计

图6-16　法式风格家居

图6-16（a）：法式风格作为法国审美观念的延伸，软装装饰深刻展现了该风格对于美的不懈追求。

图6-16（b）：客厅整体效果色彩丰富，运用金色提升对比，具有浪漫主义、高贵气质以及优雅风范。

　　法式风格常采用洗白的处理与华丽的配色，洗白手法传达出法式特有的内敛特质与风情韵味，配色以白、金、深色的木色为主调。选用结构粗厚的木制家具，例如，圆形的鼓型边桌、大肚斗柜，搭配古典的细节镶饰，呈现一种宫廷贵族般的品位，富含艺术与文化气息（图6-17、图6-18）。

(a) 床头柜   (b) 卧室家具

图 6-17　法式风格的家具

图 6-17（a）：法式床头背景墙与床头柜特意采用了华丽装饰造型，以增强细节的装饰美感。

图 6-17（b）：家具与陈设广泛运用了精细的镶嵌技术、黄金镀层以及光泽感强的漆艺，从而形成了一种独特的装饰风格。

(a) 客厅配色   (b) 卧室配色

图 6-18　法式风格用色

图 6-18（a）：色彩在素雅的基调中温和跳动，渲染出一种柔和、高雅的气质。

图 6-18（b）：卧室用色不宜过多，通过低纯度软装配色来把握色彩的敏感度。

第三节　现代风格

一、极简风格

极简风格是比较流行的一种风格，追求时尚与潮流，非常注重居住空间的布局与使用功能的完美结合。它具备以下三个空间特点。

1. 色彩跳跃

在现代家居设计中，色彩的大胆运用是打造室内空间感的关键手段。高饱和度的色彩在空间中的广泛应用，不仅体现了极简风格的典型特征，同时也展现了居住者独特的个性魅力（图 6-19）。

2. 简洁实用

极简风格以线条简洁、装饰简约著称，故家具布置时需辅以恰当的软装饰以彰显其美学特质。比如，沙发的舒适度依赖于靠垫的搭配，餐桌的雅致得益于桌布的衬托，而床铺的温馨则需要床单的细腻搭配。软装的恰到好处是极简风格美感的关键所在。

在现代室内设计中，简约的装饰风格并非取决于元素的多寡，而是依托于色彩搭配的精妙。色彩过于复杂易引发视觉上的杂乱感，因此现代设计理念倡导使用清新的色调，以简约之姿达到审美上的丰富（图 6-20）。

| (a) 几何形元素的运用 | (b) 铝合金与钢材的使用 |

图 6-19　色彩跳跃的极简风格家居

图 6-19（a）：将具有多功能性的组合柜作为沙发背景，融入几何形状的元素，均为现代家具设计中的常见修饰手法。

图 6-19（b）：铝合金与钢材共同营造出一种充满时代感、摒弃束缚的室内环境，而简约风格的饰品则因其明快的色调为空间注入了额外的时尚感。

| (a) 流畅的空间组织 | (b) 多功能的墙壁与纯净的色调 |

图 6-20　简约的极简风格家居

图 6-20（a）：简约线条的沙发、茶几、电视柜等家具，经过简洁的组合搭配后形成流畅的空间组织。

图 6-20（b）：在纯净色调的背景下，可以采用嵌入式设计，使储物空间与墙壁融为一体，既美观又实用。在客厅中设置白色储物墙壁，可以存放书籍、装饰品等物品，使空间更加整洁。

3. 功能灵活

追求灵活性是现代设计空间布局的核心。空间由功能关联而非房间组合所界定，空间划分不再局限于实体的墙体界限，而是注重于会客、餐饮、学习、休息等不同功能空间的逻辑性（图 6-21）。

二、简约风格

1. 简约不等于简单

简约风格设计旨在使空间显得更为开阔与雅致。简约并非等同于简单，它要求在减少装饰元素的同时，对颜色搭配（图 6-22）、空间布局以及材料选用投入更多精力。此风格强调的是一种经过深思熟虑的简洁与品位，设计细节的精确处理至关重要，每个局部装饰都需经过精心考量。在施工方面，对精细工艺的追求是简约风格难以轻易实现的目标。

(a) 通过多种手法分隔会客区与餐饮区

(b) 通过地毯划分空间

图 6-21（a）：通过家具布置、吊顶设计、地面材料的选择，以及光线效果的变化，将空间功能进行划分，展现出随时间变化而调整的灵活性、兼容性与流动性。

图 6-21（b）：客厅与餐厅相连的场所，通过铺设不同材质或颜色的地毯，来明确界定两个空间的功能。这样的设计既美观又实用，使居住者在不同空间中能够感受到明显的功能分区。

图 6-21　空间的灵活划分

(a) 黑白灰搭配

(b) 木色搭配

图 6-22（a）：以自然色调、黑白灰系列或高明度单色作为设计基调。家具的选材与配色应优先考虑同色系或邻近色系的搭配，以此营造出和谐统一的美感。

图 6-22（b）：木纹辅助衬托黑白灰，可以进一步提升空间的视觉鲜明度。

图 6-22　简约风格色彩应用

2. 简约风格设计手法

在设计理念中，简约主义强调功能性的强化，注重结构及形式的和谐统一，追求材料、技术与空间表达的深邃性与精确性。设计师在此过程中，需沉浸于生活细节，进行深思熟虑、精细打磨与提炼，以最少的设计元素传达最丰富的设计理念。通过色彩的高度概括与形态的极简表达，在确保功能性的基础上，实现空间、人与物的和谐、精致搭配（图 6-23）。

(a) 灰色主调

(b) 白色主调

图 6-23　简约风格色彩细节

图 6-23（a）：色彩影响着人们的心理与生理感受，灰色主调搭配黄色装饰画，形成明确的对比效果。

图 6-23（b）：白色往往成为现代与简约风格的首选色调。设计师需在色彩搭配上匠心独运，兼顾色彩搭配的和谐性以及居住者对色彩的心理期待。

三、轻奢风格

1.轻奢风格的特点

轻奢风格追求低调的奢华感。设计要避免过于复杂的装饰，强调材质和色彩的搭配，展现现代都市的时尚韵味。遵循以人为本的设计理念，关注人性化设计，注重空间的通透感和层次感。家具和装饰品的选择上，以简约线条为主，打造出时尚、高级的视觉效果（图6-24、图6-25）。

| 图 6-24　轻奢空间 | 图 6-25　轻奢风格家居设计 |

图6-24：皮质沙发搭配暖色调的灯光，营造出丰富的空间层次，给人简约、大气的感觉。
图6-25：客厅沙发以米白色为主，搭配深色的背景，营造出一种温馨而雅致的背景。墙壁上的装饰画、精致的灯具以及柔软的地毯，都展现出主人对生活品质的追求。

2.轻奢风格设计手法

合理规划空间布局，注重空间的通透感和流动性。客厅、餐厅、卧室等各个功能区域要明确划分，同时保持整体空间的连贯性。色彩搭配以简约、大气为主，可以选用米白、灰色、深蓝等低饱和度的颜色作为主色调，再搭配一些亮色系的装饰品，提升空间的层次感。在材质选择上，轻奢风格注重质感，家具可以选用皮质、金属、玻璃等材质，地面可以选用大理石、木地板等材质。家具配置以简约、时尚为主，可以选择线条流畅、设计感强的家具，如简约的沙发、床、餐桌等。同时，可以搭配一些具有艺术气息的装饰品，如挂画、雕塑等。

灯光设计在轻奢风格中占据重要地位。可以选用暖色调的灯光，通过灯光的明暗变化，打造出丰富的空间层次。另外，还要注意软装的搭配，可以选择高品质的窗帘、地毯、抱枕等软装产品，提升空间的质感和舒适度。

四、工业风格

1.工业风格的特点

随着1760年工业革命的兴起，人类的生产与生活方式，以及社会结构发生了根本性的变化。这场革命的爆发推动了机器生产技术的巨大进步，同时也催生了工业设计这一新兴艺术形式。设计与生产领域的分离，标志着专业化道路的逐步形成。工业风格以其独特、粗犷的气质和神秘感而闻名，其原始的美学特质与奢华浪漫格格不入。在过去，这种风格常见于废弃的工业建筑之中，如仓库和车间。在室内设计领域，工业风格特别适合用于复式空间，能够呈现出一种冷静且简洁的空间效果。家具的设计在工业风格中，通常采用钢铁与木材的结合，创造出独特的家具作品。这些家具经过时间的磨损，以及回收与再利用的过程，不仅体现了环保的理念，也具备了更为独特的韵味（图6-26、图6-27）。

图 6-26 工业风格

图 6-27 多样的装饰材料

图 6-26：裸露于墙顶的管道以及看似未加修饰的墙面，无不弥漫着鲜明的工业风格气息。

图 6-27：采用类似水泥色调及质感的大理石贴面，营造出一种原始而粗犷的气氛，同时亦保持了现代生活的精致感与品质。

2. Loft 风格

Loft 其名源于"仓库"或"阁楼"，兼具商业和居住的功能。其发源地是美国纽约，早期艺术家和设计师们将废弃工业建筑转化为生活空间，创造出多样化的功能区域。

Loft 风格所强调的是空间的高度和开放性，这要求建筑本身具备一定的层高条件。一般而言，Loft 户型面积较小，介于 30 ～ 50m²，层高在 3.6 ～ 5.2m。尽管销售时按照单层面积计算，但实际可用空间几乎翻倍，使得这种户型在空间设计上具有极大的灵活性，能够展现出 Loft 风格的流动性、开放性、透明性以及艺术性。

Loft 空间具备极高的可塑性，并摆脱了传统设施与构造的束缚。该空间既可保持整体的开放性，亦可根据需求进行分隔，呈现出个性化的审美风格。那些曾代表旧仓库形象的粗糙墙面、灰暗地砖及裸露的钢铁结构，现已转型为时尚元素。在此设计中，工作与生活空间的分隔变得不再严格，二者在宽阔的区域内相互交织（图 6-28 ～图 6-31）。

图 6-28 双层复式结构

图 6-29 简约式家具

图 6-28：双层复式结构的应用为居室下层带来了高挑、开阔的空间感。此类设计模式尤其契合当前流行的工作生活方式，其中楼下较为宽敞的区域被辟为工作区，而楼上较为私密的空间则被用作生活区。

图 6-29：在设计上，对裸露的砖墙仅施以一层白色乳胶漆的简单处理，使得砖块的纹理依然鲜明，同时，钢结构楼梯的设计也保持了其原始的简约风格，与整体空间形成了和谐统一的效果。

图 6-30　Loft 风格设计

图 6-31　上层空间布局设计

图 6-30：为了避免深灰色调可能带来的冷漠感，设计者巧妙地运用了少量色彩斑斓的玻璃马赛克进行装饰，为空间增添了活泼的元素。

图 6-31：上层空间被规划为展示活动区，这样的布局不仅充分利用了房屋的结构优势，而且开阔的空间布局为居住者提供了视觉上的宽敞感，使空间在视觉上得到了延伸。

3.家具及配饰相得益彰

　　家具的挑选并无严格规定，创意家具与工业风格家具运用广泛。例如，将废铸铁暖气片转化为家具，或利用断裂不锈钢管打造置物架，这些做法将旧工业元素转化为现代家居的必需品，为室内环境带来了一种原始而粗犷的工业氛围。这些家具通常具备较大的尺寸和储藏空间，便于进一步改造。

　　装饰材质方面，工业风格喜爱使用玻璃、砖石、水泥等与金属和木材混合搭配，创造出强烈的质感对比效果。这种组合不仅引人注目，还呈现出一种清爽利落的效果。工业风格空间设计强调自由流动的特性，空间大小可自由调整，关键在于其灵活性和创新性。例如，设计时可引入"房中房"的布局，隔墙常设计为可移动结构，增设推拉门，以此在各个空间之间形成分隔，需要时可快速改变空间布局（图 6-32、图 6-33）。

图 6-32　工业风格卧室设计

图 6-33　简练的空间表达

图 6-32：在维护室内空间的开阔性与粗犷感的前提下，巧妙地引入个人珍藏的艺术品与绘画。

图 6-33：工业风格的核心在于直接而简练的美学表达，细腻的艺术品与原始空间相映成趣，为居住空间增添了人文主义的浓厚氛围。

第四节　乡村田园风格

一、美式乡村风格

　　美式乡村风格，在美学上推崇自然、结合自然，力求表现悠闲、舒畅、自然的田园生活情趣，兼具古典主义的优美造型与新古典主义的功能配备。主要采用天然木、石、土、绿色植物进行穿插搭配，所表现的效果清新淡雅、舒畅悠闲。特别是在墙面色彩选择上，自然、怀旧、散发着浓郁泥土芬芳的色彩是美式乡村风格的典型特征。美式乡村风格的色彩以自然色调为主，绿色、土褐色最为常见；壁纸多为纯纸浆质地；家具颜色多仿旧漆，式样厚重；设计中多有地中海样式的拱形元素（图6-34）。

(a) 绿色系卧室　　　　　　　(b) 布艺装饰　　　　　　　(b) 明亮系卧室

图6-34　美式乡村风格

图6-34（a）：卧室的空间中，窗帘、床品及墙面色彩均采用同一色系的淡绿色，以强化视觉上的和谐统一。宽阔的窗户设计，巧妙地将户外景色引入室内，令人仿佛沐浴在大自然的怀抱之中。

图6-34（b）：卧室的规划着重于功能性、舒适性的考量，选用温馨柔软的布艺来装饰空间，以增强温馨感。

图6-34（c）：室内色彩搭配清新明快，家具的摆放依据居住者的生活习惯进行，既实用又随意，营造出轻松自在的生活环境。

1. 独具特色的家具

美式乡村家具风格，起源于将欧洲贵族家具的设计理念大众化。其特征包括简化的设计线条、粗犷的体积感、自然材料的运用，以及含蓄而保守的色彩与造型。家具上常见的花卉图案涂鸦，线条虽然自由，却依旧保持着干净利落的外观，形成了一种独具特色的装饰风格。

采用白橡木、红橡木、桃花心木等木材制作的美式乡村家具，其线条简洁，保留了木材的天然纹理与质感。同时，美式乡村家具在细节设计上，巧妙地融入了自然的元素，如床头的优雅曲线、床头板和床尾板的柱头装饰，以及床头柜的弯曲腿脚，均体现了对自然美的深刻理解与尊重（图6-35）。

(a) 红橡木材质家具

(b) 卧室设计

图6-35（a）：红橡木材质的家具，以其自然清晰的纹理和坚硬耐磨的质地，成为美式装饰中常用的材料。

图6-35（b）：美式乡村家具以其稳重的印象深入人心，而其在细节处的精细打磨，更是其深层的魅力所在。在进行小户型住宅的翻新与装潢时，这类兼具实用性与美观性的家具显然是一个极佳的选择。

(c) 墙裙设计

(d) 装饰桌设计

图6-35　美式乡村家具

图6-35（c）：墙裙是美式乡村风格的典型特征，在卧室中采用了经典的黑白格子图案，与浅色调的墙面、地面以及家具形成鲜明对比，为空间带来了清晰明了的视觉感受。

图6-35（d）：床尾增设装饰桌的设计手法别具匠心，不仅不影响居住功能，而且扩展了卧室的功能性区域。

2. 美式乡村风格的厨房与餐厅设计

厨房通常保持着开放式的布局，同时设有一个便于用餐的小台子，一般位于厨房的一侧。此外，厨房还需配备高效且易于使用的厨具。空间布局需足够宽敞，以便放置双门冰箱，并提供便利的操作台。美式乡村风格的装饰同样注重细节，例如：采用复古风格的墙砖，以及选择实木或白色模压板材质的橱柜门板；厨房窗户的装饰也常常包括窗帘等元素。

餐厅与厨房的布局往往相互连通，厨房面积相对较大，操作便捷且功能多样。在厨房的另一侧，通常设立一个相对较小的便餐区。厨房的多功能性不仅体现在其物理布局上，还在于家庭成员常在此进行交流。这一区域，连同餐厅和起居室，共同构成一个连贯的空间，成为家庭生活的核心所在（图6-36）。

(a) 餐厅 (b) 吧台

图6-36 美式乡村风格厨房与餐厅规划

图6-36（a）：小户型居住空间采纳开放式空间布局理念，将厨房与餐厅的界限模糊化，不仅能够优化室内采光条件，还能显著扩展空间的视觉宽度。

图6-36（b）：厨房与餐厅之间设置了一款长形吧台，巧妙地实现了空间的分隔与功能的融合。该吧台在平日里可作为简便的餐桌使用，同时也可作为菜肴传递的平台，甚至是下午茶时光的理想休息区，充分满足了追求生活情调的年轻人的需求。

小贴士

墙裙设计

墙裙设计在美式乡村风格中尤为常见。根据居住空间的具体条件，墙裙的高度被设定为110cm、150cm或170cm等不同标准，以适应不同类型的居住空间。墙裙的应用，通过对墙面上下区域的分割，营造出一种安全、温馨且具有层次感的视觉效果。

二、欧式田园风格

欧式田园风格其核心特征在于对自然的深刻描绘与展现。该风格不仅凸显了自然元素的融入，还巧妙地结合了浪漫主义与现代流行元素的独特韵味。在这一设计理念中，家具的选用显得至关重要，其宽大与厚重成为风格体现的必备要素。

室内墙面装饰的选择应倾向于壁纸或高品质乳胶漆，以增强空间的美观性。至于地面材料，石材或木质地板成为优先考虑的选项，它们不仅提升了空间的质感和舒适度，也进一步强调了自然的美感。在客厅的布置中，家具与软装饰的搭配尤为关键，它们共同构成了空间的整体效果。例如，采用白色家具搭配彩色壁纸与布艺，这些细节的巧妙融合，使得客厅既有古典的韵味，又不失现代的时尚感（图6-37）。

(a) 餐厅家具

(b) 书房家具

图6-37　欧式田园风格家具

图6-37（a）：欧式田园风格以独特的艺术手法呈现了一种浓郁的回归自然之感。风格重点在于家具的洗白效果和色彩的运用，其明快的色彩配置成为主要视觉元素。

图6-37（b）：经过洗白的家具表面，散发出一种古典美的光泽。简化的家具曲线和精细的装饰细节，映射出欧洲乡村生活的优雅与精致。

第五节　地域民族风格

一、日式风格

日式风格讲究对原始形态的尊崇，这种风格凸显了与自然环境的和谐共生。其在室内设计中广泛采用自然材料，摒弃了浮华与炫耀，追求的是一种淡泊明志、禅意深远的审美境界，同时亦强调实际使用的功能性。

在此风格中，材料的选择与展现方式至关重要。无论是水泥的本色、木材的纹理，还是金属的质感，均经过精心的加工处理，以彰显材质本身的独特美感。这种设计手法营造出的空间，虽具有一种冷静且简洁的视觉特性，但却能触动人心，唤起都市人内心深处的怀旧之情、对故乡的眷恋以及对自然的向往。

现代日式家居设计，以简约为核心，大量运用原木色调的家具，体现了对自然美感的尊重与追求。这一设计理念强调色彩的自然沉静以及线条的简约流畅，力图使室内设计与外部自然景观相互映衬，从而赋予空间以无尽的生机。在材料的选择上，也特别注重其自然属性，以期与自然达成一种和谐共生的状态，创造出一种舒适宜居的生活环境（图6-38）。

1. 空间分隔井然有序

受到日本传统和式建筑的影响，日式风格设计强调空间的流动性及分隔性。流动性体现在将整个空间视为一个统一的整体，而分隔性则在于将空间划分为多个功能性区域。这样的设计不仅提供了宁静的思考环境，还赋予空间以禅意。

(a) 卧室

(b) 米黄色系卧室

图 6-38　日式风格家居

图 6-38（a）：该居室摒弃了繁复的装饰细节，采用单一色调，营造出一种洁净且宜人的居住氛围。

图 6-38（b）：米黄色系在日式居室中占据了主导地位，尽管缺乏斑斓的色彩点缀，但米色、亮黄、姜黄及棕黄等色泽的层次变化，使得空间在简洁中透露出生机与丰富性。

日式风格形成了"小巧精致"的设计模式。通过巧妙地运用檐口和龛空间，营造出柔和且富有意境的光影效果。在强调空间形态和物体简化的同时，设计者还注重物体之间的相互关系，即物体与物体间的内在联系。此外，日式风格的一大特色在于房屋与庭院的通透性，设计师常常利用宽大的门洞与推拉门来拓展空间，从而使得居住空间更加开阔和自由（图 6-39）。

(a) 日式吊顶设计

(b) 客厅设计

图 6-39　日式风格的空间设计

图 6-39（a）：通过走道的吊顶设计进行视觉上的区隔，实现了空间的最大化利用，体现了日式设计理念中对于舒适与实用的追求。

图 6-39（b）：自然树木元素，经简单处理后引入室内，成为日式家居装饰的一大特色。这种设计宣扬着一种节制与禅意的美学，强调与自然的和谐共生。

2. 日式风格的典型特征

日本传统设计元素以简约的线条和平和的色彩为特征（图 6-40）。家具布局以茶几为核心，墙壁上利用木制构件打造方格造型，与细方格的木制推拉门和窗户相互映衬，营造出一种朴素而文雅的空间氛围。浅色调以米黄、白色为主，搭配清晰的线条和纯净的壁画，富含深厚的文化内涵。特别是卷轴字画、悬挂的宫灯以及纸伞等装饰品，进一步提升了家居风格的简约与高雅。

在色彩运用上，日式设计偏好原木色以及竹、藤、麻等天然材料的色彩，这些元素共同构成了室内空间的自然风格，反映出一种对自然美的尊重和追求。

| (a) 卧室设计 | (b) 日式榻榻米 | (c) 日式禅意空间 |

图 6-40　日式风格家居

图 6-40（a）：日式居住空间特别是小户型，通常采用黄色系的温和色调，其在视觉上能有效地延伸空间感，赋予居室一种扩大的错觉。顶部的天井结构，不仅促进了室内空气流通与自然采光，亦为居住环境增添了一份自然的清新气息。

图 6-40（b）：作为日式风格的典型象征，榻榻米集会客、餐饮功能于一身，在小空间内亦能充当床具与餐桌的多重角色。

图 6-40（c）：运用古韵盎然的坐垫、茶具、艺术字画等，营造出一种宁静而深邃的禅意空间。

小贴士

榻榻米地台高度

在确定榻榻米地台高度时，需根据房间层高以及储物需求进行合理设计。一般而言，40cm 高的地台较为常见，但若房间层高低于 2.7m，则不宜采用超过 40cm 的地台，以免产生空间上的压抑感。

二、东南亚风格

东南亚风格融合了该地区民族的岛屿特色与细腻的文化审美。它尤为适合那些追求宁静雅致，同时又渴望释放个性的屋主。在热带气候条件下，东南亚环境湿度高、温度热，这为各类植物的生长提供了得天独厚的条件。因此，在这一风格中，室内装饰广泛使用自然材料，优先考虑木材以及其他如藤蔓、竹材、石料、青铜及黄铜等天然原材料（图 6-41）。

东南亚传统漆器的鲜亮红色最具特色，其特征鲜明，雕刻有特殊图案，并采用金属材质。例如，那些以手工技艺敲制、带有独特粗糙质感的铜质吊灯，不仅显著地展现了民族特色，而且为空间注入了异国情调。此类元素在营造空间氛围方面的作用不可小觑，它们使得空间既显得禅意盎然，又能体现出深邃的哲理思考（图 6-42）。

东南亚风格的家具往往与缤纷多样的布艺装饰相得益彰，这些装饰有效地中和了家具的单一色调，为室内环境注入了活力与生机。选择布艺时，常见的是东南亚特有的色彩斑斓系列，这些色调多为深色，且具备在光线下变色的特性，既显沉稳又不失华丽（图 6-43）。

(a) 客厅设计

(b) 镂空门设计

图 6-41　东南亚风格

图 6-41（a）：柚木框架与藤条编织的透空屏风相结合，再辅以椰子木材质的桌上装饰品，这些元素的色泽与纹理展现出一种人工难以复制的自然美，恰好迎合了现代社会对健康环保、人性化和个性化价值的追求。

图 6-41（b）：采用镂空门的设计手法，将室外竹林之景引入屋内，为居住者营造一种仿佛身处自然之中的体验。

(a) 东南亚风格的精美饰品

(b) 东南亚风格墙面装饰

图 6-42　东南亚风格软装设计

图 6-42（a）：带有浓郁地方风情的装饰品，是东南亚风格所特有的元素。

图 6-42（b）：墙面雕刻的金属质感强烈的装饰，具有浓郁的地域特色。

(a) 卧室设计

(b) 客厅设计

图 6-43　东南亚风格的布艺

图 6-43（a）：褐色的落地窗帘，散发着自然古朴的泥土气息，与居室内浅色的壁纸和地毯形成强烈对比，非但不显得突兀，反而使气氛更和谐。

图 6-43（b）：丝质面料的沙发和沙发垫，彰显奢华，将现代气息注入传统居室装饰中，成为东南亚风格新时尚。

三、北欧风格

北欧风格指的是如挪威、丹麦、瑞典、芬兰及冰岛等地区室内艺术设计的独特风格（图6-44）。此风格以简练、贴近自然、注重人性化设计而著称。该设计流派的核心，在于其对自然界的热烈推崇和对传统工艺技术的深深敬意。在北欧设计理念中，不仅追求满足广大群众的利益，更注重对小众群体的体贴关怀。比如，针对行动不便的残障人士，北欧设计师会专门设计出便捷且人性化的生活设施，以消除他们在日常生活中可能遇到的障碍。这种设计哲学，充分体现了北欧风格的人文关怀和细致入微。

(a) 北欧风格休闲区   (b) 布艺装饰

图6-44（a）：简约主义是北欧家具的显著特征，其设计理念蕴含着浓厚的后现代主义色彩。

图6-44（b）：北欧风格注重线条的流畅性，既体现了对自然元素的尊重，又融入了现代都市的时尚气息，映射出当代城市居民的价值取向和生活节奏。

图6-44 北欧风格家居

北欧设计理念深受实用主义精神的影响，其设计流派主要可划分为"实用"与"简约主义"两大类别。该风格强调环保元素与简约之美，追求材质的自然色彩与构造的纯粹性。北欧风格以简洁明亮的色彩为基调，为空间营造出宁静的氛围（图6-45）。

图6-45：北欧地区紧邻北极圈，受其地理位置的影响，在特定时间内，无法受到太阳照射，导致长时间无日照。因此，在居家装饰方面，北欧居民倾向于选择明快的单一色彩来装点家居，以增强室内环境的温暖感。

图6-45 北欧风格家居色彩特点

在布艺方面，以棉麻材质为主，如沙发、窗帘、地毯等，均需展现出自然的质感。家具设计上，采用原木色框架，包括电视柜、装饰隔板、边柜以及餐桌等，均采用简洁的原木结构。灯具设计方面，北欧风格追求简洁而不失线条感，既满足照明功能，又增添空间的艺术效果。通过对这些元素的精心组合与搭配，北欧风格的空间设计呈现出一种既实用又极具美感的居住环境。

四、地中海风格

地中海风格着重于自然元素的融合，借助丰富的自然资源，如木质、石质和藤质材料，打造室内外装饰风格的一致性。该风格呈现出一种轻松而原始的地中海气息。色彩搭配上，地中海设计以蓝白为经典色彩，但受区域差异的影响，也融入了米黄、蓝紫或赭石等颜色，这些色彩元素标志了其独特的风格特征。在形态设计上，地中海风格倾向于采用交织穿插的设计模式，构建以回廊、穿堂和过道为架构的空间布局。

1. 地中海风格的特点

（1）色彩丰富。地中海风格采用了一种细腻雅致的浅色调搭配，以蓝白两色为主调，形成了该风格的一种经典视觉印象（图6-46）。

（2）造型多变。该风格作为海洋风格装修的典范，在空间设计上，借助连续的拱形门洞、马蹄形的门窗等元素，显现出空间的开放与通透。开放式的设计布局不仅增添了室内空间的变化性，还促进了良好的空气流通。此外，该风格在造型设计上，受到地域文化的影响，采用自然的线条，避免僵硬的直线，强调一种自然流畅、浑然一体的美感（图6-47）。

图 6-46　地中海风格的色彩特点　　　　图 6-47　地中海风格的造型特点

图6-46：地中海风格的软装主要包括窗帘、地毯、抱枕等。这些软装元素以自然、舒适为主，色彩丰富，为室内空间注入活力。

图6-47：地中海风格的室内居住空间，壁画和挂饰是不可或缺的装饰元素。常见的壁画有海洋、船舶、渔村等题材，挂饰则以陶瓷、编织品为主，充满地域特色。

2. 地中海风格的装饰元素应用

（1）地面材料。除了传统的木板外，地中海地区特有的材料如陶砖及石板等，常被用于铺设地面。鹅卵石与其他形状多变的石质材料也被创意性地拼贴或组合，以打破传统的地面布局，营造出一种自然而又随性的视觉体验（图6-48）。

（2）墙面材料。地中海沿岸的居住建筑，其墙壁之厚可达910mm，这样的设计目的在于抵御外界炽热的阳光。墙体立面是一种混合了细砂、泥土、大小不等的石子及贝壳的糙石墙面，这种墙面呈现出一种原始粗犷的美感。此外，墙面设计上还采用了拱形、马蹄形等多样化的造型，丰富了建筑的外观。

（3）顶面材料。建筑顶部的设计普遍倾向于采用木结构的屋顶，或是倾斜的赤陶瓦屋顶。有时可见到立面墙体上涂抹不规则的白色石灰泥，抑或者使用未经修饰的原木或木板块作为横梁。粗犷的木纹与灰白色的墙面相映成趣，映射出一种质朴的美感。

（4）景中窗。通过采用全穿凿或半穿凿的设计方式，将窗户与墙体有机结合。以室内空间布局为例，可以在用餐区域巧妙设置全穿凿式景中窗，这种设计与铁艺元素、圆形餐桌椅造型进行巧妙搭配，共同营造出地中海风格的独特氛围（图6-49）。

图 6-48　地面色彩搭配

图 6-49　景中窗

图 6-48：蓝与白的结合，营造出一种清新的视觉体验，仿佛让人置身于无垠的海洋或是在碧空中自由翱翔。这种色彩搭配尤为适合小型空间，能够迅速扩展空间的视觉开阔性。

图 6-49：餐厅的景中窗不仅作为空间的一部分，更成为连接室内外环境的视觉桥梁，丰富了居住体验。

课后练习

1. 新中式风格的艺术魅力是什么？

2. 怎样搭配地中海风格的色彩？

3. 通过实例，分析极简风格与简约风格在色彩应用上的差异与共性。

4. 量身打造一间 8 ～ 10m² 的日式风格卧室，进行平面图、效果图与软装搭配设计。

5. 请简要说明东南亚风格在空间分隔上的独特之处。

6. 极简风格的三大空间特点是什么？

7. 分析地中海风格的居住空间中景中窗的特征。

8. 北欧风格居住空间设计要点有哪些？

9. 我国始终坚持文化自信，尊重世界文化多样性的发展。观察身边中国风住宅空间，分析其中在布局、陈设上使用了哪些中国文化及元素。

第七章

软装陈设设计

识读难度： ★★★☆☆

重点概念： 软装设计、陈设设计、发展趋势、类别

章节导读： 软装陈设设计是居住空间设计的重要分支，涵盖了家具、灯具、窗帘、地毯、挂画、花艺等各类装饰性元素的综合运用。软装陈设设计不仅要考虑到客户的个性化需求和偏好，还需兼顾所选软装风格的协调性。通过对各类元素的巧妙整合与设计，融合我国传统手工艺品与非遗文化，强调中华优秀传统文化元素，力求实现居住环境的和谐统一，营造出既温馨又美观的空间效果（图7-1）。

图7-1：卧室软装的设计应考虑到空间的实际使用者及其个性化需求。以儿童卧室为例，海洋元素，特别是以蓝色为基调的设计，常被用于男孩的私人空间，以迎合他们对海洋世界的浓厚兴趣。此类设计不仅满足了儿童对未知的探索欲，同时为他们的生活空间注入了富有创意的美学元素。

图 7-1　卧室软装设计

第一节　软装陈设设计基础

一、软装陈设设计概念

1. 软装设计

室内建筑设计与装饰艺术设计，常被概括为"硬装"与"软装"两个概念。硬装设计核心在于建筑风格在室内的持续表达，它融合了空间结构的布局与创造性设计，设计对象主要为固定于室内空间的装饰性构造，不可轻易变动。软装设计包含那些可灵活布置的元素，如家具、灯具、织物、花艺、陶瓷艺术品、各种摆件、挂饰、装饰画等（图7-2）。

2. 陈设设计

陈设艺术内涵不局限于具有审美价值或文化象征的物品，还包括了这些物品的巧妙布局与排列，目的是增强环境的视觉美感。该艺术形式包含了室外与室内两大类别，室外陈设品常被简称为"小品"，因此一般讨论的陈设品，主要指的是室内范畴（图7-3、图7-4）。

图 7-2 软装中的花艺

图 7-2：花瓶与鲜花，属于软装范畴，可根据个人喜好灵活调整。花艺等自然素材的精妙配置，能为居住空间带来宁静与愉悦感，帮助人们在快节奏生活中找到心灵的慰藉。

图 7-3 室外陈设花卉盆景

图 7-4 室内陈设陶瓷摆件

图 7-3：室外花卉盆景布局时，应考虑周围环境，实现盆景与建筑、水体等元素的和谐统一。此类设计理念尤其适用于小型别墅及庭院的美化，其中盆景的搭配不仅涉及色彩与样式的选择，还需考虑室外空间的视觉丰富性。

图 7-4：陶瓷艺术品形式各异，种类繁多，其造型设计独具匠心，既可以根据个人偏好及家居装饰风格来挑选，又能作为功能性与装饰性的双重产品，为室内环境增添个性化的装饰元素。

　　陈设品的范围非常广泛，根据陈设品的性质，可分为四大类。

　　（1）纯观赏的物品。如雕塑与其他精致的工艺品，它们虽不具备实际用途，却在审美与装饰方面发挥着重要作用，或承载着丰富的历史及文化含义（图 7-5）。

　　（2）实用与观赏结合的物品。如家具、家用电器、各类器皿和织物等，这些物品不仅满足实用性需求，还具备美化居住环境的功能，显现出居住者对生活品质的向往以及对个性化生活风格的展示（图 7-6）。

图 7-5 高档树脂工艺品摆件

图 7-6 沙发抱枕

图 7-5：高档树脂工艺品采用环保材质制作，具备优异的抗腐蚀和抗老化特性，富含深厚的文化内涵，能提升主人的文化艺术气息。

图 7-6：沙发抱枕不仅实用，还能作为美观的装饰品，为居住空间带来舒适与愉悦的体验。

（3）功能发生改变的物品。是指那些随时间或地域的变迁，其实用性质逐渐减弱，而其审美和文化价值却逐渐凸显的物品。如古代器物、服饰或建筑构件等（图7-7）。

（4）提升审美的物品。可根据其特性分为两个主要类别；首先是实用型物品，如家具和器皿，在遵循形式美原则的前提下，可转化为具有装饰性的图案，展现出美感；其次是那些看似不具备观赏与实用价值的物品，经设计师的艺术处理，也能焕发新生，成为富有艺术气息的陈设品（图7-8）。

图7-7：收音机这种古老器件因其朴素无华的特性，成为众多收藏家心中的瑰宝。随着岁月的推移，收音机的实用功能逐步退化，但其审美价值却日益凸显。

图7-8：具有创新精神的手工艺者们将瓶盖收集起来，依据其色泽与形状，巧妙拼接成具有艺术美感的画作，将这些作品悬挂在家中，为室内增添了一抹别致的韵味。

图7-7　老式收音机　　图7-8　啤酒瓶盖立体壁画

二、多样化设计优势

软装的引入，不仅为居住者提供了视觉上的愉悦体验，同时也在情感上营造了一种温馨与舒适的氛围，散发出它独有的吸引力。以下将介绍软装陈设设计（简称软装设计）的多样化优势。

（1）表现环境风格。软装配置是塑造整体风格的关键因素。软装元素的造型、色调、图案以及质感，均蕴含独特的风格特质，对环境氛围的塑造有着明显的强化作用（图7-9、图7-10）。

图7-9：卧室的设计宗旨在于营造一个安静且舒适的氛围。采用米黄色床单和被罩，能够营造出一种温馨的感觉，使人心旷神怡。此外，床头灯的暖色光源为卧室空间增添了一抹浪漫情调，进一步强化了其作为休憩之地的功能。

图7-10：白色通常被视为纯净无瑕的象征，而蓝色则寓意着宁静与深邃。这两种色调的交融，为现代简约家居风格注入了清新且愉悦的视觉体验。例如，搭配蓝色床品与白色抱枕的软装设计，能显著提升空间的清爽感。

图7-9　米黄色调软装表现浪漫风格 图7-10　白蓝相间色调软装表现简约风格

（2）调节环境色彩。居住空间中的家具的占地面积常常超过40%。各类软装饰品，包括窗帘、床品、挂画等，其色彩的搭配对于整个空间色调的形成有着极其关键的影响。这些元素恰似画龙点睛之笔，为室内空间注入了生机与活力，使设计作品充满创意（图7-11）。

图 7-11　大面积的木质家具

图 7-11：原木色调的家居设计体现了对自然本质的回归。在卧室设计中，选择色泽较淡的原木家具，其清新的暖色调呈现出一种简约而温馨的氛围。

（3）随心变换装饰风格。软装设计不仅使空间能够紧跟时尚的脚步，而且还能根据个人喜好轻松更换家居风貌，进而随时享受到一场新的视觉体验（图 7-12～图 7-14）。

图 7-12　适合春季的颜色鲜艳窗帘　图 7-13　适合夏季的轻盈窗帘　图 7-14　适合冬季的较厚窗帘

图 7-12：绿色作为自然界的代表色，寓意着生命、希望与和谐。室内悬挂一抹绿色窗帘，就如同将春天的气息及清新的自然韵味带入居室之中，使人们能够体验到宁静与安逸。

图 7-13：半透明的薄纱窗帘不仅有效地起到遮光作用，而且能够降低室温，为家居生活带来一种别样的朦胧美。此类窗帘不仅可以阻挡烈日炙烤，同时亦能让户外的美景尽收眼底，与清新的床上用品和浅色调沙发套相搭配，即刻营造出一种凉爽的氛围。

图 7-14：为了维持室内的温暖舒适，通常选择较厚材质的窗帘，它能有效抵御寒冷空气的侵袭。在窗帘颜色的挑选上，选择暖色系的产品可以营造出一种温馨的氛围感，比如红色与黄色等色调，均能在一定程度上为室内环境增添暖意。

小贴士

软装陈设与环境设计的关系

环境设计与软装陈设之间的联系，堪比树干与枝叶的相互作用，二者相互补充，互为依存。软装陈设的踪迹在现代环境设计中随处可见，其介入的深度和广度各异，与环境协调的层面也各不相同。

在某些时代背景或特定设计需求驱动下，软装陈设设计有可能成为设计的核心要素，由此构成一个以软装陈设为灵魂的设计空间。这种设计空间的构建，不仅体现在软装陈设的数量和规模，更在于其与环境的交互作用和融合效果。因此，软装陈设设计在环境设计中的位置，既灵活又关键。

三、设计原则

高品质的室内装饰不仅能够反映居住者的身份，还能体现其审美情趣和文化素养。设计师在进行室内环境设计时，应严格遵循设计原则，确保空间的整体性与协调性，以实现最佳的装饰效果。

1. 定好风格

在软装设计的实施阶段，设计师首先需对空间的整体风格进行明确设定，随后通过选择恰当的饰品对空间进行细致的装饰。为了达到这一目标，设计师在项目启动阶段就必须对业主的生活习性、审美趋向以及个人收藏进行全面而深入的了解（图7-15）。

图7-15：地中海风格的设计理念强调色彩的多样性。在该风格的卫生间设计中，深浅不一的蓝色瓷砖的搭配，成功营造了一种海洋的气息。为了进一步强化这一风格特色，可借助各类装饰物，如陶瓷罐、花卉等，来赋予空间更鲜明的个性和风格特色。

图 7-15　地中海风格卫生间设计

2. 比例完善

软装搭配的黄金分割法是最为经典的比例分配策略。该法则以其在各个设计领域中的平衡与和谐特性，被广泛视为一种理想的分割方式。在室内空间的布局中，无论是通过巧妙的配置手段，还是借助自然元素（如植物），依照 1∶0.618 的比例进行空间划分，均能实现空间环境的有效分隔（图7-16、图7-17）。

图7-16：即便没有墙体作为物理隔断，设计师依然可以通过植物或各类陈设品来实现空间的分隔效果。为了避免视觉上的单调和乏味，可以将装饰品（如花瓶）以偏向一侧的方式放置，以增强空间活力。

图7-17：软装设计需关注色彩的轻重配合、装饰物形态及大小的和谐分配，以及整体布局的优化。特别是在卧室这一私密空间，过多使用深色调可能会产生压迫感，因此应适当引入浅色调以平衡氛围，创造出一个舒适宜人的睡眠环境。

图 7-16　窗台下的绿植　图 7-17　配合适度的设计

3. 节奏适当

创造室内空间的节奏与韵律，涉及多种手法，包括构件尺寸的对比、空间虚实的变化、元素排列的密度调节、长度变化的有节奏交替，以及曲直软硬的交织。然而，尽管可以利用多种节奏与韵律，仍需注意避免在同一空间内过度使用，以免造成视觉上的混乱感及心理上的不适（图7-18）。

人类视觉的集中点是创造美感层次的核心，这一焦点的布局是空间设计的核心要素。通过对特定区域的重点强化，不仅可以打破整体的沉闷感，还能为空间注入生命力。值得注意的是，视觉焦点的数量以一个为佳（图7-19）。

图7-18 以红色、黄色为主调

图7-19 以桌椅为重点

图7-18：在卫生间设计实例中，以红黄为主色调，通过红色墙面瓷砖和黄色向日葵、浴缸的对比，呈现出活力四射的效果。这两种色彩在空间中的运用，为卫生间带来了温馨与活力。

图7-19：客厅设计旨在提供一个休息与社交的场所。家具如沙发和茶几的色彩应突出，以形成视觉中心，吸引人们的视线。

4. 多样配置

软装布置应兼顾多样性与统一性，以实现整体的协调与和谐。家具的选择，应考虑其尺寸、色彩和位置，使之与空间环境相得益彰，同时保持风格的连贯性。

除了家具的选择，装饰品如小型摆件同样扮演着提升空间审美价值的关键角色。通过细致入微的挑选与巧妙搭配，室内空间能够展现出独特的个性魅力与艺术韵味。例如，引入具有创意性的小物件，或是运用明快色彩的绘画与装饰品，均能赋予空间以生机与趣味性（图7-20、图7-21）。

图7-20 暖色调与布艺搭配

图7-21 局部装饰

图7-20：客厅以复古风格为核心，简约的白色墙壁与布艺沙发形成和谐搭配。在暖色调的灯具映衬下，装饰画的点缀使得居住空间品位倍增，营造出一种宁静而温馨的艺术氛围。

图7-21：青花瓷风格的台上盆与铜质雕花镜子相结合，为室内陈设增添了一种历史沉淀感。这种设计手法不仅强化了空间的年代感，也体现了室内设计的深度与层次。

小贴士

软装设计误区

1. 装饰涂料的过量运用。虽然此类材料能为室内空间带来鲜明的色彩感，但其使用应适度。过量涂抹装饰涂料可能会造成空间的艳俗感，进而破坏整体环境的和谐之美。

2. 顶灯的不当布置。直接将灯光投射至头顶的做法易造成视觉上的不适。每个空间均应采用调光器及柔和的白炽灯泡。

3. 比例失衡的台灯。无须过度追求创新，简约的搭配同样能够彰显空间的个性与魅力。

4. 过于束缚的抱枕。应避免使用尺寸过大或颜色过于鲜艳的款式。

5. 单一的光源。单一的光源无法创造出丰富的光影效果，因此应混合运用顶灯、地灯及台灯，以营造更为立体的照明环境。

6. 忽视窗户的装饰。窗帘不仅是装饰的重点，更是改变房间视觉效果最直接、最经济的方法之一。通过调整或更换窗帘，空间可焕发新的生命力。

四、软装陈设设计发展趋势

在当代社会，个性化及人性化设计理念逐渐成为主流，人们愈发重视对个体价值的认可与回归。为了打造出理想的室内环境，软装陈设的处理显得尤为关键。设计师需从消费者的内心需求出发，综合考量政治、文化背景以及社会地位等多方面因素，迎合不同消费群体的独特需求，进而营造出一个符合个人理想的软装空间（图7-22、图7-23）。

图7-22：墙画与挂画作为室内软装的核心要素之一，其选择与布置应依据居住者的个人喜好以及房间的实际功能需求来进行。

图7-23：在进行软装的设计过程中，必须将人的基本需求置于首位，确保设计成果能够满足使用者的日常生活需求。

图 7-22　个性化的室内软装设计　　　　图 7-23　人性化的室内软装设计

随着人们生活水平的提高，软装设计逐渐成为高端消费群体的首选。这些消费者通常经济条件优越，对生活质量有着极高的追求。他们渴望通过卓越的软装设计手法，把住所转化为一个温馨、舒适的居住场所（图7-24）。

图7-24：别墅的软装设计应兼顾实用性与审美价值，达到二者之间的和谐统一。在确保居住舒适度的同时，设计者需重视装饰的美学要素，以营造出一种温馨浪漫的空间氛围。在进行装饰搭配设计时，设计者应当深入研究业主对空间的使用需求和设想，并在选择家具及软装陈设时强调其功能的合理性。

图 7-24　别墅软装设计

第二节　软装陈设设计流程

软装设计工作基本是在硬装设计之前就介入，或者与硬装设计同时进行。

一、前期准备

1. 完成空间测量

设计工作初步阶段，应对空间进行彻底的实地考察，以精准把握硬装基础构造。通过精确测量，全面记录空间尺寸，并对各个角落进行细致观察。在此基础上，还应对硬装的关键节点进行详尽的搜集，并绘制空间的基础平面图与立面图，为设计提供可靠的基础资料。

2. 与客户探讨

应深入分析空间动线、居住者的生活习惯、文化倾向等多元因素，通过与客户的深度交流，全面掌握其生活方式。这种全面的了解有助于精确识别客户的内在需求，从而在设计过程中更好地满足其期望（图7-25、图7-26）。

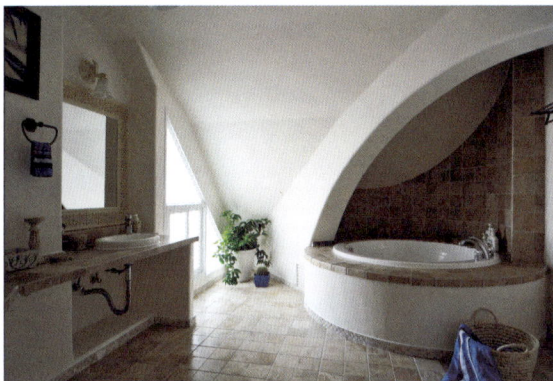

图 7-25：通过采用弧形吊顶设计，并在其下方合理布置浴缸，以居住者的动线为依据，实现了空间流畅性与舒适性的完美结合。

图 7-26：依据客户需求，设计了地中海风格的楼梯，植物纹样如莨苕纹、葡萄纹等占据了主导地位，这些纹样不仅富有秩序感，还体现了居住者对自然的敬畏与热爱。

图 7-25 利用空间的软装

图 7-26 地中海风格楼梯花纹

3. 初步构思

进行室内平面布局的初步设计，应首先对搜集的图像资料进行整理和分析，以便筛选出与软装设计相宜的装饰物品。再基于预先设定的设计风格、色调、质感及照明效果等核心因素，挑选与之协调的家具、灯具、花卉及挂画等元素（图7-27、图7-28）。

图 7-27：新古典风格客厅设计，以柔和的色调为设计基础，如米白色、浅灰色以及柔和的红色，这些色彩不仅营造出一种高雅的氛围，同时也让人感受到宁静与舒适。

图 7-28：新古典风格的门厅玄关柜设计，装饰品的选择成为空间的点睛之笔。利用陶瓷艺术品等元素，增加了空间的文化气息。

图 7-27 新古典风格客厅

图 7-28 新古典风格玄关柜

4. 签订软装设计合同

定制家具条款是与客户签订合同中涉及的重要部分。后面将进一步详述定制家具的成本估算、生产周期以及厂商的制造、物流和到货时间，确保软装设计流程的顺畅进行。

二、中期配置

1. 二次空间校验

在初步完成软装设计方案构建之后，设计师将基础构思框架带到现场进行实地调研。此时，设计师会对空间环境与初步设计的方案进行细致的对比检验，以评估方案与实际环境的契合度，进而对各个细节进行必要的调整，并对装饰物的大小进行精确核实。

2. 制定软装设计方案

在与客户就软装设计方案达成初步一致的前提下，设计师会通过调整配置，明确方案中各类软装的成本及其组合效果。遵循设计流程，正式制定一套完整的软装整体设计方案。

3. 阐述软装设计方案

设计师将为客户全面、细致地阐述正式的软装设计方案，并在解读过程中不断收集客户的反馈，同时广泛征询家庭成员的意见，为方案的后续整合与优化提供依据。

4. 修正软装设计方案

方案讲解完毕之后，需深化客户对设计理念的理解。设计师应根据客户对方案的理解程度，对设计进行调整，涵盖软装设计中的色彩搭配、风格选择等多个方面，并相应地对成本进行调整。

5. 确认软装产品

在正式签订采购合同之前，必须与产品供应商确认价格和库存状态，进而与客户就产品选择达成一致。

6. 出厂前产品复查

设计师需在木质家具涂饰之前，亲临工厂进行初步的质量监控，对材质和工艺流程进行严格审查。此外，在家具即将出厂或抵达安装地点之际，设计师应对现场空间进行复测，对照预订的家具尺寸以及布艺尺寸，进行现场核对，以确保设计意图的准确实施（图7-29、图7-30）。

图7-29：在选择桌子尺寸时，必须充分考虑使用者的具体需求与所处的环境条件。大型物品的摆放要求较大的桌面空间，因此推荐选用长 1.5～2m、宽 0.8～1.2m、高 0.7～0.8m 的桌子。

图7-30：室内装饰品的大小应依据所搭配家具的尺寸或可用空间面积进行考量。装饰品在室内设计中主要功能是营造一种和谐的气氛，因此其占用的空间不宜过大，以防造成不必要的空间浪费。

图7-29 尺度适当的家具　　　　图7-30 尺寸合理的装饰品

7. 进场时安装摆放

软装设计师在产品送达后，应积极参与到产品的布置与摆放过程中，保证空间的每一个细节都被细致处理。在此过程中，设计师会对各种产品的布局进行深入思考，考虑各元素间的相互作用以及客户的日常习惯，以确保设计符合居住者的实际需求。

三、后期服务

专业软装设计的后续服务亦不容忽视。此过程包含了对装饰细节的深度清洁、关怀备至的后续追踪、详尽的保修评估，以及快速的维修服务。设计师需精心编制维护手册，向客户全面介绍窗帘、小摆件、绿色植物及家具的保养方法。

以窗帘的日常保养为例，每半年对窗帘实施清洗是必要的。清洗过程中，需依据窗帘材质选择恰当的清洁方式，坚决避免使用漂白剂。在清洗后，应放置于自然环境中晾干，避免脱水或烘干，以保持窗帘的质感和手感。

第三节 预算成本控制

一、价格定位

软装配置的种类丰富，同类产品存在高、中、低不同档次。产品的价值，很大程度上取决于其材质品质、工艺水平及设计理念。例如，在房地产开发项目中，软装物品的档次选择受多种因素影响。甲方会基于楼盘位置、周边资源及项目特性，对硬装和软装的总费用进行初步预算。对于位于优越地段、面向中高端市场的楼盘，甲方往往倾向于选择那些材质优良、设计独特的高端软装产品。相反，对于地处偏远、客户群体较为大众化的楼盘，设计上更注重控制材质成本，以实现价格的合理化（图7-31、图7-32）。

图 7-31 高端楼盘家具

图 7-32 普通楼盘家具

图7-31：高端别墅的硬装与软装的投资均较高，旨在满足高层次消费者的需求，并与之匹配独特的设计风格。图中展现的欧式家具、地毯及灯饰，不仅在造型上优雅精致，质量亦属上乘。

图7-32：普通楼盘中的住宅软装，由于成本控制的需要，家具的质量和整体风格效果可能略有欠缺，家具造型趋向简约，软装风格亦相对简单。

二、成本核算

软装公司的成本主要由以下几部分组成：

1. 产品的采购成本

软装产品的价格主要受品牌、材质、工艺及设计理念的影响。即便是外观相似的产品，由于材质的差异，其价格也可能存在显著差异。举例来说，一款酒杯，若采用普通玻璃材质，其价格可能在几十元左右，而若是水晶材质，则可能高达数千元（图7-33、图7-34）。

图 7-33 日本手工玻璃杯

图 7-34 奥地利水晶酒杯

图7-33：日本手工烧制的晕染玻璃杯，具有浓烈的水墨风情，把艺术融入了生活，3件组合价格在80元左右。

图7-34：奥地利水晶酒杯，杯杆中间彩色部分为彩色水晶，外面包裹透明水晶，5件组合价格在1300元左右。

2. 产品的研发成本

优秀的公司通常设立专门的研发部门。无论是家具、布艺还是装饰画，公司趋向于自主设计研发相关软装产品。虽然这涉及从人力资源到研发材料等方面的较大投入，但所积累的知识产权将成为企业未来业绩增长的强劲动力。此外，随着业务的不断扩展，单位成本有望逐渐降低（图7-35、图7-36）。

图 7-35　隐形床（一）

图 7-36　隐形床（二）

图7-35：威廉·墨菲是隐形床的最初发明者。该设计一经推出，便迅速在欧洲流行开来，不仅因其提供了更为便捷的家居生活模式，还因其为美化居住空间和高效利用空间提供了新的方案。

图7-36：隐形床的设计灵活，收起时类似于普通衣柜，展开后则变成一张床。目前市场上，多数隐形床产品需要定制，价格较高，普遍价格区间为5000～6000元。

3. 产品的附加成本

在计算产品基本成本时，必须考虑到附加成本，如税费、保险费、运输费以及安装费等（图7-37）。

图 7-37　实木家具附加成本

图7-37：实木类家具在安装过程中通常会产生一定的费用。知名家具品牌通常将商品直接送至消费者家中，并负责其安装工作。在餐饮空间内安装家具，其安装费用大致定位在200元。而对于居住空间，尤其是客厅的家具安装，因其复杂性和多样性，安装费用一般会升至300元。

4. 公司管理及运营成本

软装公司的成本中当然应该包含公司营运所产生的各种费用，需要每个公司根据自身的经验来确定比例。

三、报价模板

一份详尽的报价单能够帮助客户明确所需产品，并界定双方的职责范围。此类报价单应涵盖封面、预算说明、汇总表以及详细的分项报价等部分。完成预算编制后，合同的制定便显得顺理成章。在实际施工过程中，变更联系单和验收单等文件同样不可或缺，它们共同构成了一个完整的合同体系。

1. 核价单

核价单，是指设计师依据设计方案对产品列表进行细化后的清单。该表格必须详尽地标注包括项目位置、序号、产品名称、图片、规格、数量、单价、总价、材质及必要注释在内的各项信息。忽视任何一个细节，都可能导致报价失误，并可能对后续环节造成潜在的影响。在遵循差异化原则的基础上，核价单应根据不同供应商的特点进行定制，如表7-1所示的材料核价单。核价单完成后，便可以发送给合作伙伴，以确认产品的基本价格。

表 7-1　材料核价单

项目名称				核价单编号				日期		年　月　日	
序号	材料名称	规格及型号	生产厂家	单位	数量	申报单价	核定单价	使用部位		备注	
说明	以上材料所提供之数量为初步统计数量，与实际数量可能会有出入，仅作为参考										

2. 分项报价单

核价完成后，项目成本的计算将趋于明晰。此时，关键在于制作一份利润合理的分项报价单，该报价单的编制通常在成本核算的基础上进行。在编写分项报价单时，需针对产品的实际情况，对材质、颜色、尺寸及备注等内容进行适当的补充（表7-2）。

表 7-2　装饰画的特征与预算

类别	特征	预算估价 /（元 / 幅）
印刷品装饰画	装饰画市场的主打产品，是由出版商从画家的作品中选出优秀的作品，限量出版印刷的画作	160～220
实物装裱装饰画	新兴的装饰画品种，以实物作为装裱内容	350～430
手绘装饰画	艺术价值很高，价格昂贵，具有收藏价值	550～670
油画装饰画	具有贵族气息，纯手工制作，可根据需要临摹或创作	420～500
木制画	以木头为原料，经过一定的程序胶粘而成	220～270
摄影画	主要为国外的翻拍作品，具有观赏性和时代感	160～200
丝绸画	比较抽象，有新奇的效果，别具一格	380～460
编织画	采用毛线、细麻线等原料，纺织成色彩比较明亮的图案	250～300
烙画	在木板上经高温烙制而成，色彩稍深于原木色	650～1000
动感画	图案优美，色彩明亮，充满动感的效果	130～190

3. 项目汇总表

在各个独立报价环节完成后，应着手构建一份综合性的项目汇总表（表7-3）。此表应详尽记录每一分项的预估开支，同时直观地反映其在软装项目总体预算中的占比。此做法有助于设计师与业主双方对项目关键环节的明确识别与把握。此外，表中需对各项细节事项及责任分配进行明确标注。

表 7-3　软装部分项目汇总表

区域	产品	材质或规格 /mm	数量 / 件	单价 / 元	总价 / 元	是否已购买
卧室	床·次卧	长 1500	1	599	599	是
	床·主卧	长 1800	1	4000	4000	是
	床垫	长 1500、1800	3	2000	6000	否
	床头柜	木	1	300	300	是
	椅子·书桌前	木	1	150	150	否
	梳妆台	木	1	500	500	否
客厅	沙发	布	1	5000	5000	是
	灯	水晶玻璃	1	300	300	是
	茶几	长 1210× 宽 650× 高 380	1	1000	1000	否
	地毯·茶几位置（大）	宽 1600× 长 2300 羊毛	1	154	154	否
	电视柜	长 2000	1	1500	1500	否
	绿色植物	吊兰、芦荟、绿萝等	5	30	150	否
餐厅	餐桌	木	1	2708	2708	是
	灯	水晶玻璃	1	195	195	是
	茶具	6 个杯、1 个壶	1		150	否
	碗、盘	10 个碗、6 个盘	1		122	否
	筷子、勺子	10 双筷子、5 个勺子	1		80	否
阳台	花架	木	1	80	80	否
	升降衣架	不锈钢	1	182	182	是
厨房	橱柜	长 1836× 宽 400× 高 870	1	1899	1899	是
卫生间	盥洗盆	陶瓷	1	198	198	是
	马桶	陶瓷	1	488	488	是
	浴缸	陶瓷	1	2158	2158	否

第四节　布艺装饰

　　布艺材料能够有效吸收声波，界定空间界限，并维护私人空间的私密性。冬季气候寒冷，此时通过布艺装饰来增强室内温暖感，其必要性不容忽视（图 7-38、图 7-39）。

一、壁毯

　　壁毯作为一种特殊的装饰性编织物品，主要悬挂于墙壁或廊柱之上，为室内空间增添美感。在家居装修中，壁毯的应用不仅提升了装饰的整体档次，而且为室内设计注入了新的活力（图 7-40 ～图 7-42）。

图 7-38：深绿色布艺沙发的鲜明色泽赋予空间生动的视觉印象。与白色簇绒地毯相结合，营造出一种舒适而温馨的氛围。

图 7-39：青绿色布艺沙发造型展现时尚感，结合灰色拇指沙发和青绿色地毯，形成了一种和谐而柔和的色彩搭配。

图 7-38　深绿色布艺沙发　　　　　　　　图 7-39　青绿色布艺沙发

图 7-40　几何图案壁毯　　　　图 7-41　波纹图案壁毯　　　　图 7-42　河流图案壁毯

图 7-40：壁毯应与室内某一细节相协调，无论是色彩、图案还是质感，均需与空间内元素形成共鸣。

图 7-41：卧室设计，普遍采用温暖色调的挂毯或壁毯，以此凸显卧室的温馨家居气息，营造出适宜的休息环境。

图 7-42：现代家居室内装饰以白色调为主，壁毯则倾向于采用鲜明、充满活力的色彩。浓重的色彩适宜用于走廊尽头或宽敞墙面，其装饰作用在于有效吸引注意力。

二、地毯

地毯作为一种不可或缺的软装饰元素，在软装设计中占据着重要地位。其不仅以其时尚的外观和柔软的触感吸引人，亦能为室内空间带来独特的个性化特征。然而，关于地毯的清洁与维护，常常成为令许多人感到困扰的问题。

1. 纯羊毛地毯

挑选纯羊毛地毯时，可以优先考虑那些颜色较深或者有复杂图案的产品，因为这样的设计能够在一定程度上提升地毯的耐污能力，减少其清洗的频率。通常情况下，半年进行一次彻底清洗，便能够维持地毯的清洁和美观状态。在日常使用中，定期利用吸尘器清理，不仅能保持地毯的清洁度，也有助于延长其使用寿命（图 7-43、图 7-44）。

2. 纯棉地毯

纯棉地毯拥有多样的编织方式和品质等级，部分地毯甚至具备双面使用的特性。当前，雪尼尔簇绒地毯因其卓越的性价比而广受欢迎，这类地毯以其柔软舒适的脚感而著称，更因其出色的装饰效果而备受青睐。此外，这类地毯的清洁与维护异常便捷，可以直接放入洗衣机清洗，极大地方便了用户的使用（图 7-45）。

图 7-43　皮毛一体羊毛毯

图 7-44　纯手工水洗羊毛毯

图 7-43：羊毛毯以其独特的皮毛一体结构，为使用者提供了极佳的保暖与舒适体验。得益于羊毛这一原材料，羊毛毯厚度可根据用户的个性化需求进行适度调整，以实现更高的契合度。

图 7-44：纯手工水洗羊毛毯的制作工艺复杂，涵盖了选材、梳理、编织、洗涤、晾晒以及装饰存放等多个环节，这一过程不仅耗时较长，且人工成本较高。因此，许多家庭倾向于使用小块羊毛毯作为装饰品。

图 7-45　雪尼尔簇绒地毯

图 7-45：雪尼尔簇绒地毯由多层织物叠加而成，该地毯具有柔软的质感、卓越的透气与吸声功能。该地毯绒面结构稳定，具备显著的抗污性能，常规情况下仅需以湿布轻轻擦拭，便能轻松去除污渍，避免了清洁难题。

3. 合成纤维地毯

合成纤维地毯，按照其使用面材质来区分，大致可分为两类。

（1）聚丙烯腈地毯。地毯的表面采用聚丙烯腈材料，底部配以防滑橡胶层，以增强其稳定性。尽管在价格上与纯棉地毯相仿，但在色彩和设计上提供了更丰富的选择，且其抗褪色能力同样值得选择。追求生活质量的人群，可以邀请专业清洁服务进行深度清洗。而对于希望节约成本的消费者，则可以选择使用地毯清洁剂进行手动清洁（图 7-46）。

（2）其他合成纤维地毯。此类地毯是以雪尼尔簇绒系列纯棉地毯为原型所制。外观上，该地毯与传统的纯棉地毯保持了高度的相似性，但选材上则采用了化学纤维替代了纯棉。虽然这种设计在成本上较聚丙烯腈地毯更为亲民，但视觉效果的呈现却略显不足。然而，其易于产生静电的特点，使其成为门垫的理想选择。

4. 黄麻地毯

黄麻制成的地毯，不仅工艺上乘，更是主人品位的独特展现。尽管其护理过程较为严苛，清洗时仅能依赖清洁剂而非水洗，但仍受到一部分人的欢迎。在炎热的夏季，坐在这样的地毯上，即刻感受到如日式榻榻米般的清新与凉爽（图 7-47）。

图 7-46　聚丙烯腈材料地毯

图 7-47　黄麻手编地毯

图 7-46：采用聚丙烯腈材料的地毯，其设计多样化，能够与多种风格的家具搭配。消费者可根据家具的图案或颜色，选择与之相匹配的地毯，以实现室内整体美学的和谐统一。

图 7-47：手工编织黄麻地毯的流程异常复杂，涵盖设计、纺线、编织和整理等多个阶段。这一过程要求编织者进行大量的手工操作，且需具备相应的技术和经验。他们需掌握黄麻纤维的特性，以适应不同的编织需求。同时，编织者亦需具备良好的审美眼光和观察能力，从自然中吸取灵感，创作出蕴含自然美的地毯。

三、窗帘

窗帘是居住空间装饰的必备品，温馨浪漫的居室环境，与窗帘的巧妙搭配密不可分。

1. 窗帘的种类

（1）折叠式窗帘。折叠式窗帘与卷筒式窗帘均能通过一拉操作实现窗帘的下降。其主要区别在于，当第二次拉动时，折叠式窗帘并非像卷筒式那样完全回缩至卷筒内，而是以打褶的形式从底部逐段上升（图7-48）。

（2）垂挂式窗帘。垂挂式窗帘的构成最为繁杂，包含了窗帘轨道、装饰性的挂帘杆、窗帘的顶部装饰——窗幔、主体窗帘布料、吊件、扎帘带（亦称为窗帘缨），以及各类配套的五金构件（图7-49）。

在设计窗帘时，除了根据不同类型选择适宜的布料外，传统上也要重视窗帘盒的设计。但是，这一设计元素目前已逐步被无需窗帘盒的套筒式窗帘所取代。此外，由窗帘缨聚集成的帷幕状装饰也正逐渐成为流行的室内装饰手法。

图7-48：可调整的折叠式窗帘设计，突破了传统设计的局限，为室内空间带来了一种别致的立体感，提升了居住环境的审美价值。

图7-49：垂挂式窗帘的设计颠覆了窗帘的常规放置方式，使之不再局限于窗框的垂直界面，而是借鉴瀑布的自然垂落之美，营造了一种流畅而富有层次的视觉感受。

图 7-48　折叠式窗帘　　　　**图 7-49　垂挂式窗帘**

2. 窗帘的色彩

在选择室内窗帘时，由于其覆盖面积较大，对整体视觉效果会产生较大影响，因此，必须将室内墙面、地面和家具的色彩作为重要考量因素，以达成室内设计的和谐统一（图7-50、图7-51）。

图 7-50　蓝色为主的窗帘　　　　**图 7-51　浅绿色为主的窗帘**

图7-50：蓝色与白底蓝花色窗帘，在室内设计中散发出一种稳重而宁静的氛围。这种色彩搭配被广泛应用于客厅、起居室等空间。
图7-51：浅绿色的窗帘带来富含生机与活力的视觉效果，为居住空间注入了自然的气息。

例如，若墙面为纯白或淡象牙白色，家具则可能采用鲜亮的黄色或宁静的灰色。在这种情况下，选择橙色窗帘以增强空间活力是合理的。另一方面，若室内墙面为柔和的浅蓝色，家具为温暖的浅黄色，则可选择带有白底蓝花的窗帘，使空间显得更为清新。对于那些墙面为黄色或淡黄色，家具为紫色、黑色或棕色的室内，选用黄色或金色窗帘将增添空间的富丽堂皇之感。

3. 窗帘的材质

当前市场上的窗帘材质种类丰富，如棉、丝、绸、尼龙、纱等。这些材料各具特色，使其在相应领域具有不可替代的地位。

选择窗帘材质时，应依据不同房间的使用功能进行针对性挑选（图7-52、图7-53）。例如，对于厨房和浴室等实用性空间，宜采用易于维护和清洗的布料，同时保持风格的简洁。而在客厅和餐厅，则宜选用质感卓越、外观精美的面料，以提升室内的整体质感。对于卧室而言，窗帘的选择应注重其保温、隔音效果，以及柔软的触感，确保居住隐私性和生活质量的提升。

图 7-52　卧室窗帘

图7-52：卧室采用厚重的窗帘材质，不仅能有效隔绝噪声，还能提升居住者的舒适体验。该材质的耐用性特点也有助于减少后期更换的次数。

图 7-53　书房窗帘

图7-53：透光窗帘为书房带来自然光和清新空气，有助于情绪的放松。色彩选择上，淡色调可以有效减轻视觉负担，而图案设计则宜采用简约风格，避免过度装饰。

4. 窗帘的图案

挑选窗帘的图案，必须综合不同年龄段个体的偏好。客厅窗帘应具备中和性，既能迎合家庭成员各自的审美，亦能映衬出宽敞明亮的居住环境。对于儿童卧室，选择带有小动物或小玩偶等充满乐趣的图案是明智之举，这有助于塑造一个充满童真的室内空间（图7-54）。

年轻一代的居住空间，窗帘图案宜以表现活力和激情的开放性设计为主。老年人的居住空间，图案设计则应倾向于营造宁静和安逸的氛围，以助老年人享受一个平和的晚年（图7-55）。

图 7-54　充满童趣的窗帘

图7-54：在儿童居室内，使用描绘着小动物的窗帘可以活跃室内氛围。举例来说，窗帘上点缀各异的小鸟图案，能够让孩子们仿佛身处一个生机勃勃的森林之中。

图 7-55　简单朴素的窗帘

图7-55：深咖啡色的格子图案，其内敛的性质适合中老年群体。该图案有助于营造一种宁静的氛围，置于书房中，能让人在独自工作时享受一份静谧与悠然。

四、抱枕

抱枕是一项常见的软装饰品，其材质、图案以及边缘装饰的多样性，为室内装饰提供了丰富的表现手法。此外，其布置位置与组合方式亦呈现出无尽的变幻，成为展现居住者个性特征的一种无声语言。

1. 形状类型

抱枕的形状多种多样，包括但不限于正方形、圆形、长方形和三角形。依据使用场合的不同，如沙发、床铺、休闲椅或餐桌椅，抱枕形状的设计要求亦有所区别。

（1）正方形抱枕。正方形抱枕在单独置于单人座椅上时，能够彰显出简洁而高贵的气质；与其他抱枕搭配使用时，则可创造出层次丰富的视觉体验。在进行搭配设计时，必须重视色彩与图案的和谐搭配，以确保室内空间的整体美感和协调性（图7-56）。

（2）长方形抱枕。长方形款式往往被置于宽敞的扶手椅上，为室内空间注入舒适与温馨。此类抱枕的组合使用，亦能打造出独具特色的室内装饰效果，丰富了空间美学的多样性。

（3）圆形抱枕。圆形抱枕不仅活跃室内空间氛围，其造型设计还能作为主题点缀，强化室内设计主题。除此之外，市场上还有多种立体卡通造型的抱枕，例如椭圆形抱枕，为居家装饰提供了更多样式选择，增添了空间的趣味性。

2. 摆设原则

（1）对称法摆设。抱枕的对称排列可以提升室内装饰的美观性与舒适度。通过精心布置，不仅能规避拥挤与杂乱无章，而且能打造出一种和谐有序的居住环境。将抱枕置于沙发、床铺或飘窗之上，均能提升空间的美感和温馨氛围（图7-57）。

图 7-56　正方形抱枕　　　　**图 7-57　对称法摆放**

图7-56：正方形抱枕因其丰富的色彩成为营造温馨氛围的重要元素。这些抱枕具有柔软的触感和舒适性，能够协助人们放松紧张的心情。它们在多种场合下发挥作用，如在人们阅读、办公或与亲朋好友共度时光时，都能传递出一种温馨的关怀和爱意。在沙发摆放一个正方形抱枕，即可为家庭生活增添一份额外的舒适。

图7-57：实施抱枕的对称布局时，应根据沙发尺寸的不同，选择"1+1""2+2"或"3+3"等摆放模式。在这一过程中，除了考虑数量和尺寸，色彩及款式的搭配也应尽可能保持一致，以强化对称效果。

（2）不对称法摆设。不对称布局有两种新颖方法。首先介绍的是"3+1"配置，即在沙发的一个侧面放置3个抱枕，而另一侧仅放置1个。这种布局手法在维持整体均衡的基础上，引入了新的视觉节奏（图7-58）。另一种方法是"3+0"配置，尤其适用于古典风格的贵妃椅或尺寸较小的沙发。通过在贵妃椅的一侧放置3个抱枕，而另一侧保持空置，这种布局不仅强调了贵妃椅的独特设计，也创造了一种无拘无束的生活气息（图7-59）。

图 7-58 "3+1" 摆放

图 7-59 "3+0" 摆放

图 7-58：非对称的排列方式相较于对称布局，更具动态和变化之美。然而，在此种"3+1"组合中，单独的"1"应与"3"中的某个抱枕在大小和款式上保持一致，从而维持整体沙发的视觉平衡。

图 7-59：考虑到人们倾向于首先关注右侧，当需要将 3 个抱枕集中摆放时，将它们置于沙发右侧，以顺应视觉习惯。

（3）远大近小法摆设。从视觉角度出发，物体距离观察者越远，其视觉大小越趋于减小；相对地，物体越接近观察者，其视觉尺寸则显得越大。从实用性的视角出发，家具布局的优化同样涉及这一视觉原理。例如，在沙发设计方面，将体积较大的抱枕置于沙发两侧的角落，能够有效改善坐感，解决边缘区域的不适感。与此同时，选择较小的抱枕摆放在沙发中央，旨在减少空间占用，避免让使用者产生仅能坐在沙发边缘的局促感（图 7-60）。

（4）里大外小法摆设。在宽大的沙发座位中，抱枕经常被作为靠背的额外支撑。为了实现最佳的布局效果，多层抱枕的摆放应遵循由内至外的顺序，并采取大小渐变的方式。具体而言，首先在沙发靠背附近放置体积较大的抱枕，接着依次向前排列体积较小的抱枕，并在最外缘添加小型腰枕或装饰性糖果枕，以增强沙发的舒适性和层次感（图 7-61）。

图 7-60 远大近小法摆放

图 7-61 里大外小法摆放

图 7-60：将较大的抱枕放置于沙发两端，而将较小的抱枕置于中央，从而营造出更为舒适的视觉体验。中间的抱枕与沙发颜色匹配，而外侧的抱枕则采用对比色，以突出视觉中心。

图 7-61：在东南亚风格软装实例中，藤制家具的选用要求布艺元素呈现自然风格。采用大地色系的条纹小抱枕与酒红色的大型抱枕搭配，营造出一种层次感强烈且风格统一的自然气息。

小贴士

靠垫与抱枕

　　许多家庭在日常生活中已经将抱枕和靠垫视为不可或缺的元素。这些物品不仅有助于调整人体与座席或卧床的接触部位，进而优化休息姿态以显著降低疲劳感，而且在居家环境中亦起到美化作用，为生活空间增添了几分生机与活力。

　　靠垫的适应性很强。无论是在卧室的床铺还是在沙发上，它们都能显著提升舒适度；置于地毯之上时，靠垫还能充当临时坐具，提供了极大的便利性。另外，靠垫在居家装饰方面的贡献也不容忽视，其多样的图案和独特设计为室内空间注入了个性化的特色。

抱枕虽小，但其功能却不容小觑。抱枕不仅能在寒冷中提供温暖，还能在某种程度上起到保护作用，营造出一种温馨而舒适的用户体验。目前，抱枕不仅在家居领域被广泛用作实用性和装饰性物品，在汽车内饰中也已成为一种重要的配备。

五、床品

床品作为我们日常生活中不可或缺的一部分，对于我们的健康和幸福感具有至关重要的作用。

1. 床罩

采用适当的遮盖策略，将床罩精心铺展于床铺之上，能有效营造出一个整洁且雅致的居住环境（图 7-62）。多样的面料选择，如硬质的印花棉布、色织条格布、精致提花呢、柔软印花软缎、腈纶簇绒、丙纶簇绒及轻柔泡泡纱等，为床罩的设计提供了丰富的素材。

在制作过程中，床罩的尺寸与材质需依据床的尺寸和款式进行选择，以确保其平铺覆盖的适宜性。床罩边缘应低于床沿约 100mm，以保持与地面的适度距离，避免因直接接触地面而造成磨损。这一细节处理不仅彰显了对生活品质的注重，也体现了设计师对美学价值的追求。

2. 床单

床单的色彩不仅是卧室视觉焦点设计的核心，还需与居住者的审美情趣及室内装饰风格相得益彰（图 7-63）。

随着流行趋势的变化，自然色彩逐渐成为室内设计的首选，如沙土色、灰白、纯白以及绿意盎然的颜色，皆能带来平和与放松的体验。在这样的设计理念下，卧室内的床单、被套、枕套和床罩往往采用统一色调，营造出协调一致的美感。然而，由于整体床上用品更换的便捷性有限，这为个性化的搭配提供了灵活的空间。

图 7-62　床罩

图 7-63　床单

图 7-62：棉质床罩作为市场上最常见的材质，以其柔软度、舒适性和良好的吸湿性而受到广泛青睐。消费者可根据个人偏好和卧室装饰风格，选择不同图案和色彩的床罩，以营造居室的温馨氛围。

图 7-63：如果卧室内不采用床罩，那么床单则承担主要的装饰任务，因此，在选择时必须精心考虑其色彩、图案和质感，以确保与卧室环境达到和谐统一的效果。

3. 被套

当代居家环境中的简约风被套，逐步取代了传统繁复的被面。素色床品以简洁的审美和实用性、易于维护的特点，与当代快节奏的生活方式和审美趋向相契合。这一变化不仅仅是居民审美品位提升的体现，更是我国纺织业技术创新和家居产品更新换代的映射（图 7-64）。

4. 枕套

枕套主要承担着维护枕头卫生的职责，该织物的选材应以柔软舒适的质地为上乘之选。在色彩、质地及图案的设计上，枕套应与床单保持一致性或相近的风格。

随着床品潮流的演变，枕套的设计亦不断推陈出新，诸如边缘装饰、流苏点缀等元素层出不穷。同时，市场上的单人及双人枕套款式多样，令人目不暇接。枕套的工艺丰富，包括但不限于网眼、刺绣、挑花、提花、补花及拼布等，这些设计往往与其他床品相配套，以营造整体的和谐性。此类细节的精心搭配，宛如点睛之笔，为卧室增添了别具一格的风采（图7-65）。

图 7-64：被套的材质以纯棉为主，纯棉材料具有优良的吸湿排汗和透气性能，以及季节性调节温度的优势。

图 7-65：枕套在搭配上具有极高的灵活性，能够与各式床垫、枕头及床单相得益彰。特别是一些色彩鲜明的枕套，若置于单一色调的床单之上，便能瞬间为室内空间注入生机与活力。

图 7-64　纯棉被套　　　　图 7-65　枕套

第五节　花艺花器

一、花艺作用

恰当的花艺布局不仅能在居住空间中表达特定的情感与营造温馨舒适的生活环境，同时亦能映射居住者的审美趋向和艺术修养。

（1）彰显个性。通过对花艺的色彩搭配、外观造型及陈设方法的巧妙结合，空间可以转换为各种风格，如典雅、简约或融合风格，展现出独特的个性和对美好生活的追求（图7-66）。

（2）赋予生机。花卉的引入为室内空间注入了自然的气息，有助于人们在有限的空间内放松精神，减缓压力，驱散工作带来的劳累（图7-67）。

图 7-66：卧室或游乐区域，依据环境的主色系，精心布置与之相匹配或近似的花艺作品，以此融入空间的色彩维度。

图 7-67：花艺作为一种具备生命特征的元素，其独特之处在于能够为室内环境注入生机与活力。在室内设计的过程中，花艺与家具、墙面等其他装饰元素协同作用，共同营造了一种生动的生活氛围。

图 7-66　充满童趣的花艺设计　图 7-67　增添了室内生机

（3）划分空间。花艺的合理安排作为一种空间规划手段，显示出高度的灵活性与可操控性，极大提升了空间的使用效率。此外，花艺在空间中不仅呈现了简洁、内敛、纯粹且空灵的美学特质，其线条和形态亦增添了空间的立体感和几何之美（图7-68）。

图 7-68　划分空间

图7-68：花艺的布局应考虑室内空间的动线设计。例如，在入口玄关处，可以选择诸如天堂鸟、蝴蝶兰等富有迎宾意味的花艺作品；而在走廊等区域，则可选用散尾葵等盆栽植物进行点缀。

二、花器的挑选

1. 花器种类

花器虽然无法与鲜花的绚烂美艳相提并论，但若缺乏花器的衬托，即便是最美丽的鲜花也会失去不少光彩。在家庭装饰的领域内，花器的种类繁多，令人眼花缭乱。从材质角度考察，玻璃、陶瓷、树脂、金属以及草编等各式花器各具特色，为花卉的搭配提供了多样化的选择和创意空间（图7-69～图7-71）。

图 7-69　玻璃花器

图 7-70　陶瓷花器

图 7-71　树脂花器

图7-69：玻璃制品，采用透明或彩色材质精心打造，其设计旨在凸显鲜花之色彩，使之更为鲜明，形态愈发优雅。将这些玻璃艺术品置于家居空间，不仅能够丰富室内色彩，还能注入一股生机勃勃的气息。

图7-70：陶瓷器皿在制作时广泛运用高温釉或无铅釉等材料，以确保花器的耐久性和审美价值。这些陶瓷花器在造型设计上，吸收了现代设计理念，追求简约、实用与美观的和谐统一。在烧制技术上，采用了先进的成型方法，以增强花器的结构稳定性。

图7-71：树脂花器，表面具有光泽感，质地柔软且光滑。得益于树脂材质的透明性，染色时色彩能够自然地渗透至器皿表面，形成丰富的层次效果。树脂花器在视觉上呈现出更加立体和生动的形象，仿佛引领观者进入自然之境，体验四季更迭与生命韵律之美。

图 7-72　金属花器

图 7-73　草编花器

图7-72：金属花器在造型、色泽及材质上展现出多样性，它们均以各自的独特韵味吸引着人们的目光。如铜质、铁质及铝质花器，它们以粗犷豪迈或沉静内敛的风格闻名。

图7-73：草编花器作为一种体现创造性和想象力的艺术品，是通过手工编织打造出的既美观又别具一格的装饰品。花器的具体形态、色彩及图案，完全由制作者的意图和技术水平决定。

2. 花器搭配方法

在挑选花器时，应优先考虑那些设计简洁、图案淡雅且不具备反光特性的款式。例如，采用原木色调的陶土盆，或是黑色、白色的陶瓷盆，均属于理想的选择。这些简约的设计不仅能够突出花卉艺术的魅力，还能够使花卉成为室内空间的视觉焦点，为环境注入生机与活力（图7-74）。

图7-74：原木色的陶土花盆以其简约而不失大气的造型，呈现出一种独树一帜的美学特征。该器物由泥土烧制而成，其表面带有微妙的凹凸纹理，透露出一种纯粹自然的审美情趣。该陶土盆以其本色搭配各类色彩斑斓的花卉，能显著提升花卉的视觉冲击力，使得花艺之美愈发显著。

图7-74　原木色陶土盆

小贴士

如何选择花器

挑选花器应遵循花卉搭配的基本原则，如花枝的长度、花朵的尺寸以及花卉色彩的协调性等多个维度的考量。此过程不仅要求对花卉特性有深刻理解，亦需要对家居美学有独到把握。

短花枝与低矮型花器的组合，能够共同塑造出一种密集且协调的审美效果。相对地，较长花枝与细高或竖直型花器的搭配，则更能彰显枝条延伸的流畅美感。对于花朵尺寸较小的花卉而言，选择瓶颈较为狭窄的花器进行搭配，有助于更加细腻地凸显花朵的精致与小巧。而对于瓶口径较大的花器，则适宜搭配花朵体积较大或花束更为密集的种类，这样的配置在视觉上能够使花朵更为显眼，从而提升整体的审美价值。

选择透明而纯净的玻璃材质的花器，能够与各种色彩的花卉相得益彰。陶瓷材质的花器，不宜与色彩过于浅淡的花卉搭配，以免造成整体效果的单一或缺乏层次。此外，金属材质的花器亦不适宜与浅色花卉搭配，因为金属的质感和光泽有可能导致浅色花卉显得较为暗淡。而具有自然纹理和温暖色调的实木花器，则能够与多种颜色的花卉相映成趣，营造出一种温馨且和谐的气氛。

三、花艺布置方法

花艺的装饰性应用，不仅能改善居住空间的视觉效果，还能使居住者的精神愉悦。在实施花艺装饰的过程中，为了最大化其艺术表现力，必须对装饰材料、设计理念、环境风格以及空间功能进行全面的评估与选择。

1. 空间功能

在多样化的空间功能中，花艺装饰具有各异的审美效果。以门厅为例，悬挂式花卉艺术品可产生较大的视觉冲击力，为取得理想的装饰效果，可以选取简约且风格高雅的插花作品，此类作品既引人注目，又避免了繁复之感（图7-75）。

在卫浴空间中，花艺的摆放同样能够营造愉悦的氛围。鉴于卫浴环境常暴露于潮湿中，选择合适的花瓶材质显得尤为重要。例如，采用玻璃材质的容器既防水又便于清洗，有助于保持花艺装饰的新鲜感与美观性（图7-76）。

图 7-75　门厅花艺　　　　　图 7-76　卫生间花艺

图 7-75：门厅不仅承担着迎接主人与客人的重要作用，而且代表着住宅的第一印象。门厅处植物装饰应优先考虑其审美价值和个性化特征。通过引入如吊兰等植物，可以打造出一个既温馨又舒适的空间，从而为人们带来美的享受。

图 7-76：卫生间这一特殊空间的花艺设计，应选择那些易于养护且具有清新气息的植物，如绿萝和芦荟。这些植物不仅美化了环境，还有助于空气净化，缓解人们的疲劳。同时，它们对于调节室内湿度、维持空气湿润同样具有积极作用。

2. 感官效果

花艺布置对人体感官体验和需求的考量要求很高。例如，餐桌上的花卉选择应当避免使用气味过于浓郁的品种，以免影响用餐者的食欲。而在卧室、书房等私人空间，则更应倾向于使用那些淡雅的花材，以营造一个令人愉悦的氛围，同时有助于放松紧张的心情，减轻身体疲劳。通过这样的设计理念，能够更好地满足人们的需求，让每个空间都散发出其独有的魅力（图 7-77、图 7-78）。

图 7-77　餐桌花艺搭配　　　　图 7-78　卧室花艺搭配

图 7-77：通过精心挑选与菜肴相得益彰的花卉种类，运用色彩的和谐搭配并结合食材特质，使得餐桌花艺显得更为生动且引人入胜。

图 7-78：卧室空间的花艺设计应着眼于营造宁静与舒适的氛围，以提高睡眠质量。所选花卉应具备令人放松、舒缓情绪的特性，从而为睡眠创造一个理想的环境。

3. 花艺风格

花卉艺术的风格存在东方与西方两种截然不同的审美取向。东方风韵，其花艺设计着重于传达一种深远且清新的审美意境，倾向于使用柔和的色系，以此打造出一个宁静和谐的空间氛围（图 7-79）。与此相对照，西方的花艺风格，更注重色彩的装饰性和视觉冲击力，其作品宛如层次丰富、艺术感强烈的油画，充满了浓郁的艺术韵味（图 7-80）。

4. 花艺的材料选择

花艺材料可以分为：鲜花、干花、仿真花等。

图 7-79 东方风格花艺

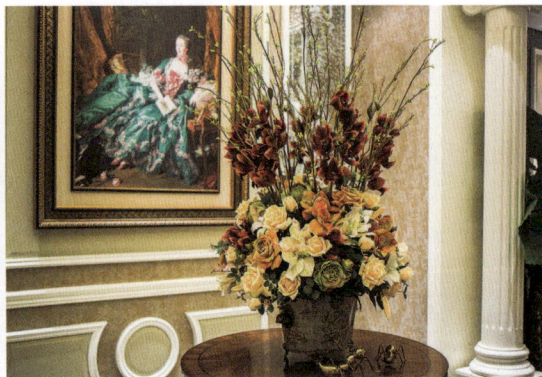

图 7-80 西方风格花艺

图 7-79：东方风格花艺注重对简约与雅致的追求。该风格力求摒弃多余装饰，维系材料本身的自然纯粹。东方花艺巧妙地借鉴自然景观，通过与室内环境的和谐融合，提升空间美学的层次。

图 7-80：西方风格的花艺设计着重于色彩的巧妙搭配。借助对比色、相邻色、三分法等原则，赋予室内空间以强烈的视觉冲击效果。

（1）鲜花。鲜花色彩斑斓夺目，氛围清新，花香弥漫，映射出大自然的生机与活力。尽管如此，鲜花的美丽却宛如烟花般稍纵即逝，其保质期有限，且成本相对较高（图 7-81）。

（2）干花。干花则呈现出另一种艺术韵味，它由新鲜植物加工制成，具备较长的保存期限，并展现出独特的艺术风貌。干花不仅保留了新鲜植物的香气，其色泽和形态也得以长久保持（图 7-82）。

（3）仿真花。仿真花是一类由布料、塑料、网纱等材质构成的艺术品，其旨在模仿自然界中的鲜花。这类花卉能够复现鲜花的视觉魅力，并且经济实惠、能够长久保存，但其无法复制鲜花的自然香气（图 7-83）。

图 7-81 鲜花

图 7-82 干花

图 7-83 仿真花

图 7-81：鲜花采摘后，通常在数天内便会凋谢。在庆祝重大节日的场合，鲜花成为不可或缺的选择，其能够增添仪式的庄严感，并彰显庆典的层次。

图 7-82：干花通常呈现出单一色调，如红、黄、白等，且形态较为脆弱。在光照不足的环境中，干花因其不受光线影响的特点而成为理想之选，同时还能展现其独特的自然美感。

图 7-83：仿真花是通过塑料、布料、金属等多种材料制作的。这些看似普通的素材，在设计师的巧妙构思与精湛工艺的打造下，能转化成为令人赏心悦目的花卉艺术品。仿真花不仅满足了人们对美的追求，同时也提供了对自然花卉的一种替代方案。

5. 采光方式

不同类型的光照条件能够激发不同的心理状态。例如当大型花艺作品在宽敞的空间内展出时，聚光灯的巧妙运用不仅凸显了作品的视觉焦点，同时也增强了其吸引力。通过对光线的精心处理，花艺作品仿佛被赋予了生命，其艺术魅力得以进一步彰显，为整个空间注入了活力和生机（图 7-84）。

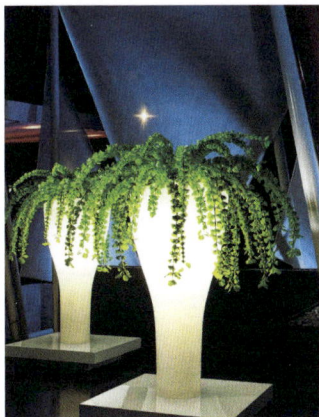

图 7-84：在较为昏暗的场景中，花艺作品往往依赖灯光的映衬来展现其美感。当光线从作品的底部向上照射时，能够为花艺作品带来一种悬浮的错觉和神秘感，从而丰富室内环境的氛围。

图 7-84　灯光与花艺的配合

课后练习

1. 简要阐述软装与陈设的核心理念。

2. 列举并对比软装与陈设的显著差异。

3. 软装与陈设设计的重要作用有哪些？

4. 梳理软装与陈设的分类体系。

5. 结合室内设计市场现状，展望软装与陈设设计市场的发展趋势。

6. 盘点生活中常见的软装产品及其应用。

7. 深入学习先进的软装饰理念，在居住空间中引入中国传统手工艺陈设品与非遗文化元素，汲取优秀案例的营养，查找并学习 5 个 / 套优秀案例并分析其优秀的原因。

第八章

装饰材料与施工工艺

识读难度： ★★★★★

核心概念： 材料、施工、构造、环保

章节导读： 舒适、美观的居住空间不仅仅是生活的基本需求，更是品质生活的象征。从选材到施工，每一个环节都至关重要。本章详细介绍居住空间中的材料选择，主要包括常用的五金、木材、瓷砖、涂料等。将材料转化为施工构造，详细讲述铺装施工、水电施工、构造施工、涂饰施工、安装施工等。从选材到施工，每一个环节都要精益求精，学习传统建筑名著《营造法式》，引用其中经典材料与工艺，为居住者带来舒适、美观的生活体验（图8-1）。

图 8-1 居住空间材料组合与搭配

图 8-1：现代风格中较流行的清水混凝土墙面，表现出素雅的书房氛围，搭配复合木地板与彩色家具，形成一定的对比质感。

第一节　装饰材料与施工工艺概述

一、装饰材料概念

材料是指直接或间接用于室内设计、施工、维修中的实体物质成分，通过这些物质的搭配、组合能创造出适合使用的室内环境空间。传统材料按形态可分为五材，即实材、板材、片材、型材、线材等五个类型（图8-2～图8-6），随着新技术的不断革新，如真石漆、液体壁纸等新型材料也逐渐进入公众的视野中（图8-7～图8-9）。

图 8-2　实材——粉煤灰砌块

图 8-3　板材——多层实木板

图 8-4　片材——亚克力板

图 8-5　型材——铝型材

图 8-2：其是可回收再利用的绿色环保砖块，使用频率较高。

图 8-3：它是家具常用材料之一，能有效提高木材利用率。

图 8-4：亚克力板色彩丰富，拥有一定硬度，价格适中。

图 8-5：质地较好，应用较广，综合性能比较强。

图 8-6　线材——电线　　图 8-7　真石漆　　　图 8-8　硅藻泥　　　图 8-9　液体壁纸

图 8-6：它是电路工程的基础材料，需要连接紧密并做好防潮绝缘。

图 8-7：自然色泽，具有天然石材的质感，无毒、环保，耐污性好。

图 8-8：天然、环保，能很好地吸声、降噪，装饰效果好。

图 8-9：无毒、无味，绿色、环保，耐水性、光泽度较好。

二、施工工艺基础

　　施工工艺主要通过使用材料，对室内空间进行施工。施工首先要解决的便是承重、抗压等物理问题，其次便是需要选择适当的操作手段，在经济、高效、集约的前提下完成施工，从而满足公众的使用需求与审美需求。

1. 基础施工

　　基础施工包括基层构造、骨架构造，是装修施工构造的最内层结构，主要起到固定、承载、强化整个设计构造的作用。

2. 饰面工艺

　　饰面工艺指的是将材料覆盖在建筑构件表面的方式，能起到保护与美化作用。

　　（1）罩面工艺。主要分为涂刷与抹灰两种。涂刷饰面是指将建筑涂料涂敷于构件表面，并能与基层材料黏合成完整的保护膜；抹灰饰面是建筑物中用以保护与装饰主体工程而采用的最基本的手段之一，根据部位的不同可将其分为外墙抹灰、内墙抹灰、顶面抹灰等几种（图 8-10、图 8-11）。

图 8-10：将滚筒浸泡乳胶漆后在墙面滚涂，让墙面获得均匀的乳胶漆涂膜层，起到保护、美化墙面的作用。

图 8-11：内墙抹灰找平后能更好地进行涂刷乳胶漆或铺贴墙纸等工作，施工前需要清洁基层并洒水润湿。

图 8-10　乳胶漆滚涂　　　图 8-11　罩面施工——内墙抹灰

　　（2）贴面工艺。主要分为铺贴、裱糊、钉接等几种。铺贴施工常用的材料为瓷砖，为了加强黏结力，常在砖体背面用水泥砂浆或专用黏结剂涂抹并粘贴在墙面上；裱糊施工的材料呈薄片或卷状，如壁纸、墙布、绸缎、防潮毡、橡胶板和各种塑料板材等；钉接施工则多采用自重轻或厚度小、面积大的板材，如木制品、金属板、石膏板等，可以钉固于基层或压条、嵌条上（图 8-12）。

（3）钩系工艺。主要分为钩挂与系挂两种。钩挂指的是采用成品金属挂钩将侧面开有凹槽的板材挂接在结构层上，无需使用胶凝材料粘接，适用于厚度≥30mm的石材、玻化砖或混凝土板块施工；系挂指的是在板材上方的两侧钻小孔，用铜丝、钢丝或镀锌铁丝将板材与结构层上的预埋铁件连接，板与结构间灌砂浆固定，适用于厚度为20mm～30mm的石材等材料施工（图8-13）。

图8-12：钉接木线条应采用专用的钉接工具，钉接孔洞之间的距离要控制好，所选用的钉子尺寸应一致。

图8-13：玻化砖钩挂比较节省材料，但施工难度较高，危险系数也较大，施工时需注意。

图8-12　贴面施工——钉接木线条　　图8-13　钩系施工——玻化砖钩挂

第二节　基础工程

一、砖

1. 釉面砖

釉面砖表面可以做样式丰富的花纹，相比抛光砖图案更加丰富，但是在耐磨性能方面不如抛光砖。

釉面砖又称为陶瓷砖、瓷片，是装饰面砖的典型代表，是一种传统的卫生间、厨房墙面铺装用砖（图8-14、图8-15）。根据表面光泽不同，釉面砖又可以分为高光釉面砖与亚光釉面砖两大类。

图8-14：釉面砖的表面用釉料烧制而成，主体可以分为陶土与瓷土两种，陶土烧制出来的背面呈灰红色，瓷土烧制的背面呈灰白色。

图8-15：由于釉料印花与生产工艺不同，印花釉面砖表面可以制作成各种图案与花纹，装饰性很强。

图8-14　普通釉面砖　　图8-15　釉料印花釉面砖

在现代装修中，釉面砖主要用于厨房、卫生间、阳台等室内外墙面铺装，其规格一般为300mm×300mm×6mm、300mm×450mm×6mm 以及 300mm×600mm×8mm 等。高档釉面砖还配有相当规格的腰线砖、踢脚线砖、顶角线砖等，均施有彩釉装饰，且价格高昂，其中腰线砖的价格是普通砖的 5 ～ 8 倍。

釉面砖用途广

釉面砖在装修中主要用于洗手间、厨房、室外阳台，也可以作为一种装饰元素用在墙面、门窗边缘、踢脚线等地方，既美观又保护墙基不易被鞋或桌椅凳脚弄脏。贴墙砖是保护墙面免遭水溅的有效途径，而用于水池和浴室的瓷砖，则既要美观、防潮，也要兼顾耐磨性（图8-16、图8-17）。

图8-16：釉面砖具备良好的防潮性能，适用于卫生间潮湿的环境，拥有不同花色、图案的釉面砖可以很好地装饰卫生间。

图8-17：釉面砖拥有各种规格和各种色彩，可以很好地装饰空间，也能适用于不同面积的空间。

图 8-16　卫生间铺装釉面砖　　图 8-17　釉面砖的样式

2. 锦砖

锦砖砖体薄，自重轻，紧密的缝隙能保证每块材料都牢牢地黏结在砂浆中，因而不易脱落，即使少数砖块掉落下来，也方便修补，不会构成危险，具有安全感（图8-18、图8-19）。

图8-18：锦砖花色十分丰富，组合样式也具有多变性，可以很好地装饰空间。

图8-19：锦砖还可以用来做拼贴画装饰墙面，但是过程比较复杂，所以一般来说价格比较昂贵。

图 8-18　锦砖　　　　　图 8-19　锦砖拼贴画

锦砖又称为马赛克、纸皮砖，是指在装修中使用的拼成各种装饰图案的片状小砖。传统锦砖一般是指陶瓷锦砖，于20世纪70～80年代在我国流行一时，后来随着釉面砖的发展，陶瓷锦砖产品种类有限，逐渐退出市场。如今随着设计风格的多样化，锦砖又重现历史舞台，其品种、样式、规格更加丰富。

锦砖的吸水性好，抗冻性能强，特别是其晶莹、细腻的质感，能提高装修界面的耐污染能力，并体现材料的高贵感，现在逐渐成为装修的重要材料。

3. 抛光砖

通体砖坯体的表面经过打磨而成的一种光亮的砖叫作抛光砖。抛光砖相比较通体砖而言表面会更加光洁，适合在客厅、卧室中使用。抛光砖在生产过程中由数千吨液压机压制，再经 1200℃以上高温烧结，强度高，砖体也很薄，具有很好的防滑功能。抛光砖在生产时会留下凹凸气孔，这些气孔会藏污纳垢，造成表面很容易渗入污染物，甚至将茶水倒在抛光砖上都会渗透至砖体中（图 8-20、图 8-21）。

图 8-20：抛光砖色泽亮丽，抗弯曲强度大，重量也很轻，坚硬耐磨，适合在洗手间、厨房以外的室内空间中使用。

图 8-21：还可以将抛光砖作为踢脚线来使用，可以有效防止墙角被桌椅或其他物品弄脏或磕碰到。

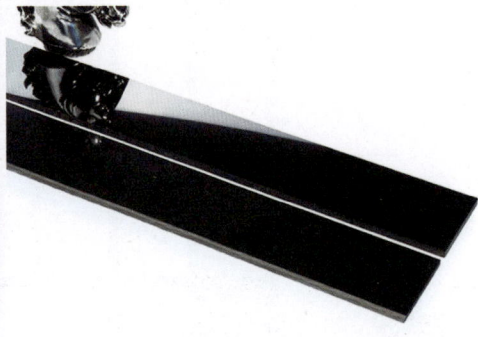

图 8-20　抛光砖　　　　　　图 8-21　抛光砖与踢脚线

抛光砖主要用于地面铺装，根据不同位置，要求铺设的抛光砖类型也有不同，相同位置也有多种不同特性的抛光砖可供选择。由于抛光砖在装饰材料中所占比例比较大，所以在选购时要货比三家，选购前一定要对所需地砖有精确的计算，避免浪费。

小贴士

抛光砖的保养方法

1. 用前保护。抛光砖在施工与日常使用中要注意清洁保养。抛光砖在铺好后未使用前，为了避免其他项目施工时损伤砖面，应用编织袋等不易脱色的物品进行保护，把砖面遮盖好。

2. 干拖。日常清洁地面时，尽量采用干拖，少用湿拖，局部较脏或有污迹时，可用家用清洁剂，如洗洁精、洗衣粉等，或用除污剂进行清洗。

3. 上蜡。清洁时要根据使用情况定期或不定期地涂上地砖蜡，待其干后再抹亮，可保持砖面光亮如新。如果经济条件较好，可采用晶面处理，从而达到商业酒店的效果。

4. 玻化砖

玻化砖具有天然石材的质感，而且具有高光度、高硬度、高耐磨性、吸水率低以及色差小等优点，玻化砖的色彩、图案、光泽等都可以人为控制，自由度比较高。

玻化砖又称为全瓷砖，是通体砖表面经过打磨而成的一种光亮瓷砖，属于通体砖中的一种，采用优质高岭土经过强化高温烧制而成，质地为多晶材料，具有很高的强度与硬度（图 8-22 ～图 8-24）。

图 8-22　玻化砖（一）　图 8-23　玻化砖（二）　图 8-24　客厅铺贴玻化砖

图 8-22：玻化砖表面光洁而又无须抛光，因此不存在抛光气孔的污染问题，耐腐蚀和抗污性都比较好。

图 8-23：玻化砖结合了欧式与中式风格，色彩丰富多样，铺装于墙地面上可以起到隔音、隔热的作用，而且质地比大理石轻便。

图 8-24：玻化砖以中大尺寸产品为主，产品最大规格可以达到 1200mm×1200mm，主要用于大面积客厅。

小贴士

玻化砖保养方法

玻化砖在施工完毕后，要对砖面进行打蜡处理，3 遍打蜡后进行抛光，以后每 3 个月或半年打蜡 1 次，否则酱油、墨水、菜汤、茶水等液态污渍会渗入砖面后留在砖体内，形成花砖。同时，砖面的光泽会渐渐失去，最终影响美观。此外，玻化砖表面太光滑，稍有水滴就会使人摔跤，部分产地的高岭土辐射较高，购买时最好选择知名品牌。

5. 微粉砖

微粉砖是在玻化砖的基础上发展起来的一种全新通体砖，也可以认为是一种更高档的玻化砖。微粉砖所使用的坯体原料颗粒研磨得非常细小，通过计算机随机布料制坯，经过高温高压煅烧，然后经过表面抛光而成，其表面与背面的色泽一致（图 8-25、图 8-26）。

6. 超微粉砖

超微粉砖的基础材料与微粉砖一样，只是表面材料的颗粒单位体积更小，仅为一般微粉砖原料颗粒的 5% 左右。超微粉砖的花色图案自然逼真，石材效果强烈，采用超细的原料颗粒，产品光洁耐磨，不易渗污（图 8-27）。

图 8-25　微粉砖　　　　图 8-26　微粉砖花色　　　　图 8-27　超微粉砖样式

图 8-25：微粉砖的层次和纹理更具通透感和真实感，纹样十分丰富，装饰效果也比较好。

图 8-26：微粉砖背面的底色和正面的色泽应该一致，正面花色、图案等也都不呆板，具有很好的美观性。

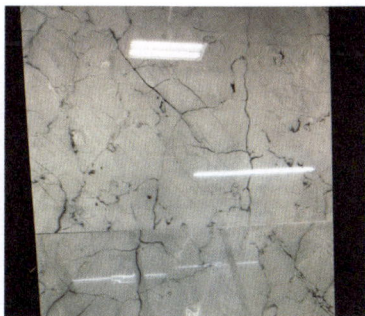

图 8-27：超微粉砖的每一块砖材的花纹都不同，但整体非常的协调、自然。

超微粉砖中还加入了石英、金刚砂等矿物骨料，所呈现的纹理为随机状，看不出重复效果。在超微粉砖的基础上还开发出了聚晶微粉砖，聚晶微粉砖是在烧制过程中融入了一些晶体熔块或颗粒，属于超微粉砖的升级产品。

二、水泥

普通水泥是由硅酸盐水泥熟料、石膏、10% ～ 15% 混合材料等磨细制成的水硬性胶凝材料，又被称为普通硅酸盐水泥（图 8-28、图 8-29）。普通水泥具有较好的抗冻性与耐磨性，早期强度高，但这种材料的耐热性比较差，耐腐蚀性能与抗渗性能也比较差，比较适用于墙体构造砌筑、墙地砖铺贴等基础工程。

图 8-28　普通水泥

图 8-29　普通水泥调和

图 8-28：普通水泥中含有的硅酸盐水泥熟料是以石灰石与黏土为主要原料，经破碎、配料、磨细制成生料，最后置入水泥窑中煅烧而成。

图 8-29：普通水泥进行调和时，水泥、水、砂的比例要协调好，吸附性能强的水泥才是比例合适的。通常素水泥凝固需 12 个小时，凝固后还需浇水养护，以防开裂。

小贴士

普通水泥的调配比例

通常砌筑砖墙可以选用比例（体积比）1∶2.5 ～ 1∶3 的水泥砂浆，即水泥为 1，砂为 2.5 ～ 3；墙面抹灰可以选用比例 1∶2 ～ 1∶2.5 水泥砂浆；墙面瓷砖铺贴可以选用 1∶1 水泥砂浆或素水泥。

三、钢材

1. 钢筋

钢筋是指配置在钢筋混凝土及构件中的钢条或钢丝的总称。钢筋的分类很多，包括光面钢筋、带肋钢筋、冷轧扭钢筋等（图 8-30、图 8-31）。

图 8-30　钢筋横截面

图 8-31　钢筋应用

图 8-30：钢筋的横截面为圆形或带有圆角的方形，通常可采用压焊或熔焊的方式焊接。

图 8-31：钢筋可广泛用于各种装修、建筑结构，尤其可在混凝土构造中起到核心承载的作用。

在现代装修中，钢筋主要用作浇筑架空楼板、梁柱的骨架材料，施工时需要预先根据设计要求与承载负荷，选用相应规格的钢筋编制成钢筋网架，最终以浇筑混凝土来完成。钢筋在混凝土中主要承受拉应力，钢筋外表具有凸出的构造肋，它与混凝土之间形成的摩擦力能增加钢筋混凝土的强度，使结构可以更好地承受外力。

2. 型钢

型钢又称为重钢、钢材，是具有一定截面形状与尺寸规格的钢质型材。用于装修的型钢按其断面形状又可分为工字钢、槽钢、角钢、钢管、钢板等，型钢的密度为 $7.85kg/m^3$。

型钢便于机械加工、结构连接与安装，还易于拆除、回收。与混凝土相比，型钢加工所产生的噪声小、粉尘少、自重轻，待建筑结构使用寿命到期时，结构拆除后产生的固体垃圾量小，废钢资源回收价值高，其施工速度约为混凝土构造的 2～3 倍。

（1）工字钢。工字钢又称为钢梁，是截面为工字形的长条型钢，其规格以腰高×腿宽×腰厚尺寸来表示，如工 160mm×88mm×6mm，即表示腰高 160mm、腿宽 88mm、腰厚 6mm 的工字钢。这类型材的规格为 10～60 号，即腰高为 100～600mm（图 8-32、图 8-33）。

图 8-32：工字钢多用于架空楼板的立柱、横梁，悬挑楼板的挑梁，或用于加强建筑构造的支撑结构。

图 8-33：H 型钢结构重量轻，具有在各个方向上抗弯能力强、力学性能好、施工简单、节约成本等优点。

图 8-32　工字钢应用　　　　图 8-33　H 型钢

小贴士

电焊条

电焊条主要由金属焊芯与涂料（药皮）构成，在低碳钢丝外将涂料（药皮）均匀、向心地压涂在焊芯上。电焊条在焊接时，焊芯主要用于传导焊接电流，产生电弧，从而将电能转换成热能（图 8-34）。

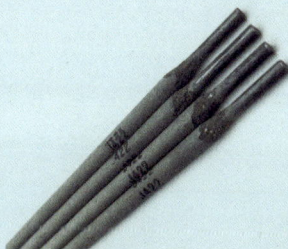

图 8-34：电焊条中被药皮包覆的金属芯称为焊芯，焊芯是一根具有一定长度的钢丝。焊接时，焊芯能熔化作为填充金属与液体母材金属熔合形成焊缝。

图 8-34　电焊条

（2）槽钢。槽钢是截面为凹槽形的条形型钢，分普通槽钢与轻型槽钢。普通热轧槽钢的规格为 5～40 号，在相同的高度下，轻型槽钢比普通槽钢腿窄、腰薄、重量轻，5～16 号槽钢为中型槽钢，18～40 号为大型槽钢。

槽钢的规格以腰高×腿宽×腰厚尺寸来表示，如 120mm×53mm×5mm，即表示腰高 120mm、腿宽 53mm、腰厚 5mm 的槽钢，或 12 号槽钢。腰高相同的槽钢，如有几种不同的腿宽与腰厚，也需在型号右边加 a、b、c 予以区别，如 20a、20b 等。槽钢除了上述截面规格外，长度和价格与工字钢一致（图 8-35）。

（3）角钢。角钢又称为角铁，是两边互相垂直形成角形的型钢，有等边角钢与不等边角钢之分。等边角钢的两个边宽相等，规格以边宽×边宽×边厚来表示，如∠40mm×40mm×4mm，即表示边宽为40mm、边厚为4mm的等边角钢，或∠4。

不等边角钢是指断面为角形且两边宽不相等的钢材，由热轧机轧制而成，它的截面高度按不等边角钢的长边宽来计算，其边宽为25mm×16mm～200mm×125mm，厚度为4～18mm（图8-36）。

图 8-35 槽钢

图 8-36 角钢

图 8-35：槽钢主要辅助工字钢使用，可用于辅助架空楼板的立柱、横梁，悬挑楼板的挑梁，或用于加强建筑构造的支撑结构。

图 8-36：边宽小于 50mm 的为小型角钢，边宽在 50～125mm 之间的为中型角钢，边宽大于 125mm 的为大型角钢。

在室内设计施工中，角钢主要用于大型家具、楼梯、雨棚、吊顶、电器等大型构造的支撑构件，或配合槽钢、工字钢作为局部承载补充。角钢除了上述截面规格外，长度和价格与工字钢一致。

（4）钢管。钢管是一种中心镂空的型钢，用钢管制造结构网架、支柱、支架等，可以减轻结构重量，从而降低建造成本。钢管可以代替部分钢材。

钢管根据生产方法的不同可分无缝钢管与有缝钢管两大类。无缝钢管是中空截面、周边没有接缝的长条钢材；有缝钢管又称为焊接钢管，简称焊管，是用钢板或钢带经卷曲后焊接而成的钢管。钢管按横截面形状的不同又可分为圆形钢管与异形钢管（图8-37～图8-40）。

图 8-37 无缝钢管

图 8-38 有缝钢管

图 8-39 圆形钢管

图 8-40 异形钢管

图 8-37：无缝钢管采用优质碳素钢或合金钢制成，强度高，可用于装修中的各种热水管、暖气管、空调管，也可用于搭建脚手架等。

图 8-38：有缝钢管生产工艺简单，生产效率高，品种规格多，强度高，在装修中主要用于输水管、煤气管、暖气管等。

图 8-39：圆形钢管具有较强的承载力，截面面积大，但在同等受力条件下，不及方管、矩形管的抗弯强度大。

图 8-40：异形钢管是指各种非圆环形断面的钢管，其中主要有方形管、矩形管、椭圆管、扁形管、平行四边形管、多层管等。

四、基础工程施工工艺

1. 基层清理

（1）交房验收。在建筑室内基层清理之前，首先要做的就是验收。验收可以查验出室内空间存在的问题，并及时解决，这样能给后期施工提供许多便利之处。

（2）界面找平。界面找平是指将准备装修的各界面表面清理平整，填补凹坑，铲除凸出的水泥疙瘩，经过仔细测量后，校正房屋界面的平直度。

（3）标高线定位。标高线是指在墙面上绘制的水平墨线条，应在墙面找平后再绘制。标高线距离地面一般为90mm、1200mm或1500mm，这3个高度任选其一绘制即可。定位标高线的作用是方便施工员找准水平高度，方便墙面开设线槽、制作家具构造等，能随时获得准确的位置（图8-41）。

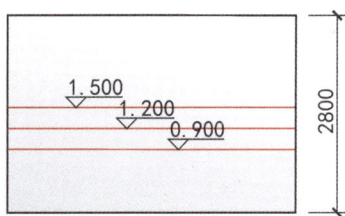

图8-41：定位标高线时需要借助其他工具来保证绘制线条的水平度。

图 8-41　标高线示意图

2. 结构基础处理

（1）室内加层。凡是单层净空高度大于3600mm，且周边墙体为牢固的承重墙，均可以在室内制作楼板，即采用各种结构材料在底层或顶层空间制作楼板，将1层当作2层来使用，从而达到增加使用空间的目的。这种加层方法又被称为架设阁楼，这也是传统意义上的室内加层。

（2）墙体加固。墙体开裂、变形是建筑空间的常见问题，不同的地质环境都会造成墙体不同程度的损坏。墙体加固的方法很多，图8-42、图8-43中介绍了一种整体加固法。

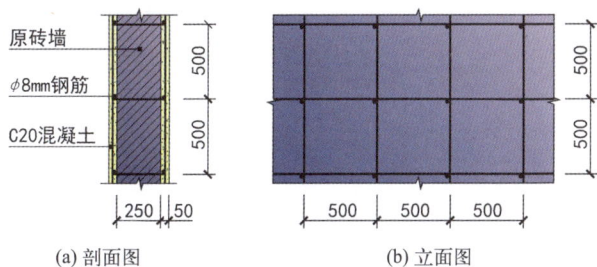

(a) 剖面图　　(b) 立面图

图 8-42　整体加固法示意图

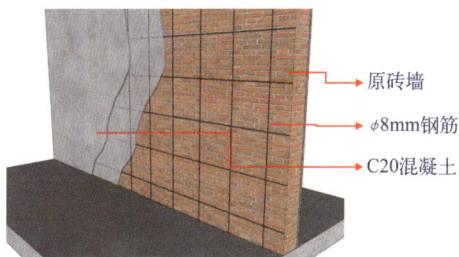

图 8-43　整体加固法三维图

图8-42：整体加固法是指凿除原墙体表面抹灰层后，在墙体两侧设钢筋网片，采用水泥砂浆或混凝土进行喷射加固。这种方法简单有效，适用于现在大多数建筑结构，经过整体加固后的墙体又称为夹板墙。

（3）修补裂缝。砖墙裂缝属于建筑的常见问题，裂缝一般只影响美观，当裂缝宽度小于2mm时，砖墙的承载力只降低10%左右，对实际使用并无大的影响（图8-44、图8-45）。

图8-44：裂缝在1年内有变长变宽的趋势时，应及时修补。将开裂墙面铲除表层涂料，采用切割机扩大裂缝，再用水泥砂浆封闭找平。

图8-45：只粘贴防裂带后刮腻子找平，容易造成防裂带开裂或脱落。裂缝宽度小于2mm，单面墙上裂缝数量不超过3条，裂缝长度不超过墙面长或高的60%，且不再加宽、加长时就不必修补。

图 8-44　利用砂浆填补裂缝

图 8-45　防裂带脱落

砖墙裂缝预防

砖墙裂缝既要修补到位，又要防患于未然，在后续装修中都应考虑砖墙裂缝产生的可能性。

1. 温差裂缝。由温度变化引起的砖墙裂缝，可在装饰层与砌筑层之间铺装聚苯乙烯保温板，或涂刷柔性防水涂料，并在此基础上铺装1层防裂纤维网（图8-46）。

2. 材料裂缝。使用低劣的砌筑材料也会造成裂缝，尤其是新型轻质砌块，各地生产标准与设备都不同，选购建房、改造砌筑材料时要特别注重材料的质量（图8-47）。

3. 施工不合格导致的裂缝。由于施工不合格而产生的墙体裂缝在近几年出现频率也较高，应当采用稳妥的施工工艺（图8-48）。施工效率较高的铺浆法易造成灰缝砂浆不饱满、易失水且黏结力差，因此应采用"三一"法砌筑，即一块砖，一铲灰，一揉挤。

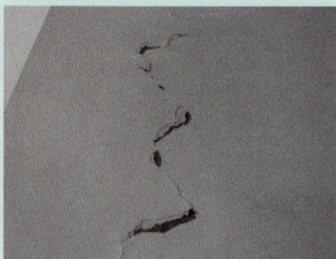

图 8-46　温差裂缝	图 8-47　材料裂缝	图 8-48　砖块砌筑

图8-46：靠近户外门窗的墙面，或常年受阳光直射的墙面，容易产生开裂。

图8-47：不同性质的墙面或墙体材料组合在一起时很容易直接开裂，应当严格控制施工工艺。

图8-48：砖块砌筑应提前1天湿润，砌筑时还应向砌筑面适量浇水。每天的砌筑高度应不大于1400mm。在长度不小于3600mm的墙体单面设伸缩缝，并采用高弹防水材料嵌缝。

3. 基础墙体拆砌

墙体拆除可以扩大起居空间，增加室内的使用面积，是当前中小户型装修必备的施工项目，很多房地产开发商也因此不再制作除厨房、卫生间以外的室内隔墙了，这又要求在装修中需要砌筑一部分隔墙来满足房间分隔。拆除与砌筑相辅相成，综合运用才能达到完美的效果。

（1）墙体拆除。拆除墙体改造成门窗洞口，能最大化地利用空间，这也是常见的改造手法。拆墙的目的很明确，就是开拓空间，使阴暗、狭小的空间变得明亮、开敞。在改造施工中要谨慎操作，拆墙不能破坏周边构造，保证建筑构造的安全性（图8-49）。

（2）墙体补筑。墙体补筑是在原有墙体构造的基础上重新砌筑新墙，新墙应与旧墙紧密结合，完工后不能存在开裂、变形等隐患（图8-50、图8-51）。

图8-49：拆除墙体时，注意只能拆除非承重的墙体，砌块墙体应采用切割机裁切、修整边缘，防止砌块受到震动而裂碎，否则会降低原有墙体的承载能力。顶部横梁不应受到破坏，靠近横梁的砌块、砖块应小心撬动后抽出。

图 8-49　墙体拆除

（3）落水管包砌。厨房、卫生间里的落水管一般都要包砌起来，这样既美观又洁净，属于墙体砌筑施工中的重要环节（图8-52、图8-53）。

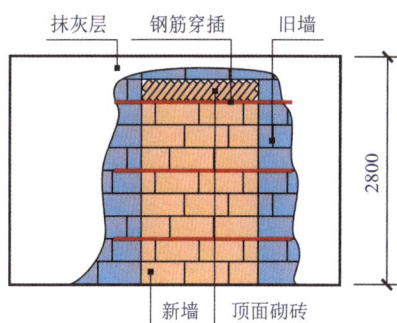

图 8-50　墙体补筑示意图

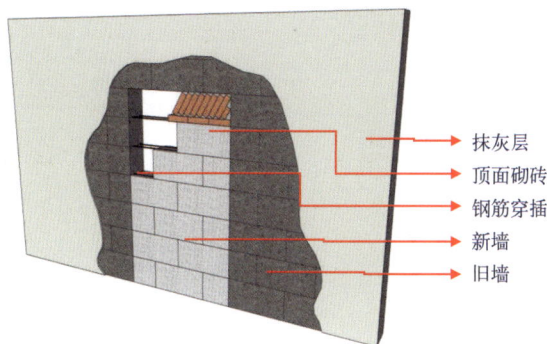

图 8-51　墙体补筑三维图

图 8-50：局部补筑时应采用小块轻质砖，砖块布置方向应多样化。

图 8-51：根据墙体补筑示意图可以清楚地看到新墙砌筑时需要使用钢筋穿插其中，以此增加其稳定性，此外，新旧墙之间的连接也要格外注意。

图 8-52：落水管包砌图很详细地绘制了包砌的施工步骤，且落水管一般都是 PVC 管，具有一定的缩胀性，包落水管时要充分考虑这种缩胀性。

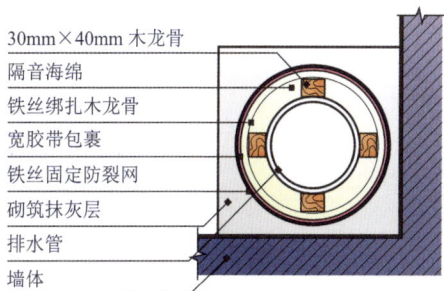

图 8-52　落水管包砌示意图

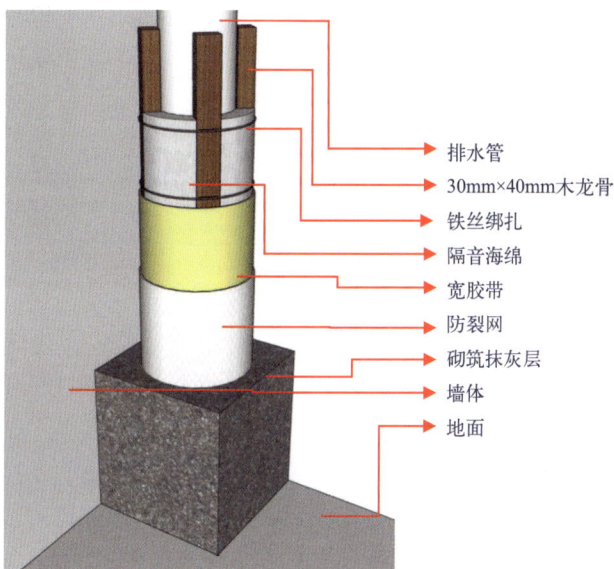

图 8-53　落水管包砌三维图

　　落水管的传统包砌方法是使用砖块砌筑，砖砌的落水管隔音效果不好，从上到下的水流会产生很大的噪声。

第三节　水电工程

一、给水管

　　PP-R 管不仅是厨房与卫生间冷、热水给水管的首选，还能够用作中央空调、小型锅炉地暖的给水管，以及直接饮用的纯净水的供水管。

　　PP-R 供水管分为冷水管与热水管，冷水管的工作温度只能达到 70℃，热水管可以达到 130℃，但冷水管价格低廉。为了防止热水器中的热水回流，一般应全部采用热水管，使用起来更加安全。而冷水管一般只用于阳台、庭院的洗涤、灌溉水管（图 8-54、图 8-55）。

图 8-54 PP-R 管

图 8-55 PP-R 管配件

图 8-54：在选购 PP-R 水管时，应了解产品的性能指标，如耐压性、耐温性、环保性等。这些性能指标是衡量水管质量的重要标准。

图 8-55：PP-R 管要选用配套产品的接头、配件，不同品牌和规格不能混用。

二、排水管

PVC 管全称为聚氯乙烯管，是用热压法挤压成型的塑料管材。PVC 管的抗腐蚀能力强、易于粘接、价格低、质地坚硬，是当今最流行且被广泛应用的合成管道材料（图 8-56）。一般情况下，PVC 管不用作生活饮用水的给水管，必须使用时应选用合格产品。

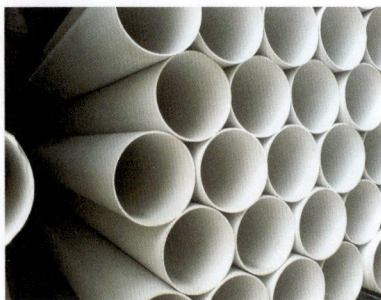

图 8-56 PVC 管

图 8-56：PVC 管具有良好的水密性，无论采用粘接还是橡胶圈螺旋连接，均具有良好的水密性。

小贴士

如何更好地避免 PVC 管漏水

1. 选择合适的尺寸

当选购的 PVC 管尺寸小于所需要的尺寸时，间隙会过大，如果仅依靠胶黏剂去填补缝隙，会导致 PVC 管粘接不紧密而脱节漏水。因此管材、管件规格要统一，以保证 PVC 管获得良好的粘接效果，避免漏水现象发生。

2. 规范堆放

堆放硬 PVC 管必须按技术规程操作，如果堆放不规范或者长期堆放过高，会造成 PVC 管承口部位变成椭圆形，导致连接不紧密或者局部间隙过大，PVC 管粘接后，强度也会有所降低，从而导致硬 PVC 管漏水。

3. 预留合适的固化时间

根据胶黏剂的特性及相关规定，安装硬 PVC 管时，要使用胶黏剂粘接，粘接后需要预留 48 个小时来使 PVC 管充分固化，等 PVC 管完全固化后再用螺栓固定继续施工。

三、电源线

电源线内部是铜芯，外部包裹 PVC 绝缘层，需要在施工中组建回路，并穿接专用阻燃的 PVC 线管，方可入墙埋设。

电源线以卷为计量，每卷线材的标准长度应为 100m。电源线的粗细规格一般按铜芯的截面面积进行划分。一般而言，普通照明用线选用 $1.5mm^2$，插座用线选用 $2.5mm^2$，热水器、壁挂空调等大功率电器的用线选用 4mm²，中央空调等超大功率电器可选用 6mm² 以上的电线。

电源线的使用比较灵活，施工员可以根据电路设计与实际需要组建回路，虽然需要外套 PVC 管，但是布设后更安全可靠，其是目前中大户型装修的主流电线（图 8-57）。

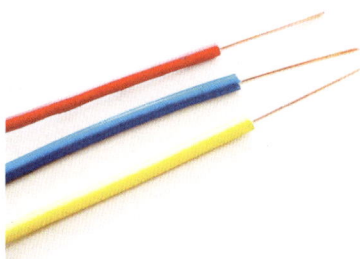

图 8-57　电源线

图 8-57：为了方便区分，电源线的 PVC 绝缘套有多种色彩，如红、绿、黄、蓝、紫、黑、白与绿黄双色等。在同一装修工程中，选用电线的颜色及用途应该一致。

四、信号线

网络线是指计算机连接局域网的数据传输线（图 8-58、图 8-59）。在局域网中常见的网络线主要为双绞线，双绞线采用一对互相绝缘的金属导线互相绞合，用以抵御外界电磁波干扰，每根导线在传输中辐射的电磁波会被另一根线所发出的电磁波抵消。

双绞线可分为屏蔽双绞线与非屏蔽双绞线（图 8-60、图 8-61）。屏蔽双绞线电缆的外层由铝箔包裹，以减小辐射，但并不能完全消除辐射，价格相对较高；非屏蔽双绞线直径小，能节省所占用的空间，其重量轻、易弯曲、易安装、阻燃性好，能将近端串扰减至最小或消除。

图 8-58　网络线包装　　图 8-59　网络线接头　　图 8-60　屏蔽双绞线　　图 8-61　非屏蔽双绞线

图 8-58：网络线较软，纸箱包装能有效保护线材不受破坏，多储存于干燥处。
图 8-59：网络线接头为一次性产品，安装后无法拆解，如需拆解需要剪断重新安装。
图 8-60：屏蔽双绞线主要采用一对彼此绝缘的金属导线互相绞合来抵御外界电磁波干扰。
图 8-61：非屏蔽双绞线多为较短的成品网络线，接头制作精美，需要专用工具加工制作。

五、水电工程施工工艺

1. 回填找平

地面回填适用于下沉式卫生间与厨房，这是目前大多数建筑流行的构造形式。下沉式建筑结构能自由布设给排水管道，统一制作防水层，有利于个性化空间布局，但是也给施工带来困难，需要大量轻质渣土将下沉空间填补平整。

（1）渣土回填。渣土回填是指采用轻质砖渣等建筑构造的废弃材料填补下沉式空间，这需要在下沉空间中预先布设好管道，在回填过程中需要注意的是回填材料不能破坏已安装好的管道设施，不能破坏原有地面的防水层。

（2）地面找平。地面找平是指水电隐蔽施工结束后，对地面填铺平整的施工。主要填补地面管线凹槽，对平整度有要求的室内地面进行找平，以便铺设复合木地板或地毯等轻薄的装饰材料。

2. 水电管线敷设

水电施工属于隐蔽工程，各种管线都要埋入墙体、地面中。因此，要特别注重施工质量，保证水电通畅自如，具有非常强的密闭性。识别水电施工质量的关键环节在于墙地面开槽的深度与宽度，应保持一致，且边缘整齐（图8-62）。

水路施工前一定要绘制比较完整的施工图，并在施工现场与施工员交代清楚。水路

图8-62：水管敷设时应采用切割机在墙面开槽，其深度应当与管材规格对应，软质管线应穿入硬质PVC管中。

图8-62　水路施工

构造施工主要分为给水管施工与排水管施工两种，其中给水管施工是重点，需要详细图纸指导施工（图8-63～图8-65）。

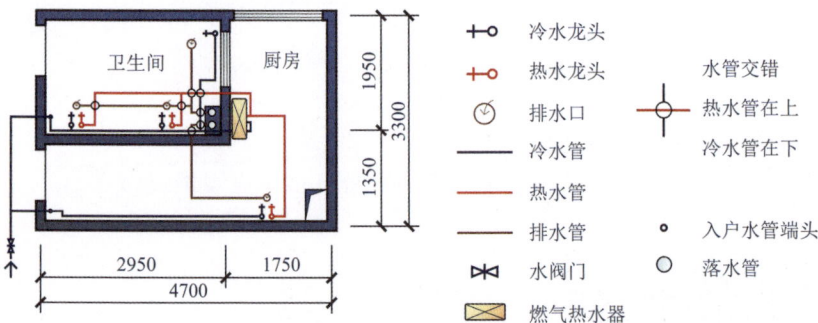

- ⊶ 冷水龙头
- ⊶ 热水龙头
- ⊙ 排水口
- —— 冷水管
- —— 热水管
- —— 排水管
- ⋈ 水阀门
- ▨ 燃气热水器

水管交错
- ⊕ 热水管在上
  冷水管在下
- ∘ 入户水管端头
- ○ 落水管

图8-63：旨在通过一份给水布置示意图的说明，帮助理解并规划卫生间、厨房的给水系统设计，确保各用水点（如洗手盆、淋浴区、马桶等）的供水顺畅且符合安全规范。

图8-63　卫生间、厨房给水布置示意图

图8-64：开槽的深度要比管道直径大，要能完全将管道埋入凹槽内；水泥砂浆回填时要能完全覆盖管道，并填塞紧密。

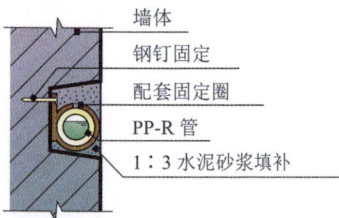

墙体
钢钉固定
配套固定圈
PP-R管
1∶3水泥砂浆填补

图8-64　给水管安装构造示意图

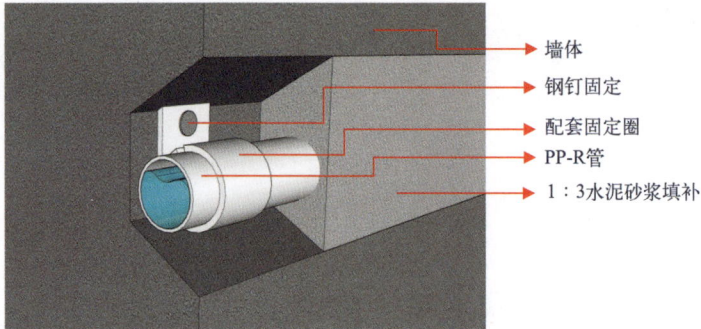

墙体
钢钉固定
配套固定圈
PP-R管
1∶3水泥砂浆填补

图8-65　给水管安装三维图

图8-66：建筑原有给水管一般都预先布置完毕，仔细查看所在位置与地面管道走向标记，在施工中应注意保护。

图8-66　查看给水管位置

3. 给水管施工

（1）查看厨房、卫生间的施工环境，找到给水管入口。大多数商品房建筑只将给水管引入厨房与卫生间后就不作延伸了，在施工中应就地开口延伸，但是不能改动原有管道的入户方式（图8-66）。

（2）根据设计要求放线定位，并在墙地面开凿穿管所需的孔洞与暗槽，部分给水管布置在顶部，管道会被厨房、卫生间的扣板遮住。

注意尽量不要破坏地面防水层（图8-67、图8-68）。

图 8-67 放线定位

图 8-68 切割机开槽

图 8-67：在墙地面上开设管槽之前，应当放线定位，一般采用墨线盒弹线。

图 8-68：采用切割机开槽时应当选用瓷砖专用切割片，切割管槽深度要略大于管道直径。

（3）根据墙面开槽尺寸对给水管下料并预装，布置周全后仔细检查是否合理，其后就正式热熔安装，并采用各种预埋件与管路支托架固定给水管（图 8-69、图 8-70）。

图 8-69 管材热熔

图 8-70 连接管件

图 8-69：专用于 PP-R 管的热熔机应当充分预热，热熔时间一般为 15～20s，时间必须控制好。

图 8-70：管材热熔后应当及时对接管道配件，握紧固定 15～20s，固定后还需做牢固试验。

（4）采用打压器为给水管试压，使用水泥砂浆修补孔洞与暗槽。

4. 排水管施工

排水管道的水压小，管道粗，安装起来相对简单。目前有少数建筑的厨房、卫生间都设置好了排水管，一般不必刻意修改，只需按照排水管的位置来安装洁具即可。更多建筑为下沉式卫生间，只预留一个排水孔，所有管道均需要现场设计、制作（图 8-71、图 8-72）。

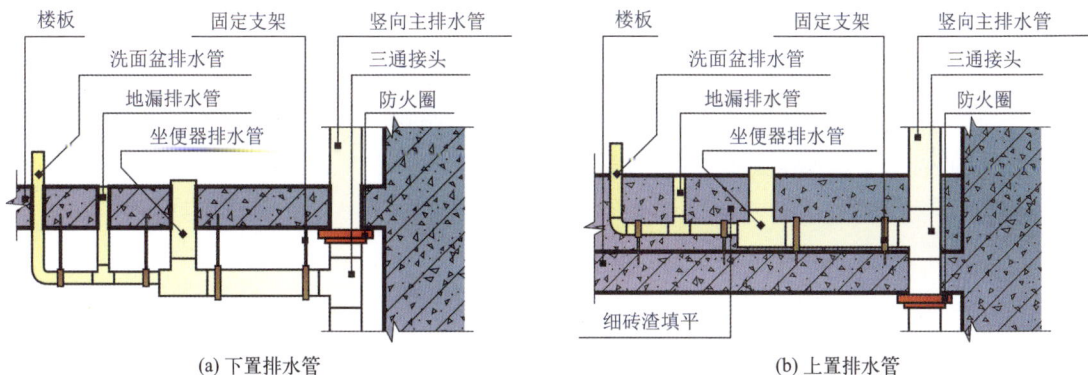

(a) 下置排水管

(b) 上置排水管

图 8-71 排水管安装构造示意图

PVC 管的应用质量在于安装施工的精确性，一般采用粘接的方式施工。粘接 PVC 管时，须将插口处倒小圆角，以形成坡度，并保证断口平整且轴线垂直一致，这样才能粘接牢固，避免漏水（图 8-73～图 8-78）。

(a) 下置排水管   (b) 上置排水管

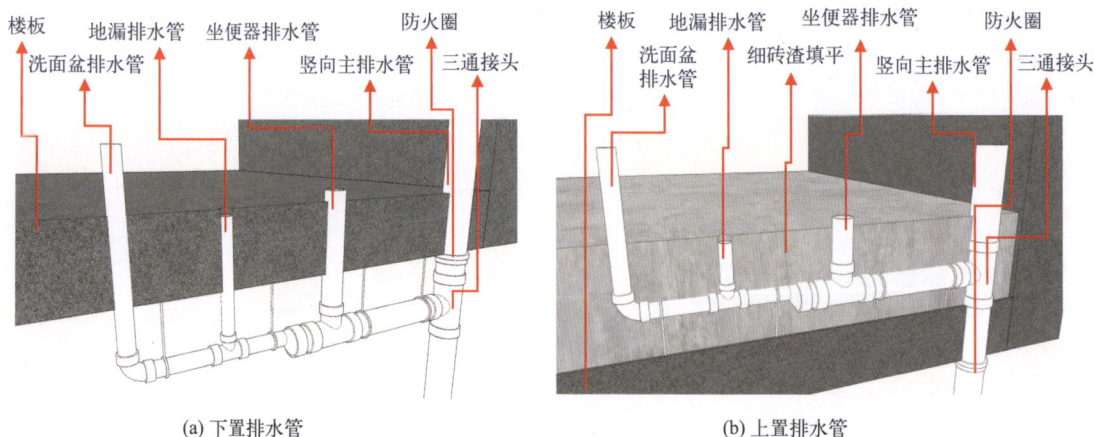

图 8-72　排水管安装构造三维图

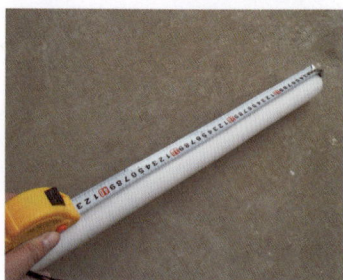

图 8-73　使用卷尺测量 PVC 管 的各项尺寸

图 8-74　使用切割机慢慢切割

图 8-75　用砂纸打磨刚刚切割过的 PVC 管

图 8-73：使用卷尺测量 PVC 管的各项尺寸，确保所选的 PVC 管尺寸符合要求。

图 8-74：使用切割机慢慢对 PVC 管进行切割，以免速度过快导致 PVC 管碎裂。

图 8-75：选用合适的砂纸打磨刚刚切割过的 PVC 管，直至表面光滑且手触碰无明显的刺痛感。

图 8-76　蘸取胶黏剂均匀涂刷 PVC 管口

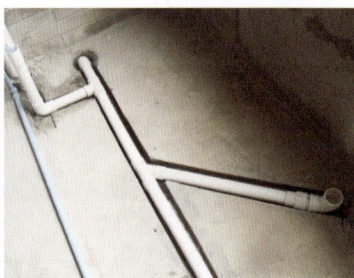

图 8-77　PVC 管安装规范简洁

图 8-78　穿过楼板处要用 PVC 管防火圈

图 8-76：先清理 PVC 管表面，再用小刷子蘸取适量的胶黏剂涂刷 PVC 管口四周，注意涂刷均匀。

图 8-77：在安装前，应对 PVC 管材、管件、胶水（或专用密封材料）等进行全面检查，确保其质量合格。

图 8-78：防火圈是一种阻止火势蔓延的安全器具。它主要由金属材料制作外壳，内填充阻燃膨胀芯材，设计用于套在 PVC 管道外壁，并固定在楼板或墙体部位。

5. 强电施工

（1）根据完整的电路施工图现场草拟布线图，并使用墨线盒弹线定位（图 8-79 ～图 8-83）。

（2）埋设暗盒及敷设 PVC 电线管时，要将单股线穿入 PVC 管，并在顶、墙、地面开线槽，线槽宽度及数量根据设计要求来定（图 8-84 ～图 8-86）。

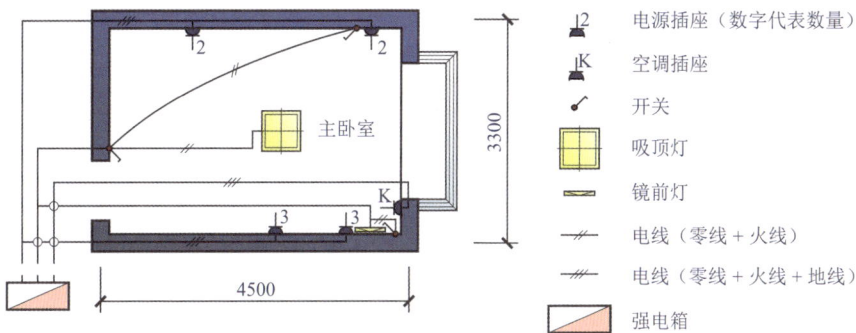

图 8-79　主卧室强电布置示意

图 8-79：在墙面上标出线路终端插座、开关面板位置，绘制结束后对照图纸检查是否有遗漏。

图 8-80：PVC 穿线管布设和 PP-R 管布设有异曲同工之处，施工时注意调配好水泥砂浆的比例。

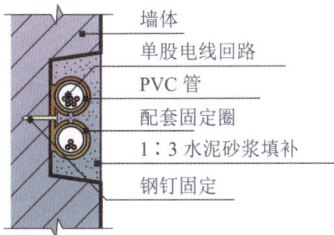

图 8-80　PVC 穿线管布设构造示意图　　图 8-81　PVC 穿线管布设构造三维图

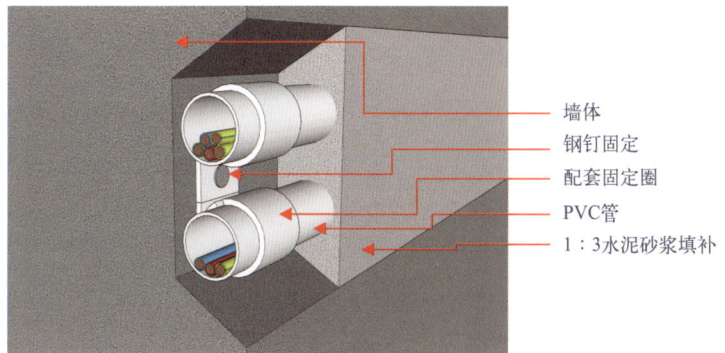

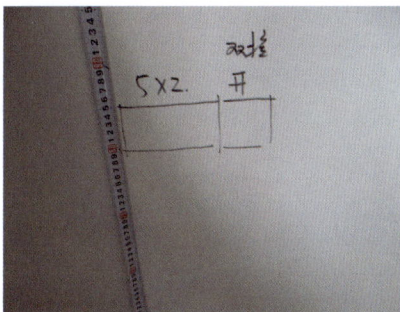

图 8-82：电路敷设前需要在墙面标出开关插座位置，标记时应当随时采用卷尺校对高度，并用记号笔做记录。

图 8-83：墙面放线定位应当保持垂直度，以墨线盒自然垂挂为准。

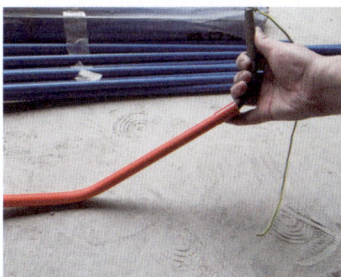

图 8-82　标出开关插座位置　　　　图 8-83　放线定位

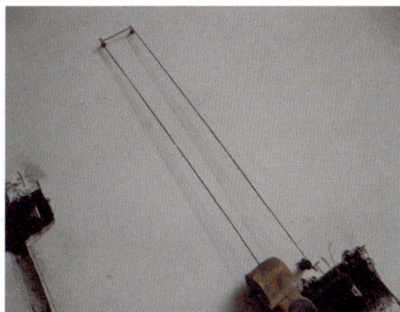

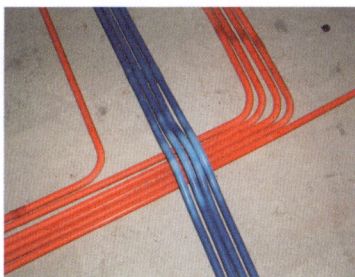

图 8-84　线管弯曲　　　　图 8-85　线管布置　　　　图 8-86　切割机开管槽

图 8-84：将弹簧穿入线管中，然后用手直接将管道掰弯即可得到转角形态。

图 8-85：敷设线路时要注意线管上下层交错的部位应当减少，尽量服帖，不能留空过大。

图 8-86：由于电线管较细，采用切割机开设管槽可以较浅，一般不要破坏砖体结构。

（3）安装空气开关、各种开关插座面板、灯具，并通电检测。

（4）根据现场实际施工状况完成电路布线图，备案并复印交给下一工序的施工员。

6. 弱电施工

弱电施工的方法与强电基本相同，同样也应当具备详细的设计图纸作指导（图8-87）。

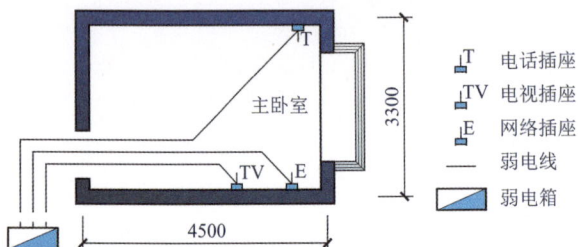

图8-87：弱电一般指电压低于36V的传输电能，主要用于信号传输，电线内导线较多，传输信号时容易形成电磁脉冲。

图 8-87　主卧室弱电布置示意图

第四节　构造工程

一、木质板材

1. 木芯板

木芯板又被称为细木工板，俗称大芯板，是由两片单板中间胶压拼接木板而成。中间的木板是由优质天然木料经热处理即烘干室烘干之后，加工成一定规格的木条，由机械拼接而成。

木材是使用最为频繁的家具板材材料，工厂将各种原木加工成不同规格的型材，便于运输、设计、加工、保养等各个环节。在正式选购之前，一定要对所选板材有所了解。木芯板具有质轻、易加工、握钉力好、不变形等优点，是装修与家具制作的理想材料（图8-88、图8-89）。

图8-88：木芯板取代了传统装饰装修中对原木的加工，使装饰装修的工作效率大幅度提高。

图8-89：木芯板截面纹理清晰，可以很清楚地看出其制作工艺，通过截面的平整度和纹理也可以判断木芯板的优劣。

图 8-88　木芯板　　　　　图 8-89　木芯板截面

木芯板的材种有许多种，如杨木、桦木、松木、泡桐木等（图8-90、图8-91），其中以杨木、桦木为最优选。木芯板的加工工艺分为机拼与手拼两种。手工拼制是用人工将木条镶入夹板中，木条受到的挤压力较小，拼接不均匀、缝隙大、握钉力差，不能锯切加工，只适宜做部分装修的子项目，例如用作实木地板的垫层毛板等；而机拼的板材受到的挤压力较大，缝隙极小、拼接平整、承重力均匀，可长期使用，结构紧凑且不易变形。

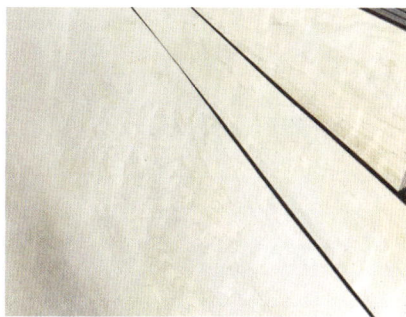

图 8-90　桦木

图 8-91　泡桐木

图 8-90：桦木质地密实，木质不软不硬，握钉力强，不易变形，很适合制作家具。

图 8-91：泡桐木的质地轻软，吸收水分大，握钉力差，不易烘干，易干裂变形。

2. 生态板

生态板是将带有不同颜色或纹理的纸放入三聚氰胺树脂胶黏剂中浸泡，然后干燥到一定固化程度，将其铺装在木芯板、指接板、胶合板、刨花板、中密度纤维板等板面上，经热压而成且具有一定防火性能的装饰板。

生态板一般是由数层纸张组合而成，数量多少根据用途而定。生态板能使家具外表坚固，制作的家具不必上漆，表面自然形成保护膜，耐磨、耐划、耐酸碱、耐烫、耐污染，表面平滑光洁，容易维护清洗（图 8-92、图 8-93）。

图 8-92　生态板

图 8-93　衣帽间的生态板

图 8-92：生态板有相当高的环保系数，目前使用频率较高，不同级别的生态板的价格有所不同。

图 8-93：生态板色彩丰富，花纹选择多，多用于制作衣柜、鞋柜等家具，可以有少许的弧度造型，但曲度不大。

小贴士

生态板名称的由来

生态板是由木芯板演变而来的，它的内部结构与木芯板相同，只是在板材表面增加了装饰层。装饰层不仅起到美观作用，还能起到封闭板材甲醛的作用，表面无须再涂刷油漆，避免了油漆中苯的扩散，所以称其为生态板，体现出环保理念（图 8-94、图 8-95）。

生态板也有缺点。由于生态板表面覆有装饰层，在施工中不能采用气排钉、木钉等传统工具、材料固定，只能采用卡口件、螺钉作连接。施工完毕后还需在板面四周贴上塑料或金属边条，防止板芯中的甲醛向外扩散。

市场上的生态板种类丰富，质量参差不齐，价格也不尽相同。其中杉木质地轻软、价格便宜，松木一般是最便宜的，白皮松质量次于好杉木，至于杨木属于杂木类，桐木很软很轻。

图 8-94　橱柜

图 8-95　办公家具

图 8-94：在装修中，生态板一般用于橱柜或成品家具制作，可以在很大程度上取代传统木芯板、指接板等材料。

图 8-95：生态板还会用于制作办公场所中的办公桌，这类家具造型比较简单，色彩可以多变，同时也能满足其环保的功能性需求。

3. 胶合板

胶合板主要用于装修中木质制品的背板、底板，由于厚薄尺度多样，质地柔韧、易弯曲，也可以配合木芯板用于结构细节处。胶合板又被称为夹板，是将椴木、桦木、榉木、水曲柳木、楠木、杨木等原木经蒸煮软化后，沿年轮旋切或刨切成大张单板，这些多层单板通过干燥后纵横交错排列，使相邻两个单板的纤维相互垂直，再经过加热胶压而成的人造板材。

胶合板有幅面大、施工便捷、易弯曲但不翘曲、横纹抗拉性好的特点，所以它不仅被用在家具制造、室内装修等方面，同时在车厢制造、各种军工制造、轻工产品制造等方面都有它的身影（图 8-96、图 8-97）。

图 8-96　胶合板

图 8-97　胶合板弯曲吊顶

图 8-96：胶合板可以分为耐气候、耐沸水胶合板、耐水胶合板和不耐潮胶合板。其中耐水胶合板能有效经受冷水或短期热水浸泡，但不耐煮沸。

图 8-97：胶合板可弯曲度较大，用于制作弯曲吊顶时不会有施工难度。

胶合板拥有本身木材该有的优点，例如强度高、纹理美观、容重轻、绝缘等，同时因为其后期的加工又克服了木材本身的一些缺点，如幅面小、纵横力学性能差等。因为它的这些优点，所以它相较于其他板材来说使用面更加广泛（图 8-98）。

图 8-98　胶合板层数

图 8-98：胶合板通常都做成 3 层、5 层、7 层、9 层、11 层等奇数层数，因为板材要保证最中间的应该是板，而不是接缝，否则弯曲后容易开裂。胶合板表层单板称为表板，里层的单板称为芯板，正面的表板叫面板，背面的表板叫背板。

装饰单板贴面胶合板的选择

近几年来，在胶合板的生产过程中，派生出不少的花色品种，其中最主要的一种是在原来胶合板的面板上贴上一层装饰单板薄木，称为装饰单板贴面胶合板，市场上简称饰面板或者装饰面板。天然木质饰面板价格较高，虽然材质本身无污染，但是需要涂刷油漆，存在污染隐患（图 8-99、图 8-100）。

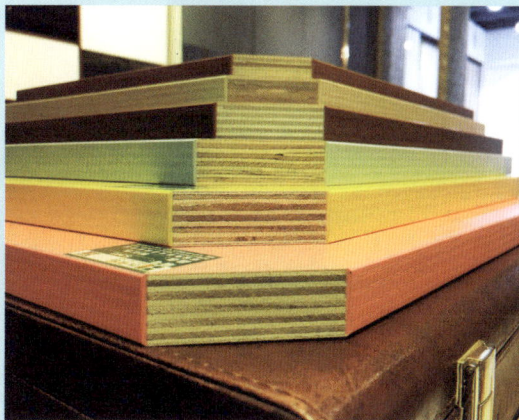

图 8-99　装饰单板贴面胶合板

图 8-100　装饰单板贴面胶合板用于衣柜

图 8-99：人造饰面板用 PVC 印刷层来覆盖板材表面，可以不刷油漆，避免了二次污染。

图 8-100：装饰单板贴面胶合板用于衣柜等家具的内部贴墙面，板材与墙体发生接触，当板材接触到墙体中的湿气时不会发生较大变形和膨胀，厚度为 6 ~ 8mm，相对于木芯板和生态板而言很薄，不占用柜体内部空间。

4. 纤维板

纤维板是人造木质板材的总称，又被称为密度板。它是以木质纤维或其他植物纤维为主要原料，经破碎浸泡、纤维分离、板坯成型和干燥热压等工序制成的一种人造板材。

纤维板适用于家具制作，现今市场上所销售的纤维板都会经过二次加工与表面处理，外表面一般覆有彩色喷塑装饰层，色彩丰富多样，可选择性强（图 8-101、图 8-102）。

图 8-101　纤维板

图 8-102　纤维板家具

图 8-101：纤维板表面经过压印、贴塑等处理，可以形成各种装饰效果，被广泛应用于装修中的家具贴面、门窗饰面以及墙顶面装饰等领域。

图 8-102：中、硬质纤维板可替代常规木芯板，制作衣柜、储物柜时可以直接用作隔板或抽屉壁板，使用螺钉连接，无须贴装饰面材，简单方便。

5. 刨花板

在现代装修中，纤维板与刨花板均可取代传统木芯板制作衣柜，尤其是带有饰面的板材，无须在表面再涂饰油漆、粘贴壁纸或家饰宝，施工快捷、效率高，外观平整。

刨花板又被称为微粒板、蔗渣板，也有进口高档产品被称为定向刨花板或欧松板，它是由木材或其他木质纤维材料制成的碎料，施加胶黏剂后在热力和压力作用下胶合而成的人造板（图8-103～图8-105）。

图 8-103　刨花板　　　　　　　　图 8-104　定向刨花板　　　　　　图 8-105　刨花板制作衣柜

图 8-103：刨花板结构比较均匀，加工性能较好，吸声和隔音性能也很好，可以根据需要进行加工。

图 8-104：定向刨花板强度较高，经常替代胶合板做结构板材使用，长宽比较大，厚度比一般刨花板要高。

图 8-105：刨花板以及纤维板这两种板材对施工工艺的要求很高，要使用高精度切割机加工，还需要使用优质的连接件固定，并作无缝封边处理。

刨花板根据表面状况分为未饰面刨花板与饰面刨花板两种，现在用于制作衣柜的刨花板都有饰面。刨花板在裁板时容易出现边缘参差不齐的现象，由于部分工艺对加工设备要求较高，不宜现场制作，故而多在工厂车间加工后运输到施工现场组装。

小贴士

切边整齐光滑的板材不一定很好

板材切边由机器锯开时产生。优质板材往往有不少毛刺，但一般并不需要再加工，而质量有问题的板材因其内部是空芯、黑芯，所以厂家会在切边处贴上一层美观的木料并打磨整齐，因此，不能以切边整齐光滑为标准衡量孰好孰坏。

二、复合板材

1. 防火板

防火板又称为耐火板，是先使用三聚氰胺与酚醛树脂的浸渍工艺处理原纸，如钛粉纸、牛皮纸等，然后再将其置入高温、高压环境中制成的一种具备较好防火性的板材。该板材可分为菱镁防火板、防火装饰板等几种（图8-106～图8-109），主要起到防火、装饰的作用。

防火板质量较轻，质感细腻，耐久性较好，封边形式较多，色彩可选择性较多，加工与施工都很方便。该板材具备较好的保温性、隔热性、防火性、耐磨性等性能，且能很好地抗渗透，日常使用不会轻易褪色，清洁也十分方便。

2. 铝塑复合板

铝塑复合板，简称为铝塑板，是指以聚乙烯树脂（PE）为芯层，两面为铝材的3层复合装饰板材。铝材表面的涂层多采用耐候性能优异的氟碳树脂。

图 8-106　菱镁防火板

图 8-107　防火装饰板

图 8-106：菱镁防火板属于 A1 级不燃板材，是采用氧化镁、氯化镁、粉煤灰、农作物秸秆等工农业废弃物，添加多种复合添加剂制成的防火材料。该板材质地均匀、密实，质量稳定，加工安装性能卓越，韧性优越、不易断裂，可直接涂饰涂料或直接贴面。

图 8-107：防火装饰板由高档装饰纸、牛皮纸经过三聚氰胺浸渍、烘干、高温高压等工艺制作而成，具体构造是由表层纸、色纸、基纸（多层牛皮纸）3 层组成。该板材具有较好的抗冲击性、柔韧性、耐磨性、耐划性等性能。

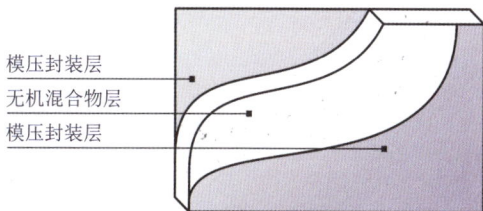

模压封装层
无机混合物层
模压封装层

图 8-108　菱镁防火板结构示意图

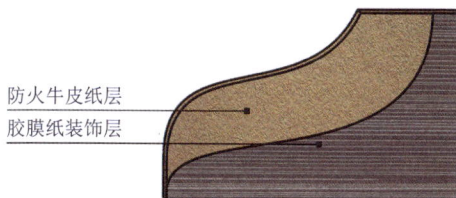

防火牛皮纸层
胶膜纸装饰层

图 8-109　防火装饰板结构示意图

　　铝塑复合板具备较好的防火性能与耐冲击性，且材质轻，易加工，耐候性、自洁性等也十分不错。铝材外部经过喷涂塑料，色彩艳丽丰富，长期使用不褪色。铝材经过清洗与预处理，能清除表面的油污、脏物等各种氧化层，能保证铝材与涂层和芯层牢固粘接（图 8-110、图 8-111）。

图 8-110　铝塑复合板

图 8-111　铝塑复合板制作吊顶

图 8-110：铝塑复合板是新型的建筑装饰材料，可用于大楼外墙装饰、旧楼改造翻新、室内墙壁与天花板装修等项目中。

图 8-111：铝塑复合板可用于易磨损、易受潮的家具、构造外表，也可用于对平整度要求很高的部位，如大面积装饰背景、吊顶等。

3. 纸面石膏板

　　纸面石膏板简称为石膏板，是以半水石膏为主要原料，以特制的板纸为护面纸，经加工制成的板材。

　　纸面石膏板具有独特的空腔结构，隔音性能良好，表面平整，板与板之间通过接缝处理形成无缝表面，表面可直接进行装饰。该板材还具有可钉、可刨、可锯、可粘的性能，施工非常方便，主要用于室内装饰（图 8-112）。

4. 吸声板

　　吸声板泛指具有吸声功能的装饰板材。板材材质不同、类别不同，但是统一特征为板材中存在大量孔洞，当声音穿过时会在孔洞中多次反射、转折，声能量促使吸声板的软性材料

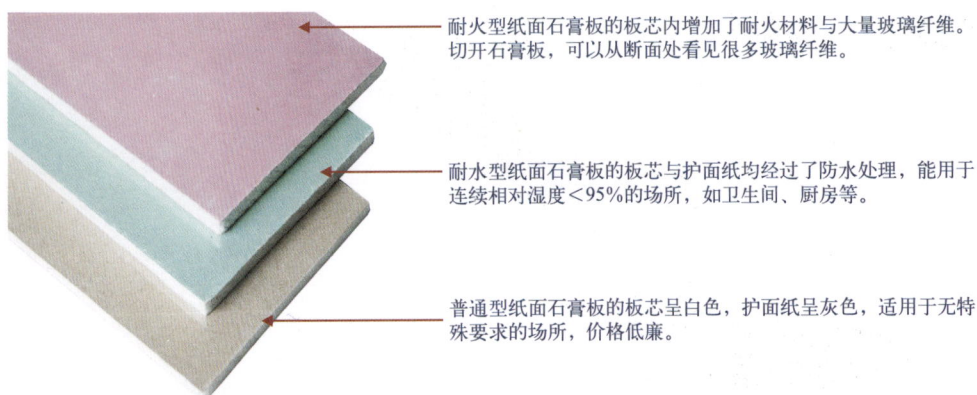

耐火型纸面石膏板的板芯内增加了耐火材料与大量玻璃纤维。切开石膏板，可以从断面处看见很多玻璃纤维。

耐水型纸面石膏板的板芯与护面纸均经过了防水处理，能用于连续相对湿度<95%的场所，如卫生间、厨房等。

普通型纸面石膏板的板芯呈白色，护面纸呈灰色，适用于无特殊要求的场所，价格低廉。

图 8-112　纸面石膏板

发生轻微抖动，最终将声能转化成动能，从而起到降低噪声的作用。

　　吸声板具有吸声、环保、易除尘、易切割、阻燃、隔热、保温、防潮、防霉变、稳定性好、抗冲击能力好、独立性好、可拼花、施工简便、性价比高等优点，颜色可选性较多，可满足不同风格与层次的吸声装饰需求。该板材既可用于居住空间书房、影音室等墙壁区域，也可用于吊顶制作（图 8-113 ～图 8-116）。

图 8-113　岩棉吸声板

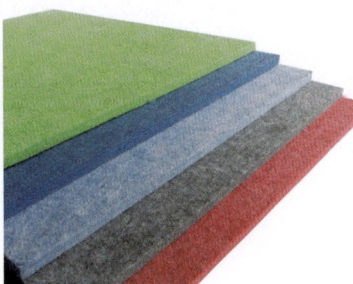

图 8-114　聚酯纤维吸声板

图 8-115　布艺吸声板

图 8-113：岩棉装饰吸声板是以天然岩石，如玄武岩、辉长岩、白云石等为主要原料，经高温熔化、纤维化而制成的无机纤维板。该板材主要可用于石膏板吊顶、隔墙的内侧填充。

图 8-114：将聚酯纤维经过热压，从而形成致密的板材。该板材能满足各种通风、保温、隔音的设计需要，适用于对隔音要求较高的空间，如会议室、KTV 包房等室内墙面铺装。

图 8-115：布艺吸声板通过在质地较软的离心玻璃棉表面覆盖防水铝毡与软织物饰面，采用树脂固化边框或木质封边而成。该板材具有吸声、减噪、防火、无粉尘污染、装饰性强等多种功能作用。

图 8-116：塑木吸声板采用木质纤维粉末与树脂胶黏合，经过高温挤压铸模成型，多为凸凹条形构造，其中还有圆孔能吸收声波，板材边缘有凹槽企口，安装插接方便快捷。

图 8-116　塑木吸声板

5. 水泥板

水泥板是以水泥为主要原材料加工生产的一种平板材料，是一种介于石膏板与石材之间，可以自由切割、钻孔、雕刻的建筑产品。其价格远低于石材，是目前比较流行的装修材料。该板材主要包括普通水泥板、纤维水泥板、纤维水泥压力板等几种（图8-117～图8-119）。

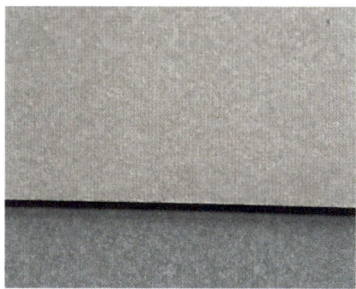

图 8-117   普通水泥板   图 8-118   纤维水泥板   图 8-119   纤维水泥压力板

图8-117：普通水泥板的主要成分是水泥、粉煤灰、沙子，价格越便宜水泥用量越低。
图8-118：纤维水泥板添加了矿物纤维、植物纤维等作为增强材料，从而使水泥板的强度、柔性、抗折性、抗冲击性等得到提高。
图8-119：纤维水泥压力板在生产过程中由专用压机压制而成，它的防水、防火、隔音性能更好，承载力与抗折、抗冲击性更强。

水泥板具有较好的防火性、防水性、防虫性、隔音性等性能，该板材耐腐蚀性也比较好，且坚实耐用，抗弯折、抗冲击等性能也优于石膏板。

6. 竹木纤维集成墙板

集成墙板是一种集成化室内墙面环保装饰材料。集成墙板的材料品种主要为铝锰合金、实木、人造石材、纳米纤维、竹木纤维等多种。目前具有代表性的集成墙板材料为竹木纤维集成墙板。

竹木纤维集成墙板强度高，表面色彩花纹丰富，且有多种配套收口装饰条，方便施工，可锯、可钉、可刨，所以说这种产品安装起来也比较方便，可采用插口、卡扣等安装方式，能有效防止霉变、脱落等现象。安装时可直接用螺钉安装在墙上，不采用基础骨架，操作方便简单，节省室内空间（图8-120、图8-121）。

图8-120：竹木纤维集成墙板表面花色多，不同厂家都有自己的设计特色。板材中央为空心状态，左右两侧有企口，方便安装。

图8-121：竹木纤维集成墙板完全能替代传统壁纸、乳胶漆等材料，并能在墙面塑造各种体块造型，形式多样，需要精心设计。

图 8-120   竹木纤维集成墙板   图 8-121   室内装饰应用

三、构造工程施工工艺

1. 墙体构造制作

装饰背景墙造型是现代装饰突出亮点的核心构造，只要经济条件允许，背景墙可以无处不在，如门厅背景墙、客厅背景墙、餐厅背景墙、走道背景墙、床头背景墙等。背景墙造型的制作工艺要求精致，配置的材料更要丰富，施工难度较大，它能反映出整个空间的装修风格与业主的文化品位（图8-122、图8-123）。

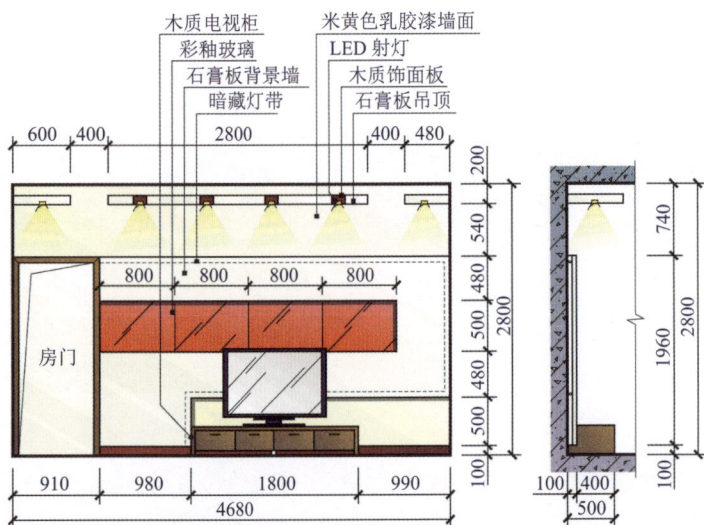

木质电视柜
彩釉玻璃
石膏板背景墙
暗藏灯带
米黄色乳胶漆墙面
LED 射灯
木质饰面板
石膏板吊顶

图 8-122：背景墙的造型多采用不同厚度的木芯板、胶合板等木质人造板制作，通过叠加不同厚度的造型来表现出丰富的层次。背景墙造型厚度小于 60mm 可以采用 15mm 厚木芯板叠加制作，内部构造为实心；背景墙造型厚度大于 60mm 可以采用木龙骨制作基层，再覆盖木芯板或石膏板，内部构造为空心。

图 8-122 装饰背景墙构造示意图

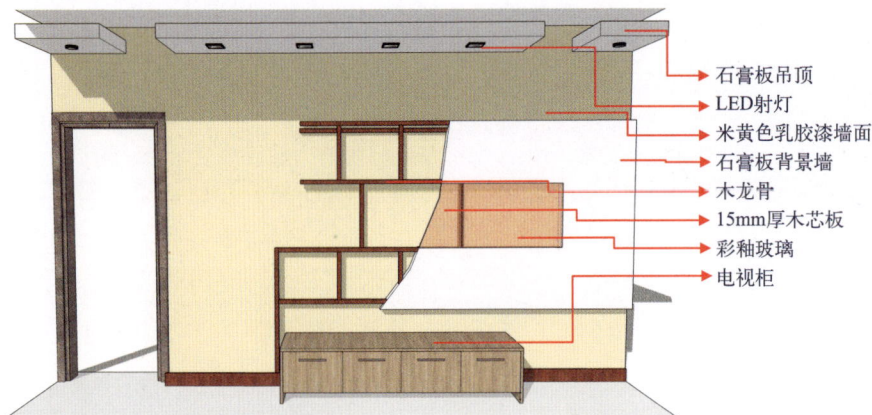

石膏板吊顶
LED射灯
米黄色乳胶漆墙面
石膏板背景墙
木龙骨
15mm厚木芯板
彩釉玻璃
电视柜

图 8-123 装饰背景墙构造三维图

下面介绍其施工方法。

（1）清理基层墙面、顶面，分别放线定位，根据设计造型在墙面、顶面钻孔，放置预埋件。

（2）根据设计要求沿着墙面、顶面制作木龙骨，作防火处理，并调整龙骨尺寸、位置、形状。

（3）在木龙骨上钉接各种罩面板，同时安装其他装饰材料、灯具与构造。

（4）全面检查固定，封闭各种接缝，对钉头作防锈处理。

2. 吊顶构造制作

吊顶构造种类较多，可以通过不同材料来塑造不同形式的吊顶，营造出多样的装修格调。常见的家装吊顶主要为石膏板吊顶、胶合板吊顶、金属扣板吊顶与塑料扣板吊顶，应用范围较广（图 8-124）。

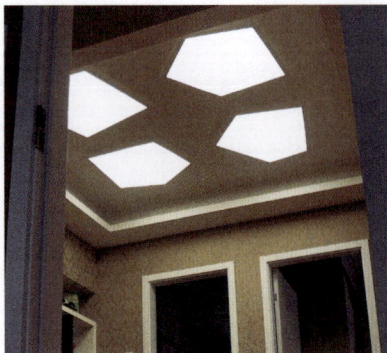

图 8-124：吊顶构造施工多以木质材料为主，配合金属骨架、石膏板等材料辅助制作，构造复杂，工期较长。

图 8-124 吊顶构造

在客厅及餐厅顶面制作的吊顶面积较大，一般采用纸面石膏板制作，因此也称为石膏板吊顶。石膏板吊顶主要用于外观平整的吊顶造型，一般由吊杆、骨架、面层等 3 部分组成（图 8-125、图 8-126）。

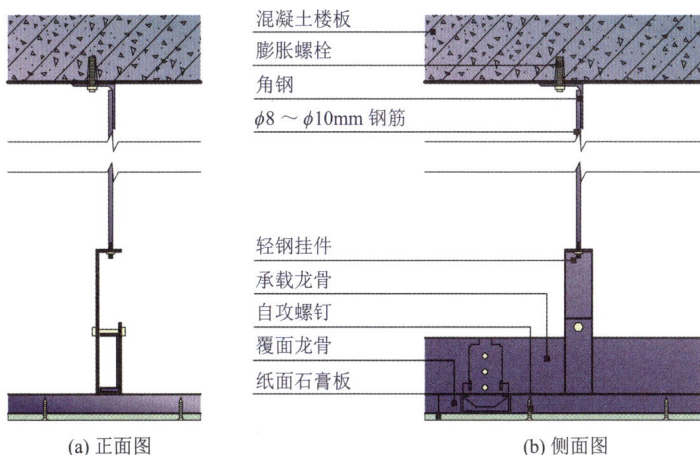

图 8-125：吊杆承受吊顶面层与龙骨架的荷载，并将重量传递给屋顶的承重结构，吊杆大多使用钢筋；骨架承受吊顶面层的荷载，并将荷载通过吊杆传给屋顶承重结构；面层具有装饰室内空间、降低噪声、保持界面整洁等功能。

(a) 正面图　　　　　　　　(b) 侧面图

图 8-125　石膏板吊顶构造示意图

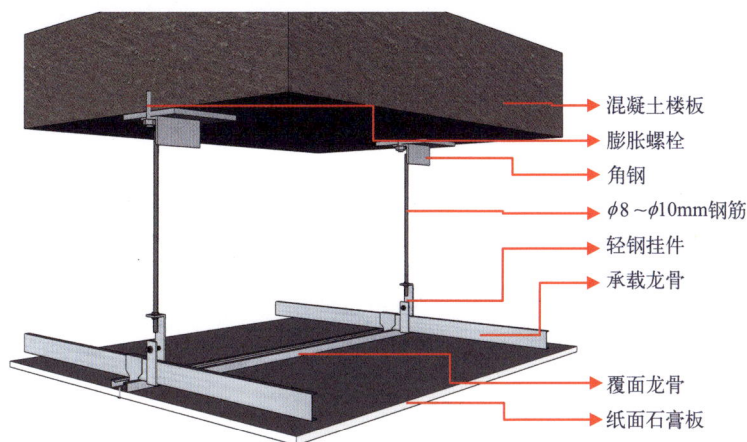

图 8-126　石膏板吊顶构造三维图

下面介绍其施工方法。

（1）在顶面放线定位，根据设计造型在顶面、墙面钻孔，安装预埋件。

（2）安装吊杆于预埋件上，并在地面或操作台上制作龙骨架。

（3）将龙骨架挂接在吊杆上，调整平整度，对龙骨架作防火、防虫处理。

（4）在龙骨架上钉接纸面石膏板，并对钉头作防锈处理，进行全面检查。

3. 家具构造制作

家具是构造施工的主体，为了最大化利用室内空间，家具往往在施工现场根据测量尺寸定制，下面就以衣柜为代表介绍家具的制作方法（图 8-127、图 8-128）。

柜体是木质家具的基础框架，常见的木质柜包括鞋柜、电视柜、装饰酒柜、书柜、衣柜、储藏柜等。木质柜制作在木构工程中占据相当比重，现场制作的柜体能与房型结构紧密相连，建议选用更牢固的板材，其施工方法如下。

（1）清理制作大衣柜的墙面、地面、顶面基层，放线定位。

（2）根据设计造型在墙面、顶面上钻孔，放置预埋件。

（3）对板材涂刷封闭底漆，根据设计要求制作柜体框架，调整柜体框架的尺寸、位置、形状。

（4）将柜体框架安装到位，钉接饰面板与木线条收边，对钉头作防锈处理，将接缝封闭平整。

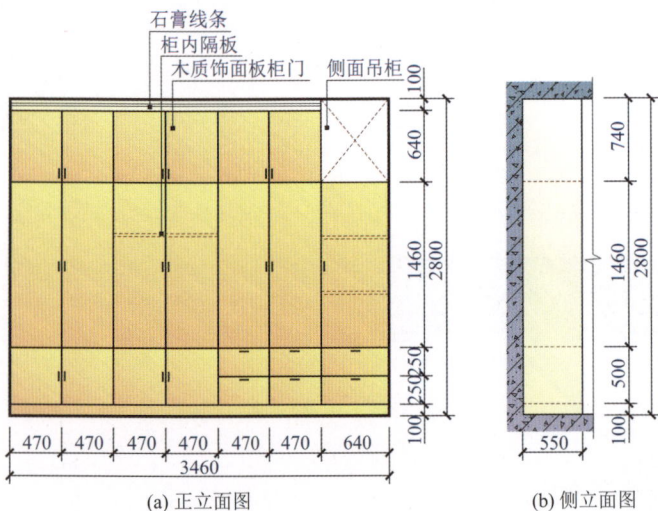

(a) 正立面图　　　　(b) 侧立面图

图 8-127　衣柜构造示意图

图 8-127：板材纵横向组合而成的衣柜是目前家具工艺的主流构造。木质板材组合起来造型简单，采用螺钉、气排钉固定，柜门采用铰链连接柜体。在施工中要根据图纸尺寸合理分配板材，对长度为 2440mm 的板材裁切后分解制作，最后拼接组合成大尺寸柜体。

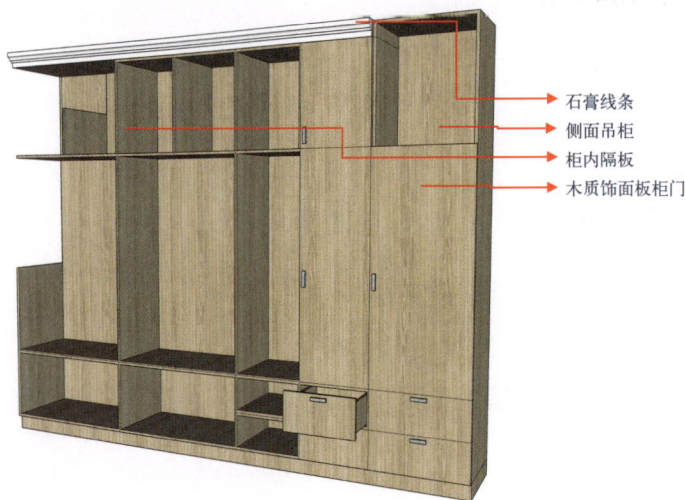

图 8-128　衣柜构造三维图

第五节　涂饰工程

一、基础填料

填料本身不具备遮盖力和着色力，使用适宜的填料产品能够改变涂膜的性能，同时还可以降低涂料的成本。

涂料的填料一般选用的是细微粉料，粉料分为天然粉料与人造粉料两类。其中常用的有：轻质碳酸钙、重质碳酸钙、凹凸棒黏土、滑石粉、瓷土、云母粉、石英粉、膨润土等（图8-129、图8-130）。

图 8-129：瓷土是一种干燥的天然硅酸铝，一般作为低成本的增量剂或混合物。瓷土源于地下深处，具有一定辐射性。

图 8-130：云母粉是一种非金属矿物，广泛地被用于油漆、涂料、颜料中。

图 8-129　瓷土

图 8-130　云母粉

二、装饰涂料

涂料的品种繁多、功能各异，内部的组成成分也比较复杂。很多人将传统涂料统称为油性涂料，简称油漆（如醇酸漆），而将加水稀释后使用的水性涂料称为涂料（如乳胶漆）。现代工业生产的涂料产品包括油性涂料与水性涂料，涂料是总称。

1. 家具漆

家具漆是装修中常用的涂料，主要用于各种家具、构造、墙面、顶面等界面涂装，种类繁多，选购时要认清产品的性质。

（1）家具标配的聚酯漆。聚酯漆又称为不饱和漆，是一种多组分漆。它的漆膜丰满，层厚面硬。不仅色彩丰富，而且漆膜厚度大，喷涂两三遍即可，并能完全覆盖基层材料。聚酯漆的缺点为：柔韧性差，受力时容易脆裂，一旦漆膜受损不易恢复；调配比较麻烦，比例要求严格，需要随配随用；修补性能比较差，损伤的漆膜修补后有印痕（图8-131、图8-132）。

图 8-131：聚酯漆的综合性能较优异，但干固时间慢，容易起皱，漆膜颜色也较白。

图 8-132：聚酯漆保光保色性能好，具有很好的保护性和装饰性。

图 8-131　聚酯漆

图 8-132　聚酯漆涂刷效果

（2）细腻光洁的硝基漆。硝基漆装饰效果较好，不易氧化发黄，尤其是白色硝基漆质地细腻、平整，干燥迅速，对涂装环境的要求不高，具有较好的硬度与亮度，修补容易。但是，硝基漆需要较多的施工遍数才能达到较好的效果，且硝基漆的耐久性不太好，使用时间稍长就容易出现诸如失光、开裂、变色等弊病（图8-133、图8-134）。

图 8-133：硝基漆是比较常见的木器以及装修用的涂料，可用于木材涂装、金属涂装和一般水泥涂装等。

图 8-134：硝基漆色卡拥有不同的色彩，可以方便消费者选择自己喜欢的色彩，一般商店都有此色卡。

图 8-133　硝基漆　　　图 8-134　硝基漆色卡

2. 乳胶漆

乳胶漆又称为合成树脂乳液涂料，是有机涂料的一种，它是以合成树脂乳液为基料，加入颜料、填料及各种助剂配制的水性涂料（图 8-135），其特性如下。

（1）干燥速度快。乳胶漆在 25℃时，30 分钟内表面即可干燥，120 分钟左右就可以完全干燥。

（2）不易变形。乳胶漆耐碱性好，涂于碱性墙面、顶面及混凝土表面，不返粘，不易变色。

（3）色彩丰富。乳胶漆色彩柔和，漆膜坚硬，表面平整无光，观感舒适，颜色附着力强。

图 8-135：乳胶漆具备与传统墙面涂料不同的优点，它施工方便，干燥迅速，也非常便于擦洗。

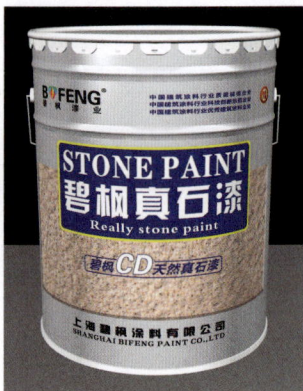

图 8-135　乳胶漆

（4）施工方便。乳胶漆调制方便，易于施工，可以用清水稀释，能刷涂、滚涂、喷涂，工具用完后可用清水清洗，十分便利。

3. 真石漆

在现代装修中，真石漆主要用于室内各种背景墙涂装，或用于户外庭院空间墙面、构造表面涂装。真石漆又称为石质漆，主要由高分子聚合物、天然彩色砂石及相关助剂制成，干结固化后坚硬如石，看起来像天然花岗岩、大理石一样（图 8-136、图 8-137）。下面介绍真石漆的特性。

图 8-136：真石漆主要采用各种颜色的天然石粉配制而成，能实现建筑外墙的仿石材效果，因此又被称为液态石。

图 8-137：真石漆能给人以高雅、和谐以及庄重的美感，可以使墙面获得生动逼真、回归自然的效果。

图 8-136　真石漆　　　图 8-137　真石漆上墙效果

（1）真石漆具有防火、防水、耐酸碱、耐污染、无毒、无味、黏结力强，永不褪色等特点。

（2）真石漆能有效地阻止外界环境对墙面的侵蚀，由于真石漆具备良好的附着力和耐冻融性能，因此特别适合在寒冷地区使用。

（3）真石漆具有施工简便、易干省时等特点。

（4）优质的真石漆还具有天然真实的自然色泽。

4. 硅藻涂料

硅藻涂料是以硅藻泥为主要原材料并添加多种助剂的粉末装饰涂料，它是一种天然环保内墙装饰材料，可以用来替代壁纸或乳胶漆（图8-138、图8-139）。

图8-138：硅藻涂料适用于别墅、公寓、酒店以及医院等内墙装饰，是一种新型的环保涂料，具有消除甲醛、释放负氧离子等功能，同时也被称为会呼吸的环保功能性壁材。

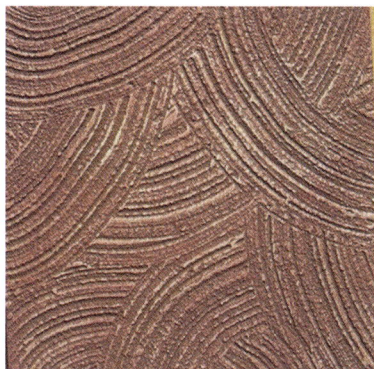

图8-139：硅藻涂料涂刷后可以使墙面拥有更丰富的自然质感，纹样也变得更多样化。

图 8-138　硅藻涂料　　**图 8-139　硅藻涂料上墙效果**

5. 灰泥涂料

灰泥涂料作为一种墙面装饰材料，相对其他材料来说比较环保，在国外的室内装饰装修工程中已经在广泛使用了，但是在国内使用灰泥涂料以及了解灰泥涂料的人都比较少（图8-140、图8-141）。

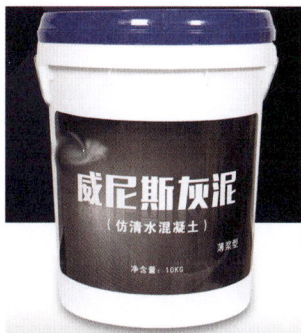

图8-140：灰泥涂料作为一种新颖的涂料，现在主要用于装饰方面。

图8-141：灰泥涂料可以调色，能够使饰面更加丰富多彩。

图 8-140　灰泥涂料　　**图 8-141　灰泥涂料状态**

灰泥涂料透气性好，能够有效防止墙体表面结露返潮，能够抑制细菌的增长。它具有非常高的弹性，所以一般不容易开裂，并且非常耐擦洗，抗污能力非常强，遮盖性和耐磨性好。灰泥涂料有着类似泥巴的黏性、和易性，这种特性会根据含水量的多少而变化。

三、防火涂料

防火涂料是由基料（成膜物质）、颜料、普通涂料助剂、防火助剂、分散介质等原料组成的，用来提高耐火极限的特种涂料。非膨胀型防火涂料主要用于木材、纤维板等板材的防火，可涂饰于木结构屋架、顶棚、门窗等表面；膨胀型防火涂料主要用于保护电缆、聚乙烯管道、绝缘板，可用于建筑物、电线、电缆等的防火。

防火涂料适用于可燃性装饰材料、构造，能降低被涂界面的可燃性，阻滞火灾的迅速蔓延，并能很好地提高被涂材料的耐火极限。除了具有普通涂料的防锈、防水、防腐、耐磨、涂层坚韧、易着色、粘附性强、易干、有一定的光泽等特点，这种涂料自身应是不燃或难燃的，且不起任何助燃作用（图8-142、图8-143）。

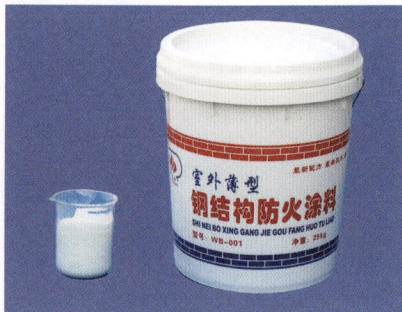

图8-142：防火涂料的涂膜层能使底材与火隔离，从而延长热侵入装饰材料的时间，以实现延迟、抑制火焰蔓延的目的。

图8-143：龙骨涂刷防火涂料后将具有更强的防火、阻燃性能，建筑的安全性也能有所提高。

图 8-142　防火涂料　　　　图 8-143　防火涂料涂刷龙骨

四、涂饰工程施工工艺

涂料的施工一般为刷涂、喷涂、滚涂三种方式，三种方式都可以适用于各种涂料，它们的特点各不相同。刷涂节约材料，但是消耗工时较长；喷涂施工速度快，但要做好维护包装，比较浪费材料；滚涂集中以上两者的优势，但是无法涉及局部细微构造。因此在施工中，一般会将透明聚酯漆进行刷涂，将白色硝基漆进行喷涂，将乳胶漆进行滚涂。

1. 聚酯漆刷涂施工步骤

聚酯漆涂刷界面多为木质构造家具表面，多采用透明清漆，能表现出木纹细节（图8-144～图8-151）。

图 8-144　修饰边角毛刺
图8-144：利用工具对毛边进行修饰。

图 8-145　调配同色修补灰膏
图8-145：在建筑装修、家具维护或艺术品修复等领域，经常需要对墙面、家具或其他表面进行修补，以保持其整体美观性和一致性。

2. 硝基漆喷涂施工步骤

硝基漆喷涂施工追求极高的平整度，需要在周边非喷涂部位进行遮挡（图8-152～图8-160）。

图 8-146 填补钉头

图 8-147 打磨平整

图 8-148 周边非涂刷部位保护

图 8-146：填补钉头，即修补表面上的钉子眼或孔洞，是建筑装修和家具维护中常见的操作。

图 8-147：在填补完钉头或孔洞后，打磨平整是确保修补区域与周围墙面或表面完美融合的关键步骤。

图 8-148：利用报纸对非涂刷区域进行保护。

图 8-149 调配聚酯漆

图 8-150 羊毛刷刷涂

图 8-151 自然晾干

图 8-149：调配聚酯漆是一个涉及树脂、硬化剂和稀释剂比例计算的过程。

图 8-150：使用羊毛刷进行涂刷是一项常见的装修和施工方式，它适用于多种涂料和表面材质。

图 8-151：聚酯漆含有流平剂与润湿剂，这也使得聚酯漆涂装后能形成光洁、平整的涂层，漆膜对底材的附着力也更强。

图 8-152 调配同色修补灰膏

图 8-153 填补钉头与不平整部位

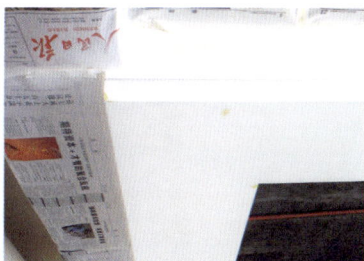
图 8-154 周边非喷涂部位保护

图 8-152：将混漆倒入调和桶内均匀搅拌，搅拌时可适当添加稀释剂。

图 8-153：在构造基层上刮涂成品腻子，将气排钉的端头与凹陷部位修补平整。

图 8-154：将涂饰构造周边用报纸封住，避免涂料沾染到其他部位。

图 8-155 小心打开包装

图 8-156 调配硝基漆

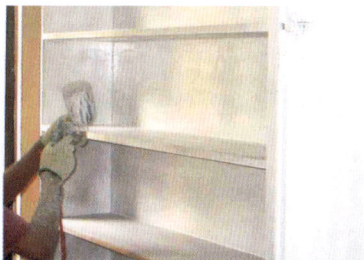
图 8-157 喷枪喷涂

图 8-155：打开包装时，检查包装是否有破损，物品是否齐全。

图 8-156：调配时将稀释剂与硝基漆适当混合，搅拌均匀后添加至喷枪的储料罐中。

图 8-157：喷涂时应快速、均匀挥动喷枪，保持喷涂间距。

| 图 8-158　刷涂局部细节 | 图 8-159　砂纸打磨 | 图 8-160　自然晾干 |

图 8-158：对于局部构造应当采用小号毛刷施工，并顺着结构方向涂刷。

图 8-159：采用砂纸打磨构造表面，保持基础界面绝对平整。

图 8-160：喷涂后的构件应当将外部饰面朝上摆放待干。

3.乳胶漆滚涂施工步骤

乳胶漆滚涂施工适用于大多数居住空间室内墙顶面施工，注重墙顶面基础的平整度（图 8-161～图 8-175）。

图 8-161：寻找购买材料，将材料配置齐全。

图 8-162：使用扫把对各个角落进行清扫。

| 图 8-161　各种材料配置齐全 | 图 8-162　清扫各个角落 |

图 8-163：阳角部位应当先粘贴护角边条，再刮涂腻子将其封闭。

图 8-164：石膏板粘贴防裂带用来确保石膏板接缝处不易开裂。

| 图 8-163　粘贴护角平整边条 | 图 8-164　石膏板粘贴防裂带 |

图 8-165：通常，石膏粉与水的调配比例为 100：28，即每 100 份石膏粉加入 28 份水。

图 8-166：刮涂石膏粉腻子在装修中主要用于墙面找平，为后续的施工打下坚实基础。

| 图 8-165　调配石膏粉腻子 | 图 8-166　刮涂石膏粉腻子 |

图 8-167　调配墙面腻子　　　　图 8-168　刮涂第 1 遍墙面腻子　　　图 8-169　刮涂第 2 遍墙面腻子

图 8-167：腻子粉调和应当均匀细腻，无结块或粉团，调和后可采用铲刀与刮刀将其取出。

图 8-168：采用刮刀施工，对墙面进行刮涂。

图 8-169：满刮腻子时应采用刮刀施工，并保持界面的平整度和细腻度。

图 8-170：待腻子完全干燥后，采用砂纸打磨，打磨时应用灯光照射，检查表面平整度。

图 8-171：稀释乳胶漆主要为了调整乳胶漆的黏度和稠度，以便于施工和涂抹。

图 8-170　在强光下打磨　　　　　图 8-171　稀释乳胶漆

图 8-172：最简单的调色方式是采用水粉颜料加水搅拌均匀，使其完全溶解。

图 8-173：将颜料倒入乳胶漆容器后采用搅拌机搅拌均匀。

图 8-172　调配颜色　　　　　　　图 8-173　调色搅拌

图 8-174：将调配好的彩色乳胶漆试涂在墙面低处，观察色彩效果，及时校正调色。

图 8-175：采用滚筒滚涂墙面乳胶漆，墙顶面边缘应当保留空白，避免彩色乳胶漆沾染至顶面。

图 8-174　小面积试色　　　　　　图 8-175　大面积滚涂乳胶漆

　　涂料施工时应注意通风，防止污染（图 8-176～图 8-178）。聚酯漆与硝基漆属于油性涂料，挥发性很强，在施工时应当适当打开门窗，避免有害物质在室内长期停留，渗透到其他软质材料中，如软包墙面、布艺沙发等。施工结束待完全干燥再全面打开门窗通风。乳胶漆等水性涂料的气味就不是很明显，应当在施工时关闭门窗，避免表面快速干燥而导致开裂脱落，施工结束待完全干燥（7 天后）再打开门窗通风。

图 8-176：如果在封闭性较强的空间内选用涂料装修，应当增设排气扇、中央空调等通风设备。

图 8-177：硝基漆家具的挥发性很强，但是挥发时间短，在通风良好的环境下，一般不超过 7 天，适用于室内各个部位。

图 8-176　无窗房间增设通风设备　图 8-177　硝基漆家具

图 8-178：浅色空间多会采用涂料来装修，为了将污染降低到小，应当减少乳胶漆的用量，只用于顶面和局部墙面。装饰墙板、楼梯等应当选用成品件，这些材料已在工厂预先加工好，有害物质都已经挥发过了，再到室内安装污染就小很多。

图 8-178　浅色家居空间

第六节　安装工程

一、成品柜

1. 衣柜安装

成品衣柜外观整洁美观，由专业厂商设计，储藏空间划分科学合理，是现代装修的首选。它与现场定制衣柜最大的不同是施工快捷，1～2 天即可安装完成。

下面介绍衣柜的施工方法。

（1）精确测量房间尺寸，设计图纸，确定方案后在工厂对材料进行加工，将成品型材运输至施工现场。

（2）根据现场环境与设计要求，预装衣柜，进一步检查、调整具体的位置，标记好安装位置基线，确定安装基点，使用电锤钻孔，并放置预埋件。

（3）从下至上逐个拼装衣柜板材，安装牢固五金配件与配套设备。

（4）测试调整成品衣柜，清理施工现场。

小贴士

现场制作家具与订购成品家具的区别

现场制作的家具可以选用顶级环保免漆板，对施工员的工艺有要求，整体价格相对较低；而订购成品家具的板材不会太好，但是工艺水平较高，整体价格相对较高。

2. 橱柜安装

现代装修都采用成品橱柜，色彩、风格繁多，表面光洁平整，给繁重、枯燥的家务劳动带来一份轻松。下面介绍橱柜的施工方法。

（1）检查水电路接头位置与通畅情况，清理施工现场，组织橱柜进场并查看橱柜配件是否齐全（图8-179～图8-181）。

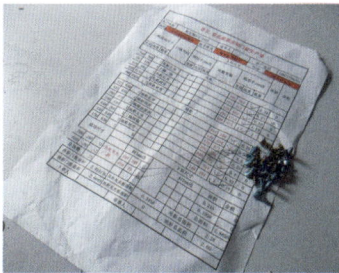

图 8-179　核对清单　　　　图 8-180　橱柜进场　　　　图 8-181　柜门放置

图8-179：橱柜进场后仔细核对清单，根据清单内容查验橱柜配件是否齐全。

图8-180：成品橱柜中各种地柜一般都已组装成箱体，安装起来比较方便。

图8-181：橱柜门板应竖向摆放，避免压弯或破坏表面装饰层。

（2）根据现场环境与设计要求，预装橱柜，进一步检查、调整管道位置，标记安装位置基线，确定安装基点，使用电锤钻孔，并放置预埋件，裁切需要变化的柜体（图8-182、图8-183）。

图 8-182：对于紧贴烟道或落水管部位的橱柜应当在放线定位后，再做裁切。

图 8-183：橱柜裁切时应采用曲线切割机，可以方便调整和控制板材裁切的规格。

图 8-182　放线定位　　　　图 8-183　切割

（3）从上至下逐个安装吊柜、地柜、台面、五金配件与配套设备，并将电器、洁具固定到位（图8-184～图8-187）。

（4）测试调整，清理施工现场。

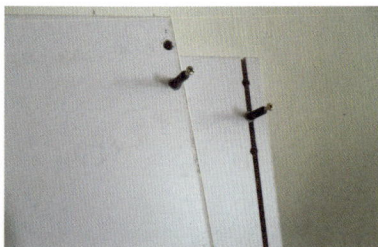

图 8-184　安装螺栓

图 8-185　固定螺钉

图 8-184：在板材边缘钻孔，将螺栓插入其中，并调整好合适的高度。

图 8-185：将螺钉固定在板材上，拧紧后检查板材组装的垂直度。

图 8-186　封闭管道

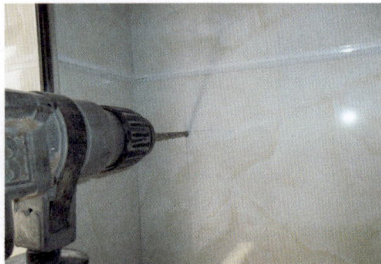

图 8-187　墙面钻孔

图 8-186：在管道穿越的部位应当采用板材围合起来，将管道封闭进去。

图 8-187：安装吊柜之前，应当在墙面钻孔，钻孔位置应当仔细测量，与橱柜安装位置一致。

二、成品门

成品房门取代了传统装修施工中的门扇与门套制作，是目前比较流行的装修方式。下面将介绍其施工方法。

（1）在基础与构造施工中，要按照安装设计要求预留门洞尺寸，订购产品前还需再次确认门洞尺寸。

（2）将成品房门运至施工现场后打开包装，仔细检查各种配件，并将门预装至门洞（图 8-188～图 8-191）。

图 8-188　打开包装

图 8-189　初步安装

图 8-188：打开成品门包装后应仔细检查门扇与配件，检查时要注意查看边角质量，不能有任何磨损。

图 8-189：将门框直接套在门洞中，如果宽度不合适，应当对门洞进行修整，或拓宽门洞，或采用板材缩小门洞。

图 8-190　定位校正

图 8-191　调整门扇

图 8-190：在固定门框的同时，应当采用水平仪校正门框的垂直度。

图 8-191：水平仪校正完毕后，要仔细调整门扇，保持边缝均衡一致。

（3）如果门洞较大，可以采用 15mm 厚木芯板制作门框基层，表面采用强力万能胶粘贴饰面板，采用气排钉安装装饰线条。

（4）将门扇通过合页连接至门框上，进行调试，填充缝隙，安装门锁、把手、门吸等五金配件（图 8-192、图 8-193）。

图 8-192：门扇预安装时采用泡沫填充剂将边缘填充密封，填充时应当紧密细致。

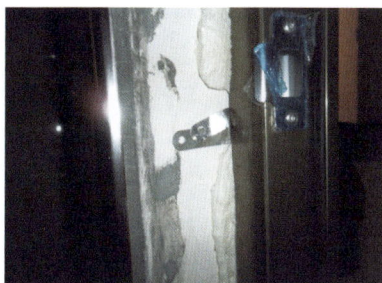

图 8-193：待泡沫充分膨胀时，采用钢钉将门框周边固定至门洞墙壁上。

图 8-192　填充泡沫　　　　图 8-193　发泡膨胀

三、卫浴洁具

洁具安装是水路施工的最后阶段，需要仔细操作，杜绝渗水、漏水现象发生。常用洁具一般包括洗面盆、水槽、蹲便器、坐便器、浴缸、淋浴房、水阀等，形态、功能虽然各异，安装方法也不相同，但重点都在于找准给水与排水的位置，并连接密实，不能有任何渗水现象（表 8-1）。

表 8-1　洁具安装对比一览

项目	图例	安装要求	用途	价格
洗面盆安装		安装平稳，无松动、无渗水漏水，周边密封性好	卫生间盥洗	40～50 元/件
水槽安装		排水管构件安装紧密，无松动、无渗水漏水，周边密封性好	厨房盥洗	30～40 元/件
水箱安装		安装平稳，无松动、无渗水漏水，周边密封性好	蹲便器冲水	20～30 元/件
坐便器安装		安装平稳，无松动、无渗水漏水，周边密封性好	卫生间排便	40～50 元/件

项目	图例	安装要求	用途	价格
浴缸安装		安装平稳，无松动、无渗水漏水，周边密封性好	卫生间洗浴	40～50元/件
淋浴房安装		安装平稳，结构牢固，无松动、无渗水漏水，周边密封性好	卫生间淋浴围合、防水	80～100元/套
淋浴水阀安装		安装平稳，无松动、无渗水漏水，密封性好，开关自如	卫生间淋浴	40～50元/件

注：该表中价格包含人工费、辅材费，不含洁具设备费用。

小贴士

开荒保洁妙招

水泥残留用洁厕灵清除；玻璃胶残留用化妆卸甲水清除；油漆残留用松节油清除；不干胶残留用酒精清除；石材铁锈残留用草酸清洁剂清除；瓷砖黑印残留用金属划痕清洁剂清除；瓷砖蜡残留用腻子粉清除；乳胶漆残留先用水打湿，再用吹风机热风吹干，最后用湿毛巾擦拭清除。

课后练习

1. 概述装饰材料施工工艺中的各类施工类型及其特点。
2. 深入解析釉面砖的卓越特性有哪些。
3. 解读PVC管施工工艺流程是怎样的。
4. 对比分析木芯板与胶合板的特点。
5. 实地考察装饰材料市场，选择一款装饰涂料，进行价格对比分析。
6. 解析乳胶漆的优势与特点。
7. 以教室门窗为观察对象，探讨其安装工艺，从细节处发现安装过程中的关键要点。
8. 在进行洁具安装时，有哪些要点需要特别注意？
9. 结合我国基础建设的方针理念，指出装饰材料环保性能与人民幸福指数的关联，并指出如何提升居住空间的健康环保水平。

第九章

居住空间设计案例解析

识读难度： ★★☆☆☆

重点概念： 小户型、空间、功能、色彩、采光

章节导读： 本章介绍一系列具有创新性的居住空间设计方案，对设计理念进行深入剖析，以提高读者的设计素养。案例中将重点分析设计者如何巧妙运用创新思维应对各异的空间需求，并在此过程中，达成美学与实用性的和谐统一。通过对这些案例的解读，读者可以从中汲取灵感，以增强自身的设计技能，提升其居住空间的幸福指数（图 9-1）。

图 9-1：居住空间中可以采取卧室套间布局的设计策略，将主卧室与邻近的书房或更衣室相结合，从而显著提升主卧室的使用效能。此举不仅优化了卧室的功能性，而且促使原本功能单一的卧房转变成为日常生活中频繁使用的多功能起居空间。

图 9-1　卧室套间设计

第一节　居住空间功能设计案例

在有限的居住空间中拓展出无限功能，是设计水平的重要验证标准。下面列出两项案例，介绍居住空间功能区域改造方法。

一、变换并拓展使用功能

这是一套面积为 $76m^2$ 的住宅室内设计方案。通过对空间功能的重新配置，设计者成功增强了空间流畅性，并实现了视觉上的空间扩展。在设计的构思阶段，设计师深入考虑了业主的个人偏好，将棕色、灰色以及苹果绿色确定为空间设计的核心色彩，以期营造一个既雅致又舒适的居住空间。该色彩方案的运用，不仅为居住者带来了温馨与清新的感官体验，同时也凸显了简约而现代的设计理念。通过精心的空间布局，该设计方案有效地发掘了每一寸面积的潜力，使得这一小户型住宅在视觉上呈现出类似大户型的宽敞感受（图 9-2 ～图 9-8）。

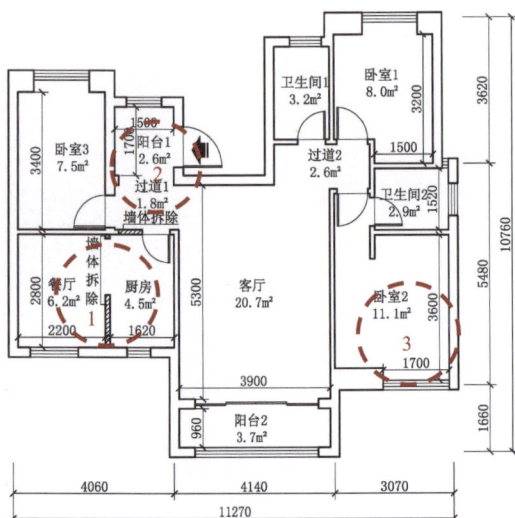

图 9-2 原始户型图

图 9-3 设计平面布置图

图 9-2：户型包含客厅、餐厅、厨房各一间，卫生间两间，卧室三间，阳台两处，过道两处。这套户型采光条件较好，但分区较多，且部分分区比较杂乱。

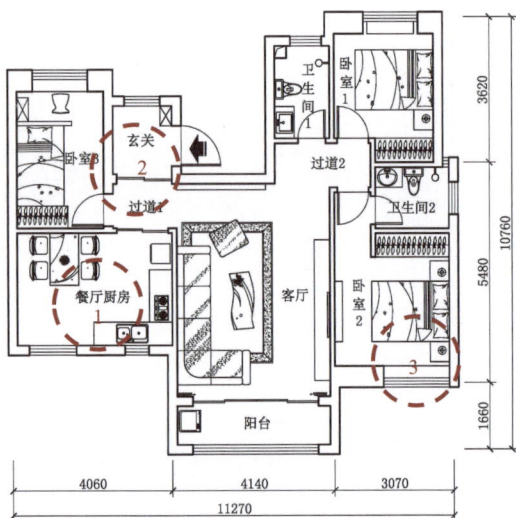

图 9-3：设计要求能有一个比较有逻辑的行走动线，整体空间要简洁且兼具设计感和时尚感。

（1）对厨房与餐厅的分隔墙体实施拆除，以达成空间布局的一体化。此举不仅显著扩展了活动空间，优化了日常行动路线，而且通过增加室内光线的反射面积，显著提升了室内照度水平。

（2）考虑到居住空间私密性的提升，将室外阳台转化为玄关区域，安装双扉磨砂玻璃门，此类设计既能保障适量自然光线的渗透，同时亦能塑造出一个独立的室内空间，从而增强私密性。

（3）对于卧室 2 的空间利用，将其作为主卧，并在窗户周围设置石质台面或安装柜式飘窗。这种设计不仅有效扩展了储物空间，而且实现了对室内空间的充分利用。同时，飘窗的设计元素也为室内空间带来了现代感和时尚气息。

图 9-4 客厅

图 9-5 主卧

图 9-4：客厅布局简单，白色地砖搭配深色地毯，给人一种向外的延伸感。沙发呈 L 形摆放，行走空间十分流畅，顶面也没有多余的造型，简单却也兼具设计感。

图 9-5：主卧改造后的飘窗以白色柜体为主体形式，搭配棉麻材质的窗帘，时尚感扑面而来，飘窗的深度也恰到好处，可以很好地进行收纳工作。

图 9-6 卧室 1　　　　**图 9-7 卧室 3**　　　　　　　**图 9-8 公共卫生间**

图 9-6：卧室 1 在其窗户凸起处放置白色抽屉柜，房间内除墙面挂画和桌面陶瓷装饰品外再无其他装饰，虽稍显简单，但却能使小空间具有大视觉感。

图 9-7：卧室 3 改造为卧室并书房的形式，白色梯级挡板与储物柜结合，一方面隔断空间，另一方面作为书房书柜存在。书桌放置于窗户凸起处，采光良好。

图 9-8：公共卫生间使用人员较多，设立玻璃框架淋浴间，进行干湿分区，简化空间。洗面盆上方的长条镜也能有效增强空间感，使卫生间更显通透。

二、增加储藏功能

这是一套面积为 59m² 的住宅室内设计方案。住户提出一项调整要求：缩减某些功能性空间的规模，以增设更多的储物区域。该单元的方位朝东，其入口通道直接通向厨房，这种设计模式在现有的住宅建筑中较为常见。住户希望能够扩充厨房的面积，并针对室内光照条件进行改善，以提升居住体验（图 9-9 ～图 9-14）。

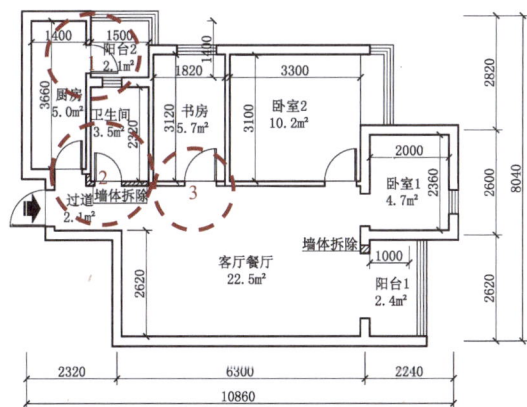
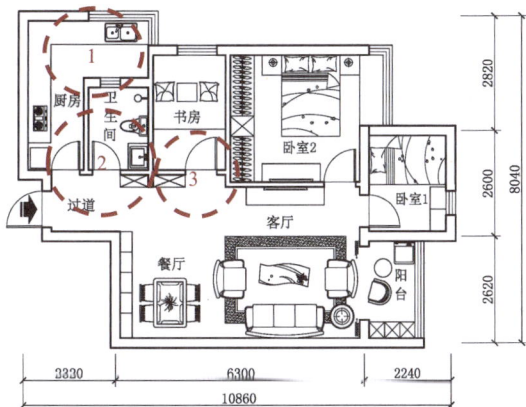

图 9-9 原始户型图　　　　　　　　　　**图 9-10 设计平面布置图**

图 9-9：户型包含客餐厅、厨房、卫生间、书房各一间，卧室两间，一处过道，两处阳台。

图 9-10：面积相对较小，因此在空间设计上需要增加储藏功能，满足客户的基本储藏需求。

（1）为了拓展厨房的使用空间，厨房与阳台间原有的分隔墙体被移除，从而将两者融合为连贯的整体。

（2）相较于厨房的改造，卫生间的空间被适当缩减，具体操作为移除邻近走廊的卫生间墙体。

（3）在书房与卫生间共用的墙体上，构建新墙，其厚度定为 120mm，长度为 300mm，同时在墙体的两侧设置了适宜尺寸的储物柜，以增加存储功能。

图 9-11　客厅餐厅

图 9-12　餐厅

图 9-11：3D 立体装饰字具有很强的艺术美感，色彩亮丽的棉麻沙发也为客厅增添了更多质感和高级感。

图 9-12：餐厅白色的酒柜和作为背景墙存在的大幅深色装饰画形成了强烈的对比，在三维空间上有了一个色彩的递进，艺术气息很浓郁。

图 9-13　书房

图 9-14　阳台

图 9-13：书房面积较小，层板下方设置的长条镜在视觉上扩展了空间，同时白色打底的层板和白色的墙面也有效地提高了书房内的亮度。

图 9-14：作为休闲区域存在的阳台，可以设置开放式的储物柜，摆上浅色的圆桌、浅色的沙发椅，整个空间弥漫着一种很自由的气息。

第二节　一变三居住空间设计案例

设计师在创意过程中，需要极力拓展自己的创意思维，不断推陈出新。对同一个户型变化出三种不同方案，给使用者提供选择的余地。

一、合理分配功能空间

这是一套使用面积约为 $100m^2$ 的三居室户型（图 9-15），该住宅包括三个卧室、两个卫生间，以及独立的客厅、餐厅和厨房。此外，住宅配置有朝南与朝北的两个阳台。住户与父母同住，在设计时需综合考量年轻一代的生活习惯以及老年人和儿童的日常生活节奏。尽管儿童尚年幼，无需独立卧室，但设立一个专用的儿童房间仍是必要的。此外，考虑到家庭可能偶尔接待临时住宿的客人，预留一间客房成了一种实用性需求。

1. 不改变原始结构布置
改造方案一，如图 9-16、图 9-17 所示。

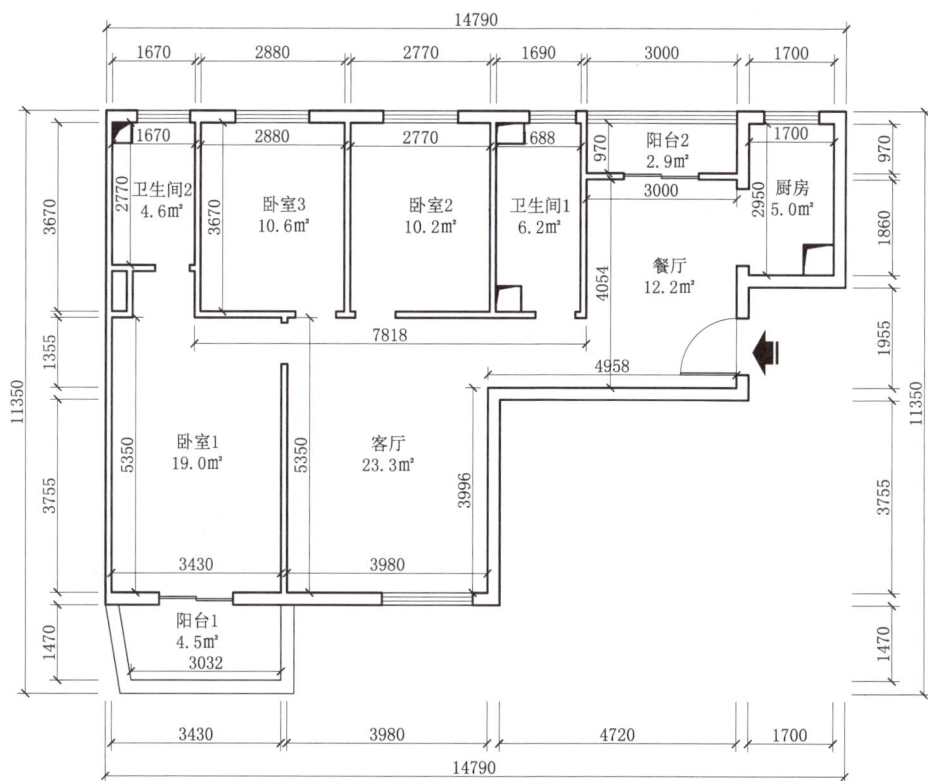

图 9-15 原始平面图

图 9-15：该住宅的南北通透性确保了室内各空间的通风和采光效果俱佳，特别是朝南的大阳台，为家庭成员提供了充足的衣物晾晒空间。然而，在三个卧室的布局中，除了主卧室外，其余两个次卧室在面积上几无差异，缺乏明确的主次之分，且这些次卧室的空间也相对狭小，限制了居住功能的合理规划与划分。

卧室3设置为备用房，作为今后的儿童房和临时的客房备用。在不使用时，亦可作家庭的储物间，放置不常用或是换季时需搁置的家居物品。

将与卫生间1相邻的卧室2设置为老人的房间，与卫生间相邻，更方便老人的日常起居。

在厨房与餐厅间安装钛镁合金边框、中间镶嵌5mm厚钢化玻璃的推拉门，既对这两个区域进行了明确分区，同时，钢化玻璃的透光性又使这两个区域的光线形成互借，使居室光线更充裕。

带卫生间2的卧室1作为主卧室，宽敞的空间可供大面积的衣柜安置并摆放其他家具，满足年轻人对衣柜的收纳需求及工作、生活所需空间。

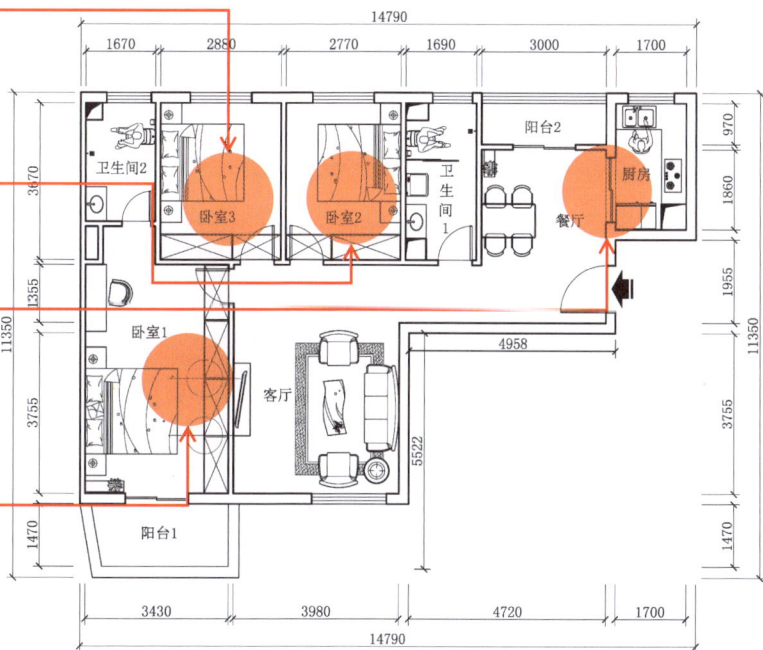

图 9-16 改造方案一平面图

(a) 客厅电视背景墙　　　　(b) 客厅沙发背景墙　　　　(c) 餐厅

(d) 卧室1　　　　(e) 卧室2　　　　(f) 卧室3

图 9-17　各空间效果图

图 9-17（a）：电视机背景墙铺贴竖条纹壁纸，黑白灰的搭配处理让没有任何凹凸造型的墙面在视觉上产生立体感，收获意外的惊喜。

图 9-17（b）：沙发背景墙选择与相对的电视机背景墙同一风格却又有区别的竖条纹壁纸，既在整体上相互呼应，又各有特色，令客厅的层次感更丰富。

图 9-17（c）：在餐桌旁的墙面上钉装搁板，可以在上面摆放一些小件盆景或是有特色的时尚装饰小物件加以点缀，或放些零食、调料等方便用餐时取用。

图 9-17（d）：为使装修中色彩的搭配显得自然和谐，从顶上的吊灯到墙面，再到窗帘、床头柜、床上用品以及地面等，所有的用色都属于棕色系。

图 9-17（e）：在床头背景墙安装成品置物架，造型多样、安装方便、价格实惠。

图 9-17（f）：床头背景墙的石塑装饰板与卧室风格相协调，但显得平淡，通过深色玻璃胶勾缝，打破平静，增添动感。

2. 根据实用功能布置

改造方案二，如图 9-18、图 9-19 所示。

拆除阳台2与餐厅间的隔墙，同时拆除阳台2与厨房间的隔墙，将阳台并入室内，使厨房与餐厅形成一个整体的空间，打造开阔的现代一体式餐厨。

拆除卧室2与原卧室3间的隔墙，向原卧室3方向与窗户边缘墙体相齐制作100mm厚石膏板隔墙，使作为老人房的卧室2的空间得以扩大，为老人打造一个宽松舒适的卧室。

改变卫生间2的开门方向，并入卫生间2的原卧室3重新设定为新的主卧室，新布局的主卧室户型更方正，避免了畸零空间的浪费。

在原卧室1中以100mm厚石膏板制作隔墙，分隔出作为居室收纳与客房兼用的备用空间卧室3，房间大小以紧凑实用为原则。同时，紧邻阳台更方便衣物的晾晒与收纳。

拆除原卧室1与客厅间的隔墙，在卧室2新砌隔墙的延长线上，重新以100mm厚石膏板制作隔墙，在不影响客厅使用功能的同时，可以为居室增添更多的收纳空间。

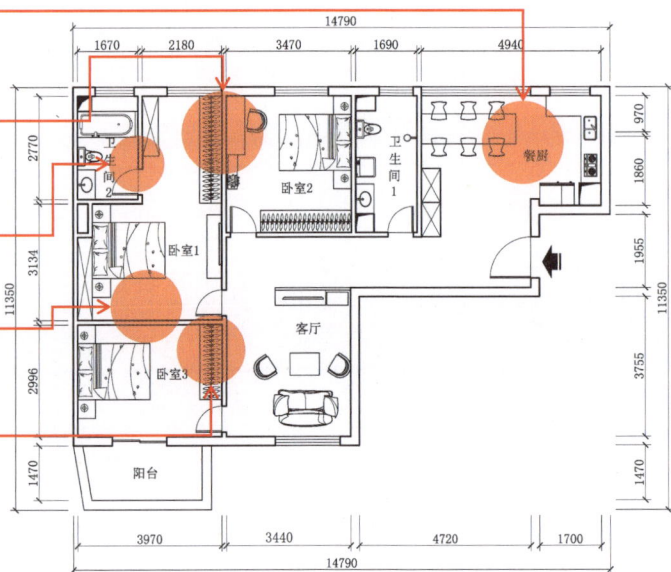

图 9-18　改造方案二平面图

(a) 客厅电视背景墙　　　　　　　(b) 客厅沙发　　　　　　　(c) 厨房餐厅

(d) 餐厅背景墙　　　　　　　(e) 卧室3　　　　　　　(f) 卧室2

图 9-19　各空间效果图

图 9-19（a）：以表面喷涂聚酯漆的 30mm×40mm 抛光木龙骨材质造型作为客厅的电视机背景墙，在充当电视背景墙的同时还具备分隔空间的功能。

图 9-19（b）：沙发背后靠墙与窗户，获得良好的采光照明，便于白天读书看报。

图 9-19（c）：将原来的阳台并入室内，并且打通了厨房与餐厅这两个功能空间，一体式餐厨更适合现代人的生活方式，同时也使居室的采光更充裕。

图 9-19（d）：在餐厅的墙上安装置物搁板，既能起到装饰作用，又能方便在用餐时使用，比起单独安置物柜更省空间，实用性更强。

图 9-19（e）：在床侧面墙体上安装装饰镜，让较狭窄的空间变得更加宽敞通透。

图 9-19（f）：装饰画的挑选要根据卧室中其他元素特征来决定。老人房中床头背景墙的装饰画完美地与铁艺床头和台灯的颜色及造型融合。

3. 根据老人生活起居布置

改造方案三，如图 9-20、图 9-21 所示。

拆除阳台 2 与餐厅间隔墙，同时拆除阳台 2 与厨房间的隔墙，将阳台并入室内，使厨房与餐厅形成一个整体的空间，打造现代一体式餐厨。

拆除原卧室 2 与卧室 3 间的隔墙，向原卧室 3 方向平移至卧室 2 新制作隔墙延长线位置，以 100mm 厚石膏板制作隔墙。同时，拆除原卧室 2 与走道间的隔墙，将这部分空间重新划分为客厅空间。

在原卧室 1 中以 100mm 厚石膏板制作隔墙，隔墙两面设置分别向两间卧室开门的衣柜。原卧室 3 重新划分为老人房（卧室 1），带卫生间的卧室更适合行动不便的老人日常起居。

以 100mm 厚石膏板制作隔墙，将原客厅重新划分为卧室 3，作为今后的儿童房和临时的客房备用，在不使用时，亦可作家庭的储物间。

拆除原卧室 1 与原客厅间的隔墙，从原位置向原客厅方向平移 850mm，以 100mm 厚石膏板制作隔墙，将原卧室 1 重新划分为卧室 2。

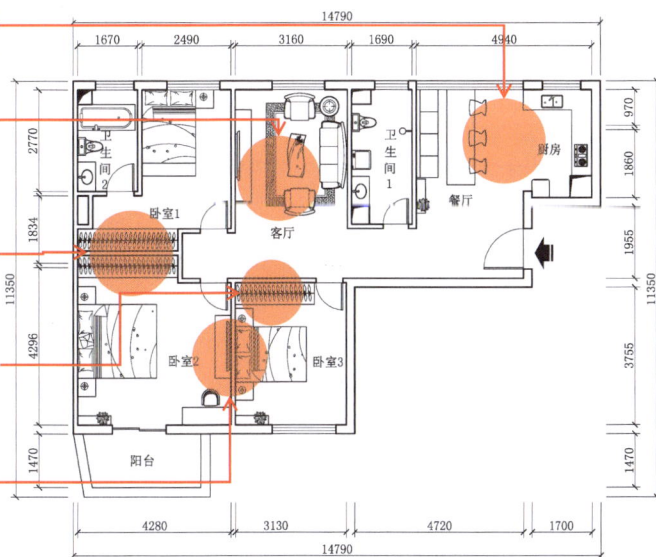

图 9-20　改造方案三平面图

(a) 餐厅背景墙

(b) 客厅沙发背景墙

(c) 客厅电视背景墙

(d) 厨房餐厅

(e) 卧室3

(f) 卧室2

图 9-21　各空间效果图

图 9-21（a）：餐厅背景墙采用 250mm×250mm 仿古砖 45°斜贴，增添了背景墙的趣味性。

图 9-21（b）：个性的装饰物件如果直接挂置在墙面上，虽然也能达到很好的装饰效果，但显得平淡。而用装饰画框将装饰物件框起来，能获得意外的效果。

图 9-21（c）：地中海风格最经典的用色是蓝色与白色，营造出一种浪漫、神秘的居住空间氛围，提高了舒适感。

图 9-21（d）：虽然打通后的厨房与餐厅在视觉上已成一体化，但常在顶面的灯具上作区分，风格形式大不相同的灯具让人一眼就能分辨出空间区域来。

图 9-21（e）：床头背景墙竖条形状的石塑装饰板，与室内的家具及床上的条纹织物的图案相呼应。

图 9-21（f）：卧室与阳台间的推拉门，采用 5mm 厚玻璃镜面镶嵌，玻璃镜面的反射性能在视觉上扩大空间。

二、均衡安排大空间

这是一套使用面积约为 150m² 的原始户型（图 9-22），其布局包括四个卧室、两个卫生间，以及独立的客厅、餐厅和厨房各一间，并配备了朝南及朝北的阳台各一处。

居住者由四人组成，包括一对夫妇及其两个孩子。随着孩子们的成长，他们各自需要独立的生活空间，包括配备有个人衣柜、书桌等必需家具的单独卧室。家庭中的父亲职业为教育工作者，同时也是文学爱好者，他时常需要一处宁静的环境以供学习和从事文学创作，因此，设立一间独立的书房成为该户型的基本需求。

1. 全能收纳型布置
改造方案一，如图 9-23、图 9-24 所示。

2. 阅读学习新格局布置
改造方案二，如图 9-25、图 9-26 所示。

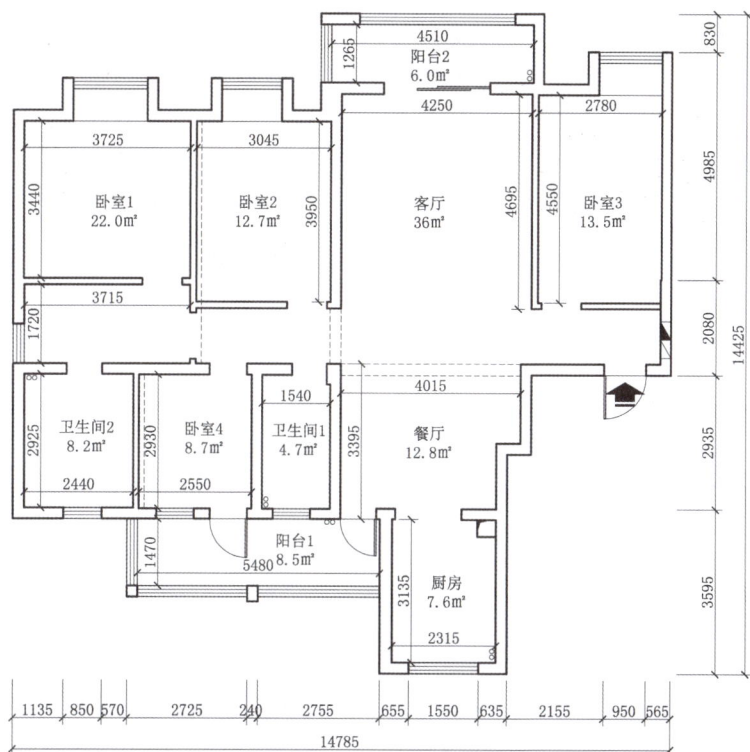

图9-22：该住宅空间宽敞，具备四室两厅两卫的布局，允许居住者自由规划与布置。南北朝向的设计确保了住宅的通风与自然光照，每个功能区域均设有独立的窗户。然而，尽管空间划分较为细致，但也导致了部分空间的利用效率不高，产生了较大的空间浪费问题。

图9-22 原始平面图

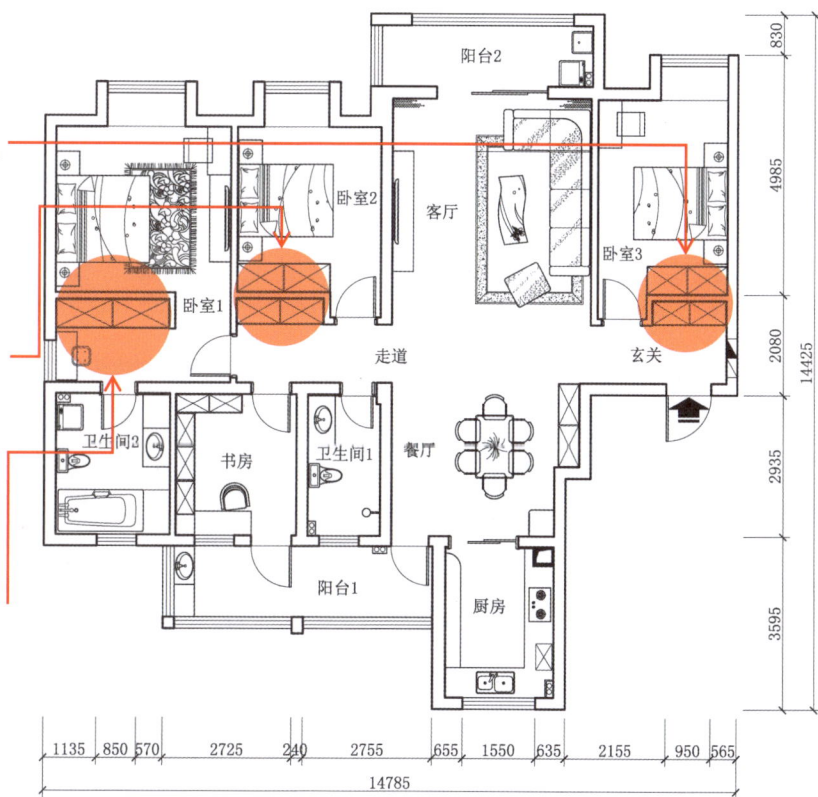

拆除卧室3与入户走道间的隔墙，向卧室方向延伸500mm，重新制作130mm厚石膏板隔墙，并且在隔墙两面分别设置深度为500mm与600mm的木质柜体。在不影响卧室空间使用的同时，为入户大门处增添了安置装饰鞋柜的空间。

拆除卧室2与走道间的隔墙，向卧室方向延伸500mm，以130mm厚石膏板制作隔墙，隔墙两面分别设置深度为500mm与600mm的装饰柜与衣柜，为居室增添更多的收纳空间。

拆除卧室1中开门处的部分墙体，依墙在靠走道的一面设置深度为500mm储物柜。将卫生间2并入卧室1中，打造舒适宽松的主卧室。

图9-23 改造方案一平面图

(a) 客厅沙发背景墙

(b) 客厅电视背景墙

(c) 餐厅

(d) 书房

(e) 卧室2

(f) 卧室3

图 9-24　各空间效果图

图 9-24（a）：沙发背景墙的立体装饰画在客厅中起着举足轻重的作用。在选择装饰画之前，一定要先测量墙面的尺寸，再根据尺寸选购大小合适的装饰画。

图 9-24（b）：电视机背景墙采用玻璃镜面与木质装饰条相结合，装饰条上穿插的装饰小隔板，美观实用。同时，玻璃镜面的反射性在视觉上能扩大空间感。

图 9-24（c）：餐厅的墙面、装饰酒柜以及座椅等均为浅色系，为了使餐厅的整体色彩平衡有度，顶面的墙线和顶灯以及餐桌均选择黑色系。

图 9-24（d）：书房里使用明亮的暖黄色墙面与色彩斑斓的创意置物格子，让书房给人的感受不再是一成不变的沉闷感。

图 9-24（e）：卧室墙角的落地灯是整个卧室色彩最重的部分，起着压轴平衡的作用。

图 9-24（f）：在设计后期，增加一些卡通型的软装饰，能为房间增添活泼可爱的童趣色彩，深受孩子喜爱。

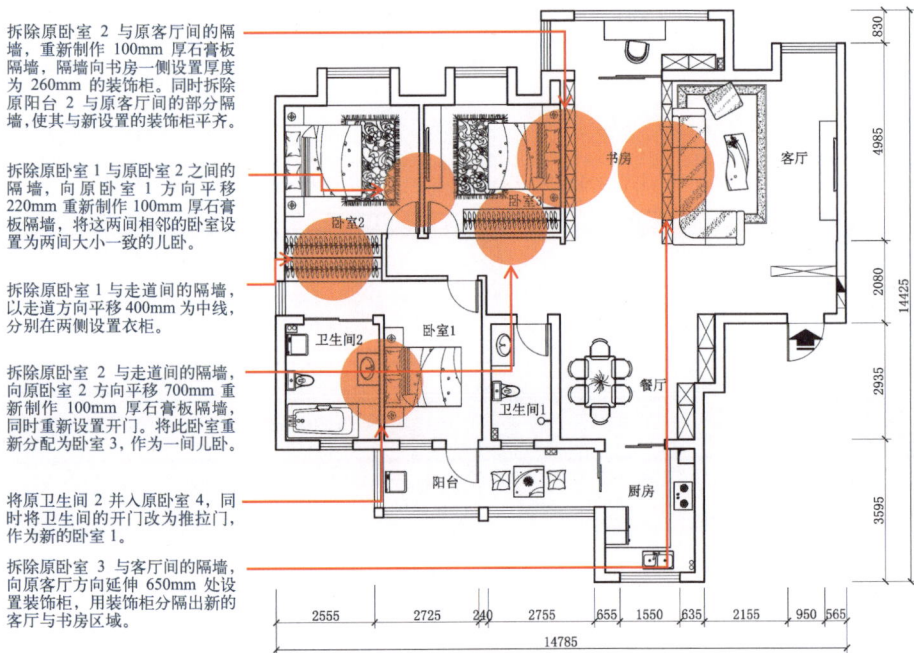

拆除原卧室 2 与原客厅间的隔墙，重新制作 100mm 厚石膏板隔墙，隔墙向书房一侧设置厚度为 260mm 的装饰柜。同时拆除原阳台 2 与原客厅间的部分隔墙，使其与新设置的装饰柜平齐。

拆除原卧室 1 与原卧室 2 之间的隔墙，向原卧室 1 方向平移 220mm 重新制作 100mm 厚石膏板隔墙，将这两间相邻的卧室设置为两间大小一致的儿卧。

拆除原卧室 1 与走道间的隔墙，以走道方向平移 400mm 为中线，分别在两侧设置衣柜。

拆除原卧室 2 与走道间的隔墙，向卧室 2 方向平移 700mm 重新制作 100mm 厚石膏板隔墙，同时重新设置开门。将此卧室重新分配为卧室 3，作为一间儿卧。

将原卫生间 2 并入原卧室 4，同时将卫生间的开门改为推拉门，作为新的卧室 1。

拆除原卧室 3 与客厅间的隔墙，向原客厅方向延伸 650mm 处设置装饰柜，用装饰柜分隔出新的客厅与书房区域。

图 9-25　改造方案二平面图

(a) 客厅电视背景墙

(b) 客厅沙发背景墙

(c) 餐厅

(d) 卧室2

(e) 卧室3床头

(f) 卧室3电视机

图 9-26　各空间效果图

图 9-26（a）：黑色与红色的搭配，是中式风格装修的特征之一。柚木外饰红色聚酯漆的中式造型家具，与电视机背景墙共同渲染出古朴淳厚的中式风。

图 9-26（b）：客厅与书房间以樱桃木外饰黑色聚酯漆造型隔断作分隔，既对两个空间进行了有效分区，又比传统的墙体分隔更节省空间，同时增添了装饰效果。

图 9-26（c）：中式风格的家具以明清家具为主，造型典雅、工艺精湛、坚固实用的餐桌椅，将人的思绪带进历史的长河中。

图 9-26（d）：在设计后期的软装配置时，注意所配置的软装饰与空间风格相一致。主卧室中的置物桌架、抱枕、装饰画等都属于中式风格。

图 9-26（e）：乳胶漆与墙纸的结合使用是墙面装饰最常见的形式，在卧室的墙面铺贴色彩花纹淡雅的墙纸。

图 9-26（f）：水墨画是中国传统绘画，也是国画的代表。墙上挂置的水墨画与毛笔书法的装饰画，辅以黑色边框，给空间以古典韵味。

3. 充裕采光型布置

改造方案三，如图 9-27、图 9-28 所示。

拆除原卧室 3 与入户走道间的隔墙，在入门处设置装饰柜，集入户玄关与装饰鞋柜为一体。将原卧室 3 重新分配为客厅区域。

拆除原卧室 3 与原客厅间的隔墙，向原客厅方向延伸 900mm 处重新制作 100mm 厚石膏板隔墙，将原客厅重新分配为卧室 2 区域。

拆除原卧室 2 与原客厅间的隔墙，重新制作 100mm 厚石膏板隔墙，将原卧室 2 重新分配为卧室 3，以薄墙重新分隔相邻两间卧室，有效节省了空间。

拆除卧室 1 与走道间的隔墙，将卧室 1 的开门调整为与卧室 3 的门处于同一水平线上。

改变卫生间 2 的开门位置，将卫生间 2 并入卧室 1 中，拆除卫生间 2 与原卧室 4 间的隔墙，向走道方向以 100mm 厚石膏板制作隔墙，隔墙延伸至卧室 1 开门位置。

拆除原卧室 1 与原卧室 2 间的隔墙，向原卧室 1 方向平移 220mm 重新制作 100mm 厚石膏板隔墙，在不影响卧室 1 空间使用的基础上，扩大卧室 3 的空间。

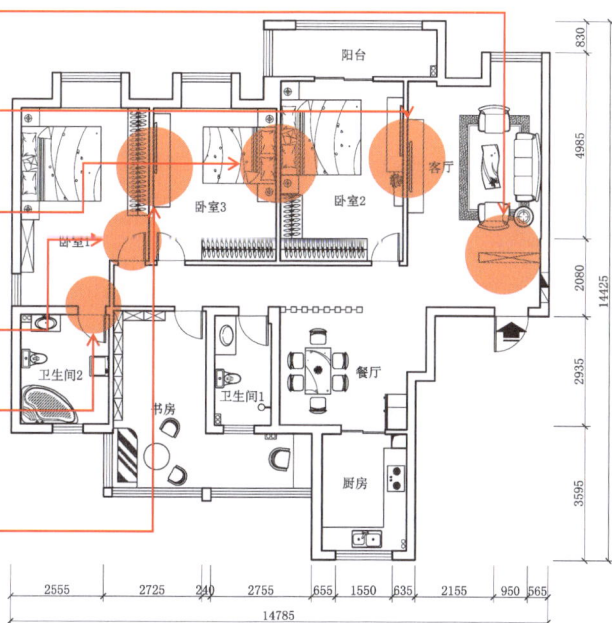

图 9-27　改造方案三平面图

(a) 客厅沙发背景墙　　　　　　(b) 客厅电视背景墙　　　　　　(c) 书房沙发

(d) 卧室2电视背景墙　　　　　　(e) 卧室2床头背景墙　　　　　　(f) 卧室1

图 9-28　各空间效果图

图 9-28（a）：希望更明显地突出设计风格，可以从一些家居小配件上着手。客厅中茶几上的烛台、背景墙上的工艺瓷盘等无不让东南亚风格更加清晰。

图 9-28（b）：用软包来做电视机背景墙，颜色鲜艳的黄色软包，与周围红色系的实木家具相得益彰。

图 9-28（c）：将南面的阳台改造成集书房与休憩于一体的多功能空间，可以在阳光明媚的日子里，悠然于窗前，让阳光洒在书面，将窗户打开吹着暖风。

图 9-28（d）：在卧室中摆放一些绿植，不仅能美化空间，给人带来一片生机勃勃的感受，同时绿植所具备的排氧吸碳能力还能净化室内空气。

图 9-28（e）：东南亚风格装修崇尚自然，以原始的纯天然材质为主，带有热带丛林的味道，在色泽上保持自然材质的原色调，褐色为最常见的色调。

图 9-28（f）：杉木材质的吊顶与沙比利材质的床头背景墙造型相得益彰，杉木和沙比利这两种木材色彩与纹理相近。

三、两房拓展厨卫空间

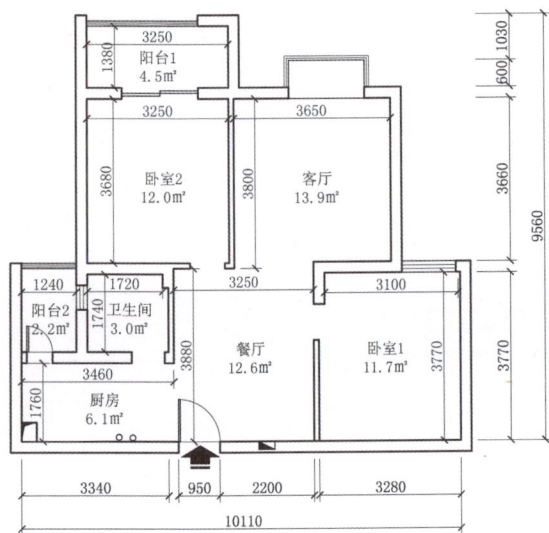

图 9-29　原始平面图

这是一套使用面积约为 70m² 的两居室户型（图 9-29），该户型包括两个卧室、一个客厅、一个餐厅、一个厨房以及一个卫生间，并设有两个朝北的阳台。居住者为一户四口之家，由一对年轻的夫妇及两位长辈组成，两个卧室正好满足居住需求。在设计时应当更加科学地布置卧室以及公共空间，如客厅与餐厅，以实现空间利用的最大化。

图 9-29：该户型的设计以紧凑的功能分区为特色，其优势在于空间利用效率高，几乎不存在无用的畸零空间。此外，该空间具有较强的可塑性，允许居住者根据自身需求进行重新配置。尽管如此，空间的总体面积仍然有限，厨房区域尤其显得狭小，这限制了其使用的舒适性。

1. 常规标准布置

改造方案一，如图 9-30、图 9-31 所示。

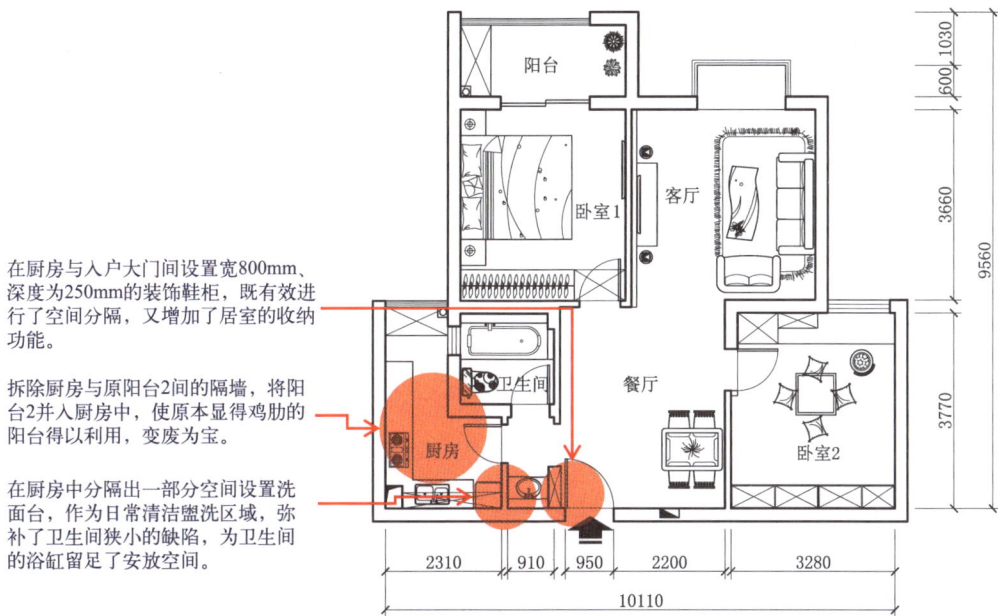

在厨房与入户大门间设置宽800mm、深度为250mm的装饰鞋柜，既有效进行了空间分隔，又增加了居室的收纳功能。

拆除厨房与原阳台2间的隔墙，将阳台2并入厨房中，使原本显得鸡肋的阳台得以利用，变废为宝。

在厨房中分隔出一部分空间设置洗面台，作为日常清洁盥洗区域，弥补了卫生间狭小的缺陷，为卫生间的浴缸留足了安放空间。

图 9-30　改造方案一平面图

(a) 客厅沙发背景墙　　(b) 客厅电视背景墙　　(c) 餐厅

(d) 卧室2榻榻米　　(e) 卧室2屏风　　(f) 卧室1床头背景墙

图 9-31　各空间效果图

图 9-31（a）：带着原始气息的砖墙图案的壁纸，是客厅中一大亮点，犹如裸露的砖块赫然呈现在眼前，带给人自然、淳朴的感受。

图 9-31（b）：客厅的电视机背景墙没有过多的装饰，白色乳胶漆墙面上直接挂置电视机，因此墙上挂置的木质工艺品成为画龙点睛的一笔。

图 9-31（c）：在餐厅的两面墙粘贴以一张完整山水画为图案的壁纸，壁纸上用胡桃木外饰黑色聚酯漆木条纵向排列压住。

图 9-31（d）：日式风格中最引人注目的是散发着稻草香味的榻榻米，它具有独特的日式韵味。

图 9-31（e）：造型简洁的屏风是日式风格中常见的表现形式，卧室屏风中的图案采用传统的花鸟图案，清晰地向人们展示着居室的风格。

图 9-31（f）：床头背景墙造型采用竖向条纹造型，搭配横向装饰画，纵横交错造型表现出较稳重的视觉效果。

2. 卧室拓展布置

改造方案二，如图 9-32、图 9-33 所示。

拆除原卧室 2 与原阳台 1 间的隔墙及推拉门，将阳台空间并入卧室中，在新卧室 1 中增添书房功能。

拆除原卧室 2 与原客厅间的隔墙，向原客厅方向平移 250mm，以 100mm 厚石膏板制作隔墙。将原客厅重新分配为卧室 2，原卧室 2 重新分配为卧室 1。

将重新分配设置的卧室 1 与卧室 2 的门相对而开，使居室的每处空间都得以最好的利用。

拆除厨房与原阳台 2 间的隔墙，将阳台 2 并入厨房中，将厨房打造成现代一体式开放餐厨。

拆除卫生间与原餐厅间的隔墙，向原餐厅方向平移 950mm，留足开门空间，其余部分以 100mm 厚石膏板制作薄墙，将卫生间空间扩展，方便日常使用。

拆除原餐厅与原卧室 1 间的隔墙，将这块区域重新分配为客厅空间，并且在入户大门处设置玄关装饰鞋柜，具有一定的空间分隔及保护隐私的作用。

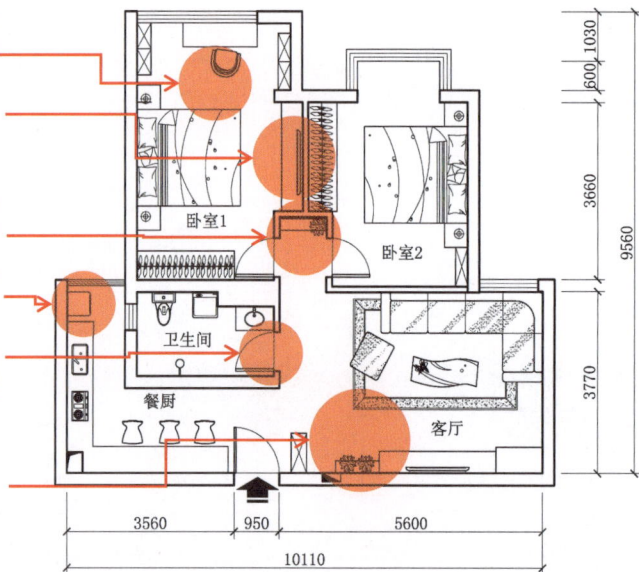

图 9-32　改造方案二平面图

(a) 客厅沙发背景墙　　　　(b) 客厅电视背景墙　　　　(c) 餐厅厨房

(d) 卧室1床头　　　　(e) 卧室1书桌　　　　(f) 卧室2床头

图 9-33　各空间效果图

图 9-33（a）：客厅中沙发的摆放要根据使用需求来决定，U 型格局摆放的沙发往往占用的空间比较大，但是舒适度也较高，适合平时客人较多的家庭。

图 9-33（b）：电视机背景墙作为客厅的视觉中心点，简单配置装饰搁板，可以让背景墙丰富起来。

图 9-33（c）：在厨房中靠墙放一组餐桌椅，上方的装饰搁板供餐具置放，将厨房的这部分空间打造成日常用餐的小餐厅。

图 9-33（d）：在挑选卧室床和床头柜时，要注意与房间内的其他家具风格、色调相匹配，否则会有零乱、不协调感。

图 9-33（e）：将原来的阳台区域并入卧室中，形成一个集卧室与书房功能于一体的空间。

图 9-33（f）：在进行卧室中的灯光配置时，除了顶部的吊灯外，还需要落地灯、台灯、壁灯等灯具加以辅助。

3. 餐厨合一布置

改造方案三，如图9-34、图9-35所示。

拆除原卧室2与原阳台1间的隔墙及推拉门，将阳台与原卧室2合并，将此处重新分配为客厅区域。

拆除原卧室2的开门，使重新分配的客厅区域与居室的其他区域相通，使居室空间更开阔。

拆除卫生间与原卧室2间的隔墙，向原卧室2方向平移500mm，将卫生间空间扩展，方便日常使用。

改变卫生间的开门位置，进出卫生间不再需要经过厨房，更方便日常使用。

拆除厨房与原阳台2之间的隔墙及开门，将阳台2并入厨房中，增加了厨房的使用面积。

拆除卧室1与餐厅间的隔墙，以100mm厚石膏板制作隔墙，重新围合出新的餐厅与卧室1的区域。在留足餐厅使用空间的同时，扩展卧室1的空间，为卧室1增加更多的使用和收纳功能。

拆除原客厅与卧室1间的隔墙，同时拆除原客厅与原卧室2间的隔墙，留出开门位置。其余部分以100mm厚石膏板制作隔墙，将原客厅重新分配为卧室2。

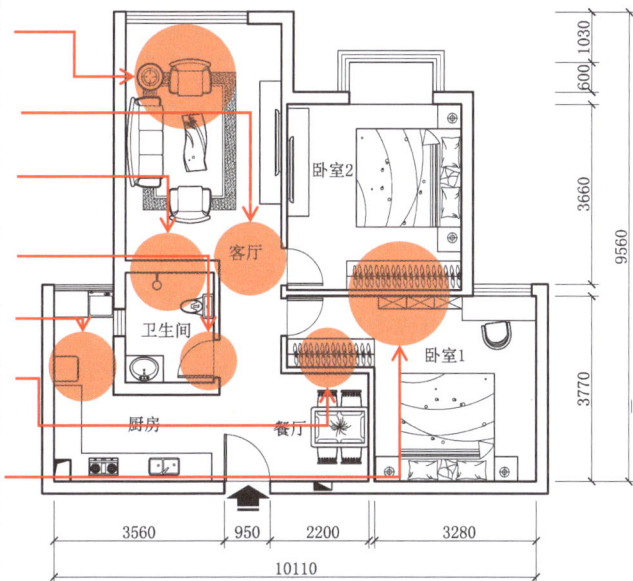

图9-34 改造方案三平面图

(a) 客厅沙发背景墙

(b) 餐厅

(c) 卧室1吊灯

(d) 卧室1书桌

(e) 卧室2床头背景墙

(f) 卧室2电视背景墙

图9-35 各空间效果图

图9-35（a）：客厅作为家庭休憩、会客、娱乐的重要区域，是家居装修的重点，高端大气的客厅能大大提升居室的整体档次。

图9-35（b）：蓝与白是地中海装修风格中色彩的典型搭配之一，营造一种时尚浪漫、自由悠闲的气氛。

图9-35（c）：以花朵为造型元素的吊灯，是地中海风格灯具的代表，虽然卧室中顶面没有做吊顶加以装饰，但这一盏独特的吊灯就足以让顶面熠熠生辉。

图9-35（d）：重新分配后的主卧室，不仅具备卧室的基本功能，还增加了书房功能。依窗而置的书桌，为阅读提供充裕的自然光线。

图9-35（e）：床头背景墙造型采用浅色图案的石塑装饰板，淡雅低调的装饰效果与卧室的整体风格相得益彰。

图9-35（f）：将具有传统文化特色的陶瓷工艺品摆放在卧室中，彰显出卧室主人深沉高雅的文化底蕴。

四、紧凑三房自由变换

这是一套使用面积约为 70m² 的紧凑型三居室（图 9-36），该住宅包括三个卧室、两间卫生间，并配备了独立的客厅、餐厅及厨房各一间，以及朝南的阳台一间。尽管空间有限，但该设计巧妙地实现了三室两厅两卫的布局，极具实用性。针对三口之家，包括一对夫妇与一名十岁儿童，该户型仅需两间卧室，为额外的一间卧室提供了转变为书房的可能性。

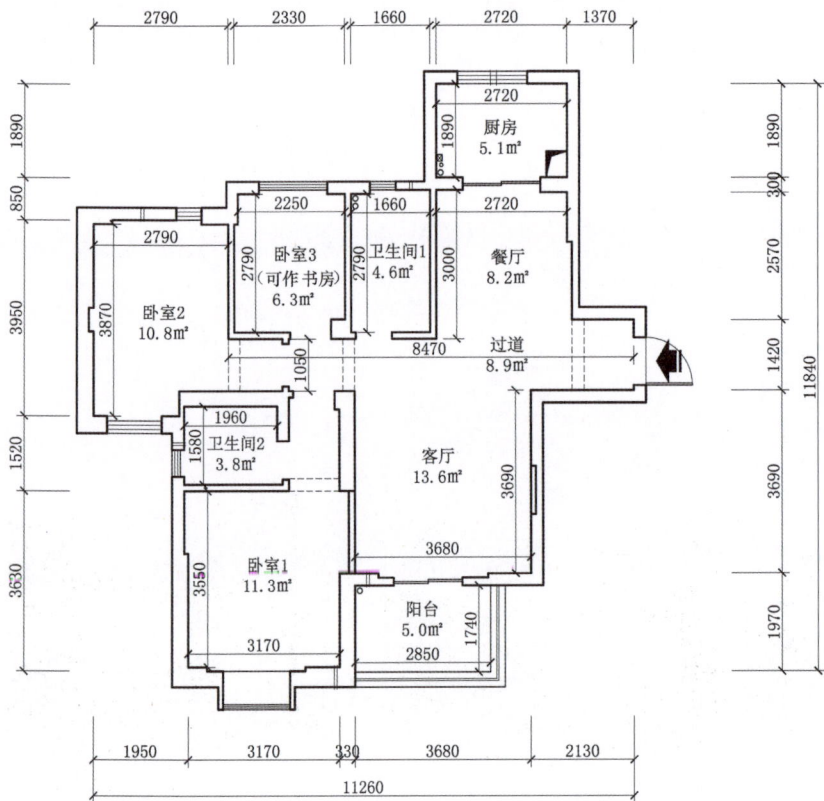

图 9-36 原始平面图

图 9-36：此类户型在市场上实属罕见，成功融入了三间卧室及两个卫生间。此外，房屋的采光条件十分优越，尤其是朝南的宽敞阳台，既适合作为休闲空间，也便于衣物晾晒。

1. 多样色彩搭配布置
改造方案一，如图 9-37、图 9-38 所示。

2. 地面高差分区布置
改造方案二，如图 9-39、图 9-40 所示。

3. 舒适开阔主卧布置
改造方案三，如图 9-41、图 9-42 所示。

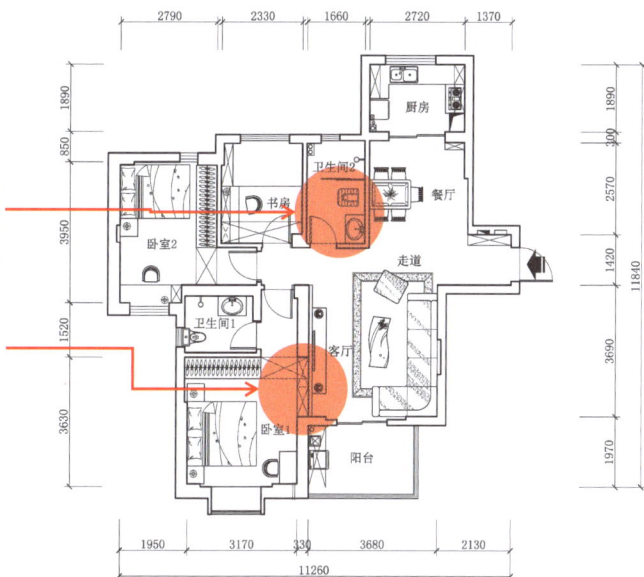

将原卫生间1重新分配为卫生间2，作为居室的公共卫生间。安装钛镁合金推拉门，中间镶嵌5mm厚钢化玻璃，将卫生间作淋浴区与盥洗区的干湿分区，有效避免淋浴时的水溅到盥洗区。

拆除卧室1与客厅间的隔墙，以100mm厚石膏板重新制作隔墙，倚隔墙向卧室1方向设置深度为330mm的装饰壁柜，充分利用空间，增加卧室收纳功能。

图 9-37　改造方案一平面图

(a) 客厅推拉门

(b) 客餐厅

(c) 餐厅色彩

(d) 卧室2

(e) 书房

(f) 卧室1

图 9-38　各空间效果图

图 9-38（a）：客厅与阳台间安装 5mm 厚透明钢化玻璃推拉门，既保证了室内的采光，又将客厅与阳台进行了分区。

图 9-38（b）：餐厅与客厅在空间上没有明显的分隔，是一个整体。将餐厅与客厅的墙面分别涂饰不同色彩图案的乳胶漆，可以在视觉上对这两个空间进行功能分区。

图 9-38（c）：色彩鲜明、简洁大气的图案，给人明快、轻松的感受，让人食欲倍增。

图 9-38（d）：儿童房中挂置一些搁板，摆放各种有趣的小工艺品或小玩具，能增添童趣，深受小朋友喜爱。

图 9-38（e）：在书房上设置一个榻榻米式的地台，可供工作之余的休憩、会客之用，也可作临时的客床使用。

图 9-38（f）：床头墙挂置照片能彰显主人的品位。在摆放照片时要讲究整体的美观，尤其是摆放大小不同的照片时，要讲究画面的均衡，不能给人零乱的感觉。

拆除厨房与餐厅间的隔墙，仅保留与厨房烟道平齐的部分墙体。将厨房与餐厅合并，形成开放式餐厨，使日常用餐更方便，更贴合现代生活。

拆除书房与卧室2间的隔墙，以装饰书柜与衣柜取代原隔墙，分别向书房方向与卧室2方向开门，同时抬高卧室2地面高度，既对这两个功能空间进行了分区，又增加了空间的层次感。

拆除书房与走道间的隔墙，在卫生间1与书房隔墙的延长线位置设置钛镁合金推拉门，中间镶嵌5mm厚磨砂玻璃，将书房与卧室2形成一个既分隔、又相通的空间。

拆除客厅与靠近卫生间2的走道间的隔墙，重新制作100mm厚石膏板隔墙，减少了隔墙所占面积。

拆除客厅与卧室1间的隔墙，设置钛镁合金推拉门，中间镶嵌5mm厚磨砂玻璃，使客厅与卧室1互通，方便从卧室进入客厅及阳台。

拆除客厅与阳台间的墙体及推拉门，将阳台并入客厅中，增加居室的采光和空气流通，同时使客厅更开阔。

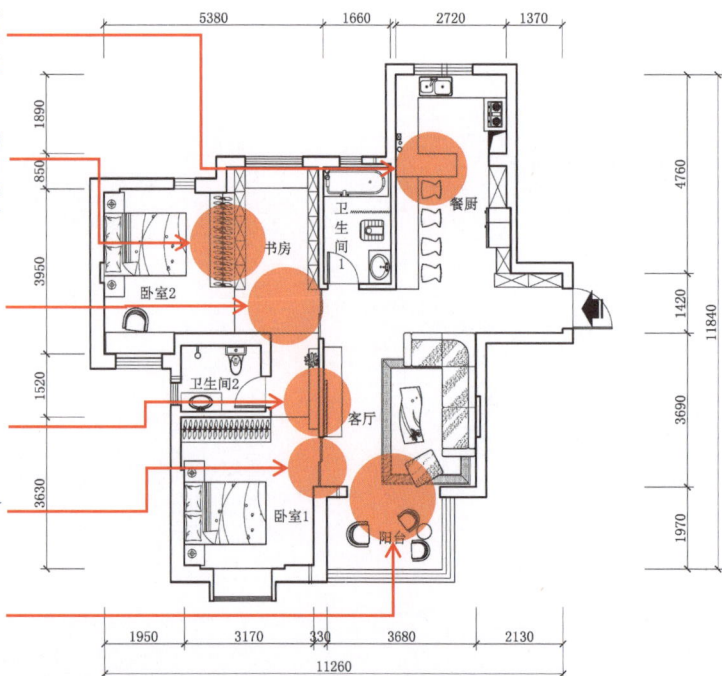

图 9-39　改造方案二平面图

(a) 客厅

(b) 客厅沙发背景墙

(c) 阳台

(d) 餐厅厨房

(e) 卧室2

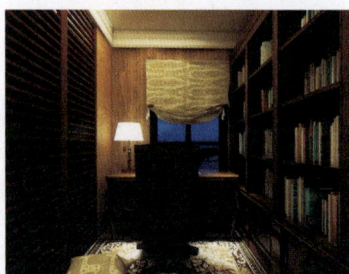

(f) 书房

图 9-40　各空间效果图

图 9-40（a）：将阳台与客厅打通后，地面铺设同种 800mm×800mm 仿古砖，起到延伸放大客厅空间的作用，使客厅在视觉上更开阔。

图 9-40（b）：欧式田园风格在后期软装饰上必然少不了搭配欧式风格的配件，碎花图案的布艺沙发、精致的雕花台灯等，都是不错的选择。

图 9-40（c）：将阳台改造为一处休憩小地，坐在舒服慵懒的吊篮、优雅闲适的座椅中，享受窗外的美景以及洒在身上的阳光。

图 9-40（d）：砖墙图案的壁纸，给人自然淳朴的清新感。餐桌上部与下部的壁纸以颜色深浅加以区别，给人丰富的层次感。

图 9-40（e）：将实木地板作为墙面的装饰，体现出一种原生态、简洁自然的生活方式。

图 9-40（f）：用书柜代替隔墙，将原来的书房与卧室相连通，节省空间的同时，也更方便日常学习与休息。

拆除书房与原卧室 2 间的隔墙，将原卧室 1 重新分配为新的卧室 1，书房一侧设置书柜，卧室 1 一侧设置装饰隔断。以家具代替墙体，将这两区域进行分隔。

拆除书房与走道间的隔墙及书房的开门，将书房与卧室 1 合并，形成一个整体的空间格局。

将原卫生间 1 与餐厅间的隔墙向客厅的延伸方向接着制作 100mm 厚石膏板隔墙，同时将原卫生间 2 与书房走道间的开门拆除，以 100mm 厚石膏板重新制作隔墙，作为围合卧室 1 的隔墙。将卫生间 2、书房与原卧室 2 合并为集卫生间、书房、卧室于一体的多功能起居室。

拆除客厅与靠近原卫生间 2 的走道间的隔墙，同时改变原卫生间 2 的开门位置，原卫生间 2 重新分配为卫生间 1，作为居室的公共卫生间。

拆除客厅与阳台间的墙体及推拉门，将阳台并入客厅中，增加居室的采光和空气流通，同时使客厅更开阔。

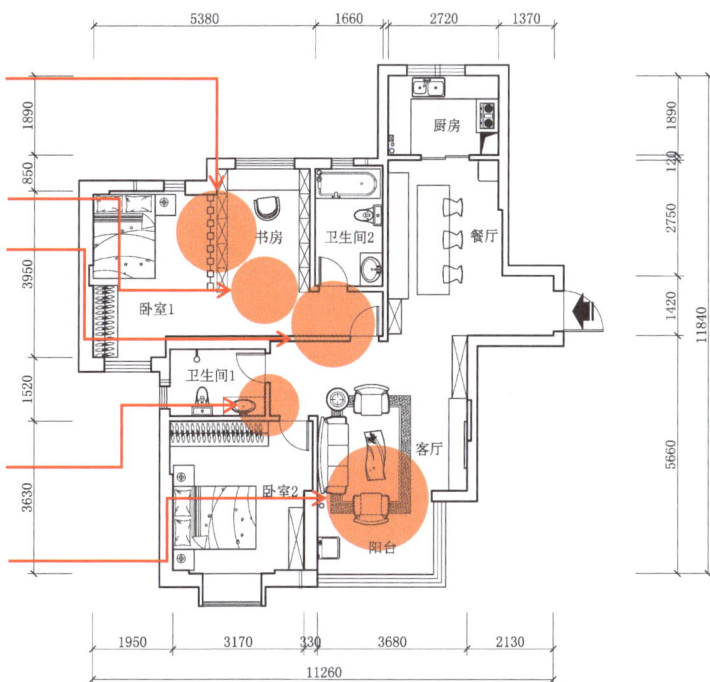

图 9-41　改造方案三平面图

(a) 客厅沙发背景墙

(b) 客厅电视背景墙

(c) 餐厅

(d) 卧室2飘窗

(e) 卧室2照片展示区

(f) 书房

图 9-42　各空间效果图

图 9-42（a）：无论是何种风格，都必须要有一个统一、和谐的基调。在后期软装配饰时，选购的家具、饰品也不能破坏这个整体色调。

图 9-42（b）：客厅中墙面的乳胶漆、壁纸以及地面的玻化砖都选用米色，客厅内的茶几、装饰柜等家具以及地毯均为在色相中与米色同属黄色系的棕色。

图 9-42（c）：可以在餐桌正上方悬挂一组一字排开的吊灯，不仅具有时尚美感，更能满足进餐时的照度需求。

图 9-42（d）：将房间中的飘窗改造成储物抽屉，里面放些小物件，窗台上面再放几个抱枕。倚窗坐在上面，让窗外的景物映入眼帘，细细品味美好时光。

图 9-42（e）：在墙上设计照片展示区，给墙面增添了亮丽的风景，更承载着家人的回忆与情感。

图 9-42（f）：对于藏书丰富的家庭来说，一个容量够大的书柜是不可或缺的。书桌两边是书柜，随手便可查阅书籍。

1. 居住空间如何在细节中彰显其独特魅力？

2. 在居住空间布局中，哪些区域特别强调私密性与安全感？

3. 面对小型居住空间，我们应该关注哪些设计关键要素？

4. 在居住空间设计中，公共卫生间的设计应重点关注哪些细节？

5. 请对自己所居住的空间进行细致观察，并绘制一份精确的平面图。

6. 自主设计一套使用面积为 $90 \sim 110m^2$ 的居住空间，为其赋予一个鲜明的主题，并绘制详细的平面布置图及效果图。

7. 选取一个未经设计的原始居住空间作为实验样本，自主进行空间设计，并在实践中制定明确的设计流程。

8. 对比分析多种空间改造案例，详细解读其设计过程中所运用的设计手法与策略，总结居住空间设计中的创新思维。

9. 马克思认为："实践是主观世界与客观世界统一的基础"。设计者，在意识中对于住宅空间有了规划和设计后，需要实地去考察与沟通，从而促进设计的达成。选择一处原始住宅空间进行自主设计，思考其设计过程。

附录

《居住空间设计》教学大纲

课程类别：专业课；适用专业：环境设计、建筑装饰设计；学分：4；学时：64。

一、课程性质

居住空间设计是环境设计、建筑装饰设计等专业不可或缺的专业课程之一。它不仅奠定了居住空间设计的理论基础，还为其他空间设计领域提供了根本性的指导。通过学习本课程，学生将追溯居住空间的历史变迁，分析不同风格的民居建筑，从而深刻理解居住空间形态变化的基本规律。进一步地，学生将学会如何对居住空间进行综合性的功能布局与设计规划，把握空间各组成部分的处理精髓，并有效控制空间尺度。此外，学生还将掌握在居住空间中打造个性化风格的方法论。

二、教学目标

（1）居住空间设计的基本理论。介绍居住空间设计的理念基础，构建学生对居住空间设计基本概念、原则以及方法的系统性认识。

（2）居住空间的功能布局。分析居住空间的功能需求，探讨功能布局的合理化实施，为学生提供空间功能规划的专业指导。

（3）居住空间的设计元素。重点介绍家具、照明、色彩等关键要素，助力学生掌握这些要素在居住空间设计中的综合应用。

（4）居住空间的审美原则。加强学生对居住空间设计中美学标准的深入理解，以及对不同设计风格特征的把握。

（5）居住空间的设计实践。通过设计实践和案例分析，加强学生对理论知识的实际运用，从而提高其在实际项目中的操作能力。

（6）团队协作与沟通。通过小组合作的方式，促进学生在设计项目中的合作与交流，培养学生的沟通技巧和团队精神。

三、教学要求

（1）理论联系实际。在深入探究居住空间设计理论基础的同时，重视理论与实际的结合。通过现场勘查与案例分析等手段，深化对设计理念的理解与应用，提升对居住空间设计的实际操作能力。

（2）注重创新思维。进行居住空间设计，需勇于突破传统框架，激发创新意识，探索独到的解决方案，实现居住空间的个性化与特色化设计。

（3）强调实践操作。通过课程设计、实验训练、实习实践等，学生能够熟练掌握设计软件，增强实际设计能力，更好地进行空间设计创作。

（4）注重团队合作。学生在课程学习期间应学会与同伴协作，共同完成设计项目，在此过程中锻炼团队协作能力并提升沟通技能。

（5）关注可持续设计。在设计过程中，应关注设计的环保性、节能性及可持续性，培育绿色设计观念，为构建和谐环境及社会贡献力量。

四、知识体系

（1）居住空间设计的基本概念和原则。学习居住空间设计的根本内涵及其独特属性，涉及功能性、舒适度、审美价值及可持续性等多个维度的基本原则。

（2）居住空间的功能分区。通过分析居住者的生活习惯与需求，阐述如何科学地划分居住空间内部的功能区域，如客厅、卧室、厨房与卫生间等。

（3）居住空间的布局设计。掌握居住空间布局的设计策略，包括平面与立体布局技巧，实现空间利用的最大化与效率化。

（4）居住空间的设计元素。详细解析居住空间设计中关键的构成元素，包括墙面、地面、天花板、家具及装饰物品，以及这些元素在设计中的整合与应用。

（5）居住空间的设计风格。介绍不同居住空间设计风格，如现代、简约、传统中式、欧式风格等，并提供指导，帮助居住者依据个人偏好与需求选择适宜的风格。

（6）居住空间的设计规范和标准。分析居住空间设计所遵循的规范和标准，如消防安全、安全防护、能源节约与环保要求，确保设计方案既安全又实用。

五、重点难点

本课程致力于介绍居住空间设计的实施技巧与视觉表达策略，涉及平面的总体设计、功能空间的合理划分、流线组织的优化以及不同功能空间效果的具体展示，还包括对材质与材料的精心挑选。

本课程的难点在于将理论与实践相结合。指导学生根据具体场景对空间进行高效的组织与设计，力求实现使用功能的最大化，同时确保设计成果满足业主的个性化需求。课程鼓励学生亲自参与设计实践，这不仅彰显了素质教育的培养目标，而且促进了学生的创造性思维和实践技能的提升。

六、培养目标

（1）培养学生的空间设计思维。通过深入探究居住空间设计的基本理论与技巧，学生将获得独立分析与解决复杂问题的能力。他们将学会在功能性、审美性及实用性等多个维度上全面考量，进而创作出既满足实际使用需求又充满创新元素的居住空间设计方案。

（2）提高学生的实践操作能力。通过分析具体案例及参与设计实践，学生将掌握居住空间设计的核心流程，提高其在实际工作中的操作能力。

（3）培养学生的审美观念。通过学习居住空间设计的审美准则与风格特征，塑造学生的审美观，使学生有能力识别并精通多样的设计风格，进而增强其审美鉴赏力及创造性思维。

（4）增强学生的团队协作能力。本课程采用小组合作模式，学生在实际设计项目中将共同协作，完成既定任务。这一过程有助于锻炼学生的沟通能力，培养他们的团队合作精神。

七、教学方法解析

1. 任务驱动法

居住空间设计是一门实践性极强的学术课程，强调理论知识与操作技能的融合。可以通过模拟企业实际项目环境，构建亲身体验的项目情境，促使他们在实际操作中深化对专业知识和技能的理解与应用。此外，教师应有意识地在课程中融入思想政治教育的元素，以此培养学生的社会责任意识及职业道德素养。

2. 案例教学法

在课程的推进过程中，教师可以引入该学科演进历程中的杰出个体成就、典范应用案例，以及与当代社会发展保持同步的新闻事件。通过这些案例的引入，提高学生的课堂参与度，营造一个生动活泼的德育教学氛围。

3. 组内协作学习以及组间互评互赛

在教学过程中，加入设计勘查、与客户沟通、文本创作及成果展示等环节，同时采用任务驱动的策略，指导学生自主挑选小组角色并分配任务。这种方法不仅促使学生有针对性地主动思考，而且提升了他们的参与积极性。在小组合作学习与讨论中，学生能够对所学知识点有更深刻的理解，同时学会协同工作与和谐相处。小组间的互动评价与竞争机制，可以使学生形成积极的思维模式，并激励他们在执行任务时展现出兼容并包、具有国际视野的时代精神。

4. 线上线下混合教学

线上课程的构建，融入了一系列互动元素，包括在线签到、即时提问、集体头脑风暴、快速抢答以及在线小测验，目的在于进一步激发学生的参与热情。

八、课堂教学组织设计

1. 说课

（1）课程导入。以实际项目为例，引导学生了解居住空间的基本概念、设计原则和设计方法。

（2）理论教学。系统地讲解居住空间设计的相关理论，包括空间组织、功能布局、材料选用、色彩搭配等。

2. 讲课

居住空间设计课程是环境设计专业的必修课，旨在培养学生对居住空间设计的基本理论、方法和技能的掌握，提高学生的创新能力和实际操作能力。课程目标是使学生能够运用所学知识，解决实际居住空间设计中的问题，培养具有较高审美素养和职业素质的设计人才。

在教学过程中，教师应注重培养学生的创新意识、团队协作能力和沟通表达能力，关注学生的个性化发展。同时，结合实际项目案例，引导学生运用所学知识解决实际问题，提高学生的实践能力。通过不断优化教学内容和方法，为培养高素质的居住空间设计人才做出贡献。

九、教学进度设计

附表 1：学时分配表

序号	教学内容	学时	其中		
			讲授	实践	重点内容
1	第一章　居住空间设计基础 第一节　居住空间设计概述 第二节　居住空间设计发展	4	2	2	通过搜集网络和书籍中的相关案例，对我国的科技性居住空间设计进行深入的分析和探讨

序号	教学内容	学时	其中		
			讲授	实践	重点内容
2	第二章　居住空间人体工程学 第一节　人体工程学基础 第二节　人体尺寸测量 第三节　居住行为对居住空间的影响 第四节　居住空间人体工程学设计案例	8	4	4	对居住空间的相关照片进行查阅，分析其中哪些部位运用了人体工程学原理
3	第三章　居住空间功能设计 第一节　公共居住空间 第二节　私密居住空间 第三节　工作与储藏空间	12	8	4	在经济高速发展和城市化进程加速的背景下，城市住房问题日益突出，简要讨论和分析如何在居住空间设计中实现空间利用的最大化
4	第四章　色彩设计 第一节　色彩设计基础 第二节　色彩印象设计 第三节　色彩与居住人群 第四节　居住空间色彩设计案例	4	2	2	设计亦需紧跟时代步伐，对室内色彩设计的最新动态有充分的认识，研究近五年来我国居住空间色彩设计的发展趋势
5	第五章　采光照明设计 第一节　采光照明设计基础 第二节　照明电路基础 第三节　照明量化计算 第四节　照明设计	8	4	4	实地考察当地现代名人故居，观察其室内照明灯具设计，并进行分析
6	第六章　风格设计 第一节　风格设计基础 第二节　古典风格 第三节　现代风格 第四节　乡村田园风格 第五节　地域民族风格	8	4	4	中国风装饰在居住空间设计中成为一种潮流，观察和分析现代居住空间中的中国风元素，并思考如何将传统文化融入现代设计
7	第七章　软装陈设设计 第一节　软装陈设设计基础 第二节　软装陈设设计流程 第三节　预算成本控制 第四节　布艺装饰 第五节　花艺花器	8	4	4	我国历史每个朝代都有其独特的陈设家具，这些家具不仅反映了时代的风貌，也体现了功能与审美的变迁，请对不同朝代的陈设家具进行详尽的信息搜集与功能样式分析
8	第八章　装饰材料与施工工艺 第一节　装饰材料与施工工艺概述 第二节　基础工程 第三节　水电工程 第四节　构造工程 第五节　涂饰工程 第六节　安装工程	8	4	4	选择一处居住空间进行自主设计，思考其设计过程
9	第九章　居住空间设计案例解析 第一节　居住空间功能设计案例 第二节　一变三居住空间设计案例	4	2	2	通过实地考察与调研，解读不同居住空间设计的巧妙之处
	学时总计	64	34	30	

十、课堂互动

（1）小组讨论。将学生分成若干小组，针对某个问题进行讨论，培养学生的团队协作能力和沟通能力。案例：针对某一居住空间设计案例，让学生分组讨论其优缺点，并提出改进方案。

（2）问答环节。教师提出问题，学生积极回答，检验学生对知识点的掌握程度。案例：提问居住空间设计的基本原则有哪些。

（3）案例分析。让学生分析实际案例，锻炼其发现问题、解决问题的能力。案例：分析某小区居住空间设计，让学生提出改进方案。

十一、慕课录制

慕课作为一种新型的在线教育模式，以其开放、共享、便捷的特点受到越来越多学习者的喜爱。居住空间设计是环境设计专业的一门核心课程，旨在培养学生的空间设计能力、审美能力和实践能力。随着在线教育的普及，将居住空间设计课程制作成慕课，不仅能够拓展教学资源，还能让学生充分利用碎片化时间进行学习。

1. 课程内容设计

（1）课程结构。居住空间设计课程慕课分为理论教学和实践教学两部分。理论教学包括空间设计原理、空间组织、界面设计等内容；实践教学包括案例分析、设计实践、设计交流等环节。

（2）教学内容。根据课程大纲，将每个知识点进行详细讲解，结合实际案例进行分析，让学生更好地理解和掌握。

2. 录制环境布置

（1）录制场地。选择安静、光线充足的房间作为录制场地，保证录制过程中的声音和画面质量。

（2）录制设备。使用高清摄像头、专业麦克风、灯光设备等，确保录制效果。

（3）背景布置。根据课程内容，设计简洁、美观的背景，突出课程主题。

十二、实训设计

附表 2：实践教学安排表（以实践项目先后顺序编排）

序号	实践项目	学时	备注
1	（1）实践项目的名称：居住空间设计项目启动； （2）内容：了解项目相关信息，制定计划； （3）目的要求：能根据项目任务书制定设计计划表，培养学生具备团队合作的精神	2	
2	（1）实践项目的名称：居住空间设计项目勘察； （2）内容：搜集分析项目的相关资料，编制居住空间设计调查报告； （3）目的要求：能够对客户需求、环境进行调研，培养学生具备交流合作的能力	4	
3	（1）实践项目的名称：居住空间前期分析定位； （2）内容：完成邻接关系、面积分配的分析和列表； （3）目的要求：将所收集的客户信息进行列表分析，并抓住主要信息作为设计定位依据，为下一步设计构思做准备，培养学生具备多元融合的国际视野	2	

序号	实践项目	学时	备注
4	(1) 实践项目的名称：居住空间设计构思； (2) 内容：确定造型、材质、色彩、照明等整体设计构思概念； (3) 目的要求：进一步提供独特的解决方案，培养学生具备传统继承、现代表达的文化自信及创新思维	2	
5	(1) 实践项目的名称：居住空间平面设计； (2) 内容：用 CAD 布置平面图； (3) 目的要求：能布置合理的平面图，培养学生具备科技融合的创新发展精神	2	
6	(1) 实践项目的名称：居住空间界面设计； (2) 内容：落实居住空间界面的材质、色彩、照明设计； (3) 目的要求：能够处理立面造型、装饰、材料、尺寸和色彩，并能运用手绘和 CAD 软件绘制	4	
7	(1) 实践项目的名称：居住空间室内陈设设计； (2) 内容：居住空间的陈设方案选配及方案制作； (3) 目的要求：能制作陈设文本，培养学生具备生态设计、节能减碳的绿色发展精神	4	
8	(1) 实践项目的名称：居住空间设计方案表现； (2) 内容：绘制项目设计方案的手绘效果图、电脑效果图； (3) 目的要求：掌握手绘效果图、电脑效果图技巧，培养学生具备科技融合的创新发展精神	4	
9	(1) 实践项目的名称：居住空间施工制图； (2) 内容：用 CAD 绘制施工图； (3) 目的要求：能准确进行平面图系统绘制、立面图系统绘制、大样图系统绘制、目录系统编制，培养学生具备系统性设计思维	4	
10	(1) 实践项目的名称：居住空间设计汇报； (2) 内容：制作居住空间设计项目的方案文本； (3) 目的要求：能制作文本并做设计汇报，培养学生具备团队合作及敬业精神	2	
总计		30	

十三、设计任务

居住空间课程设计任务主要包括以下几个方面：
（1）空间规划。合理布局室内空间，实现功能分区，提高空间利用率。
（2）界面设计。对室内界面进行设计，包括墙面、地面、天花板的处理。
（3）家具与陈设。选择合适的家具、灯具、装饰品等，进行合理摆放。
（4）色彩与照明。运用色彩、照明配置技巧，营造舒适、美观的室内氛围。
（5）绿化与景观。引入绿色植物，提升室内环境质量。

十四、实训流程

（1）项目分析。在实训开始阶段，教师会为学生提供真实的项目案例，让学生对项目背景、需求进行分析，明确设计方向。
（2）方案设计。学生根据项目分析结果，运用所学知识进行方案设计。此阶段要求学生具备良好的创意思维、空间布局能力以及材料选择与应用能力。
（3）设计深化。在方案设计的基础上，学生需要对设计细节进行深化，包括家具布置、照明设计、陈设设计等。

（4）成果展示。学生完成设计后，须将成果以图纸、PPT 等形式进行展示，向教师和同学汇报设计思路和成果。

十五、企业实习

（1）企业选拔。企业根据实习生的人数、专业背景和实习要求，进行选拔。选拔过程中，企业会关注学生的专业技能、沟通能力和团队协作精神。

（2）实习安排。企业为实习生制定实习计划，安排导师进行指导。

（3）校企合作，资源共享。加强学校与企业的合作，共享资源，为学生提供更多实践机会。同时，企业可以为学生提供实习岗位，促进人才培养与就业。

（4）以赛促学。组织学生参加各类设计比赛，激发学生的学习兴趣，提升学生的综合素质。

（5）企业导师参与教学。邀请企业导师参与教学，以实际项目为例，讲解设计原理和技巧，提高教学质量。

十六、教学评价、考核要求

以企业专家、教师、学生、支部书记四种评价主体角色，创建多元评价体系。考核成绩中，课前学习占 20%，课中占 60%，课后占 20%。课前学习主要由教师评价，包含理论自学 5%、课前自测 5%、课前任务达成 10%；课中由企业专家、教师、支部书记、学生评价，包含课堂考勤 5%、课堂活动（讨论、头脑风暴、小组活动等）25%、课中任务完成汇报 30%；课后由教师评价，任务完善 10%、工作计划 10%。

1. 考核目标

（1）评价学生对居住空间设计基本原理的掌握程度。

（2）评价学生运用居住空间设计技术解决实际问题的能力。

（3）评价学生的创新意识和团队协作能力。

2. 考核方式

（1）平时成绩。评价内容包括课堂表现、实践报告、作业等，占总成绩的一定比例。

（2）期末考试。考试内容包括选择题、填空题、简答题和论述题等，测试学生对居住空间设计原理和应用的掌握程度。

（3）团队项目。评价学生在项目中的贡献，包括项目完成度、创新性、团队合作等方面。

参考文献

[1] 孔小丹 . 居住空间设计 [M]. 北京：高等教育出版社，2024.

[2] 程宏 . 居住空间设计 [M]. 北京：中国电力出版社，2024.

[3] 蔡丽芬 . 居住空间设计 [M]. 北京：人民邮电出版社，2023.

[4] 黄鑫，白颖，戴沂君 . 居住空间设计 [M]. 第 2 版 . 武汉：华中科技大学出版社，2023.

[5] 王大海 . 居住空间设计 [M]. 重庆：西南大学出版社，2023.

[6] 王乌兰 . 居住空间设计 [M]. 合肥：合肥工业大学出版社，2023.

[7] 姚丹丽，汤留泉 . 住宅空间设计 [M]. 北京：中国轻工业出版社，2017.

[8] 黄溜，歆静 . 户型改造万花筒：99 个典型户型的改造设计图解 [M]. 北京：机械工业出版社，2020.

[9] 刘涛，周唯 . 人体工程学 [M]. 北京：中国轻工业出版社，2017.

[10] 张铸 . 室内设计色彩搭配图解手册 [M]. 北京：中国轻工业出版社，2018.

[11] 赵梦，刘雯 . 软装与陈设设计 [M]. 北京：中国轻工业出版社，2017.

[12] 万丹，张慧娟 . 暖而美的小家：小户型改造与软装搭配 [M]. 北京：中国电力出版社，2018.

[13] 筑美设计 . 室内照明设计与应用 [M]. 南京：江苏凤凰科学技术出版社，2024.